职业教育“十三五”规划教材

人工智能时代
跨语言编程项目实战

刘 丹 编著
雷正光 主审

中国铁道出版社有限公司
CHINA RAILWAY PUBLISHING HOUSE CO., LTD.

内 容 简 介

本书是对中高职贯通计算机网络技术专业软件编程技术中所有面向对象编程（OOP）的知识及技能的全面回顾和总结。本书的编写模式体现了“做中学，学中做，做中教，教中做”的做学教一体职业教育教学特色，内容上采用了“项目—任务—综合实训”的结构体系，从软件编程的实际开发需求与实践应用引入教学项目，从而培养学生能完成总体的项目设计、具体的工作任务实施及举一反三地解决实际问题的技能。

本书包含了 10 个项目，54 个软件编程任务。书中全部项目及具体的每个任务都紧密贴近现代软件编程中常用的 C++、VB.NET、Java、C#、Python 这 5 种常用的 OOP 语言，并与真实的工作过程相一致，完全符合企业的需求，贴近软件开发的实际。

本书内容翔实，结构新颖，实用性强，可用作中职、高职、中高职贯通的计算机网络技术专业和非计算机专业的软件编程项目实践教材，也可供参加全国 1+X 证书试点考试的培训教材。同时，本书还可作为各类全国及市级技能大赛计算机相关项目中软件编程模块的训练教材。

图书在版编目（CIP）数据

人工智能时代跨语言编程项目实战/刘丹编著. —北京：中国铁道出版社有限公司，2020.5（2022.9 重印）
职业教育“十三五”规划教材
ISBN 978-7-113-26816-9

Ⅰ.①人… Ⅱ.①刘… Ⅲ.①程序语言-程序设计-职业教育-教材 Ⅳ.①TP312

中国版本图书馆 CIP 数据核字(2020)第 066426 号

书　　名：人工智能时代跨语言编程项目实战
作　　者：刘　丹

策　　划：王春霞　　　　**编辑部电话：**（010）63551006
责任编辑：王春霞　贾淑媛
封面设计：刘　颖
责任校对：张玉华
责任印制：樊启鹏

出版发行：中国铁道出版社有限公司（100054，北京市西城区右安门西街 8 号）
网　　址：http://www.tdpress.com/51eds/
印　　刷：三河市兴达印务有限公司
版　　次：2020 年 5 月第 1 版　2022 年 9 月第 2 次印刷
开　　本：880mm×1230mm　1/16　**印张：**22　**字数：**713 千
书　　号：ISBN 978-7-113-26816-9
定　　价：59.00 元

序

《国务院关于印发新一代人工智能发展规划的通知》(国发〔2017〕35号)中提出，将举全国之力，在2030年抢占人工智能全球制高点。而为实现这个目标，从小学教学、中学科目，到大学院校，会逐步新增人工智能课程，建设全国人才梯队。因为谁能引领人工智能，谁就掌握了人类的未来。国内外的研究发现，人工智能人才有以下分层：最高层次是大学里研究人工智能的专家、教授，这是金字塔的顶层，不过这类人才数量偏少；第二层是能懂、会做算法和模型的人才；第三层是工程应用型的人才，具体来说就是把算法变成在某些场景下的工程化应用，这类人才的数量会多一些；第四层是能将这些应用写成API或结构化模块的人才；第五层就是我们常见的会写代码的软件编程人才，这层的人才数量相对来说是最多的，是可以批量培养的。所以针对人工智能未来的发展，要培养大量的软件工程师作为储备人才。而要想成为优秀的软件工程师，就必须熟练掌握多种编程语言。

人工智能时代下软件开发所涉及的编程语言众多，又各有其特点：

1. C++语言于1983年诞生在贝尔实验室，仍然是当今最受欢迎的编程语言之一。C++的特点是什么？强大！当你需要直接访问硬件获得最大处理能力时，C++是最好的选择。同时，它也是开发桌面软件、操作系统、图形处理、游戏、网站、搜索引擎、数据库，以及开发在桌面、控制端和移动设备上的内容密集型应用的优秀编程语言。对于新手来说，C++不是那么友好，属于上手慢但根基稳的“正统语言”，没有3～5年的学习很难上手，但一旦使用便是稳健、优秀的代名词。

2. VB.NET语言不仅可以用来开发Web应用，还可以开发传统的Win32应用、通用应用、安卓iOS跨平台应用，也可以开发工控、GIS等工业程序，还可以进行大数据、人工智能的开发。VB.NET代替VB，支持完全面向对象，可以轻松地创建超大型应用程序，完全能够胜任基本的开发。VB.NET可以编译为exe程序运行，目前来说需要.NET Framework(或者.NET Core框架)的支持，运行在CLR虚拟机上，未来会有.NET Native技术，直接编译为机器码运行。关于快速应用界面布局，既可以使用传统的WinForm框架，也有新版的WPF框架，既可以拖动生成，也可以动态生成，亦可像网页一样布局(借助XML甚至可以直接实现网页的创建)。

3. Java语言是1995年5月Sun公司(现属于Oracle)正式发布的，作为构建现代企业Web应用后端的最常用编程语言之一，Java是所有程序员必须了解并掌握的一门编程语言。Java的应用场景包括移动(Android)应用、金融行业应用服务器程序、网站、嵌入式领域、大数据技术(包括Hadoop及其他大数据处理技术)科学应用等。

4. C#语言出生在2000年，其父亲微软是当时无可匹敌的行业巨无霸，所以C#可以说是含着金钥匙出生的。虽然今时不同往日，微软已不再是当初那个微软，然而如果打算在微软的开发环境下有所发展和建树，C#依然是主要选择。无论是在微软云计算平台Windows Azure和.NET框架创建现代网页应用，还是开发Windows终端、企业级桌面应用，C#都能够既快又稳地驾驭。

5. Python语言在IEEE 2017年编程语言的排行榜高居首位。其实它早在1991年就出现了，在人工智能、数据科学、Web应用、用户交互界面、自动化任务、统计等方面都处于领先地位。Python还是面向新手最为友好的一门语言。

2019年公布的新专业中，出现了“人工智能技术服务”专业。“人工智能技术服务”专业可行性论证报告分析指出，人工智能作为新兴产业，对高层、中层和低层的人才都有大量的社会需求，且呈现出金字塔结构。如果将能够把人工智能理论模型技术化的人工智能高级工程师设定为1，那么其上层做人工智能基础理论研究的科学家所占的比例为0.01，而人工智能产业实用人才的需求比例则为100，而后者是高职院校培养的重点。

正是在此背景下，纵观多种编程语言，如果运用传统的教材及教法，一般都要3～4年才能完成，还会让学生对课程的学习产生恐惧和迷惑，逐渐地失去学习兴趣，甚至造成厌学情绪，何谈把他们培养成企业和社会发展所需要的高素质劳动者和技能型人才？所以急需能够跨越这些语言的教材及相关网上课程资源来让学生快速掌握常用人工智能时代下的 5 种编程语言，从而提高其在人才市场上的竞争力。在人工智能时代下，采用融合 O2O（线上线下）模式，线下开发跨语言软件编程教材，线上提供项目源代码等课程资源来指导学生，最终能让学生通过本教材在学习理论知识的同时学会分析、解决问题的方法和途径，增强自主学习能力、创新意识和团队合作精神。在人工智能的各个领域胜任程序员的岗位工作要求。

本教材在内容及形式上有以下特色：

（1）人工智能时代下急需大量的软件编程人员，而新入行人员学习周期长，经验积累缓慢，通过学习本教材可以缩短学生学习各种编程语言的时间，激发学生的学习兴趣，并快速提升其对各种语言特性的把握。

（2）在教材开发中运用横向比较法，重点区分了 C++、VB.NET、C#、Java、Python 这 5 种语言在语法上的不同，并比较其在 OOP 的三大特性（封装性、继承性、多态性）上的语法区别。

（3）通过开发线上教材的项目源代码配套课程资源，创建不同的开发环境，让学生能融合线上线下资源，真正掌握所学内容，并能举一反三，在今后的工作中能灵活运用这 5 种编程语言。

当然，任何事物的发展都有一个过程，职业教育的改革与发展也是如此。对于本教材的不足之处，敬请各位专家、老师和广大同学不吝赐教。相信本教材的出版，能为我国中高职贯通计算机网络技术专业及其相关专业的人才培养、探索职业教育教学改革做出贡献。

上海市教育科学研究院职成教所研究员
中国职业技术教育学会课程开发研究会副主任
高等职业技术教育发展研究中心副主任
同济大学职教学院兼职教授
中国当代职业技术教育名人

前言

在21世纪的今天，人工智能技术快速发展，正慢慢融入人们的学习、工作和生活中，并以前所未有的速度渗透到社会的各个领域。通过人工智能技术来获取大量的信息，是人们每天工作和学习必不可少的活动。这对现有的中专、高职、中高职贯通计算机网络技术专业的教学模式提出了新的挑战，同时也带来了前所未有的机遇。深化教学改革，寻求行之有效的育人途径，培养高素质计算机软件编程人员，已是当务之急。

本教材针对中职、高职、中高职贯通教育的特点，在总结多年教学和科研实践经验的基础上，针对精品课程资源共享课程建设和国家“十三五”规划教材建设而设计。以知识点分解并分类来降低学生学习抽象理论的难度。以项目分解、由浅入深、逐步分解的案例及注释来提高学生对各种常用编程语言的实践能力。

本教材针对中高职贯通计算机网络技术专业的主干编程课程，根据教学大纲要求，通过对各类项目的分析与设计，及各种项目及任务的实践，使读者能全面、系统地掌握跨语言软件编程的基本知识与技能，提高独立分析与解决问题的能力。另外，本教材采用了“项目导向，任务驱动、案例教学”方式编写，具有较强的实用性和先进性。

全书共分为10个软件编程大项目，分别为：实现OOP中的封装性，实现OOP中的一般函数；实现OOP中的构造函数与析构函数；实现OOP中的属性过程；实现OOP中的主函数带参数；实现OOP中的异常处理；实现OOP中的单继承；实现OOP中的多态与抽象类；实现OOP中的多态与接口；实现OOP中的文件读写操作。

本教材编写的目标是：从国家人工智能发展的战略角度出发，研究如何通过教材及相关课程资源建设助力人工智能方向下软件工程师人才的培养；针对人工智能人才的分层，将研究重点放在第五层基础最庞大的软件工程师的培养上；针对人工智能时代下软件开发所涉及的编程语言众多的问题，研究常用的5种编程语言，通过横向对比人工智能常用的C++、VB.NET、C#、Java、Python语言的特性，来培养学生跨语言解决实际问题的能力；针对软件工程师培训周期长的问题，开发了能够跨越5种编程语言的教材，让学生快速掌握常用的5种编程语言，提高其在人才市场上的竞争力；借鉴电商领域的O2O模式，研究如何在线下开发融合线上的项目源代码等课程资源，来助力学生提高其学习效果。希望通过本教材，能更新教师的传统教学观念，牢固建立以学生为主体、以能力为本位的终身教育理念。

本教材编写的理念是：转变课程观念，创新课程体系，引入跨语言教学设计，在人工智能时代下跨语言软件编程教学过程中探索和设计富有实际意义的项目库，开发出符合实际教学需求的教材。在课题研究过程中，及时总结优秀的教学项目，建立具有教学实践价值的项目库以及优秀的项目解决方案，不断加强和完善项目源代码等课程资源建设，让学生随时随地都能学习课程，形成师生互动，更大程度地提高学生学习的参与度和积极性；注重实践为先，深入教学实践一线和项目学习的全过程，在对跨语言编程理论体系研究的同时，更注重建立具有实际应用价值的项目库，希望对教材开发提供实际的帮助和指导；通过教材开发，让学生学会自主学习、跨语言学习，使学生面对认知复杂的真实世界的情境，主动去搜集和分析有关的信息资料，在问题解决中进行学习，提倡学中做与做中学，并在复杂的真实调试环境中完成任务；教材设计内容，以团队协作为重，基于跨语言的学习必然涉及分工合作。本教材无论是在学生项目学习的过程，还是教师研究、备课和教学的过程中，都充分利用分组学习的功能，体现团队协作的优势；教材开发依托校企合作的相关企业，本课题组特别邀请了长期从事软件项目开发的人员参与。一方面，依托企业长期项目开发的经验和积累，为本课题研究提供相关项目的内容，参与完成教学项目库的建设；另一方面，加强项目实践的规范性指导，使我们的教材设计与开发更贴近于实际市场要求；在课题研究过程中，我们将充分运用现有的信息化手段，及时总结优秀的教学项目，建立具有教学实践价值的项目库以及优秀的项目解决方案，不断加强和完善教材建设，并让学生随时随地都能学习跨语言编程，形成师生互动，更大程度地提高学生学习的参与度和积极性。

本教材在开发时有目的、有计划严格按照“调查筛选—案例论证—制订任务—实践研究—交流总结—代码调试”的程序进行。先对现状做全面了解，明确研究的内容、方法和步骤，再组织本教材开发组教师学习相关的内容、任务和具体的操作研究步骤。通过一系列的应用研究活动，了解了C++、VB.NET、C#、Java、Python这5种语言在语法上的区别，建立了这5种语言的项目比较教学路径体系，依托校企业合作实验研究平台，完成教材，以此推动教材教法的改革。

本教材每个项目中的任务，均由软件公司的实际需求来引出。

每个项目由核心概念、项目描述、技能目标、工作任务引出。

项目下每一个任务由任务描述、任务分析、任务实施、任务小结、相关知识与技能、任务拓展组成。

每个项目的最后都有项目综合比较表、项目综合实训（项目描述、项目分析、项目实施、项目小结）、项目实训评价表。

书中所有任务及项目综合实训的源代码、PPT 课件都可以从中国铁道出版社有限公司网站 http://www.tdpress.com/51eds 下载。

本书的编排特点如下：

（1）采用情境式分类教学，再辅以项目导向、任务驱动、案例教学，这比较符合“以就业为导向”的职业教育原则。

（2）充分体现了“做中学，学中做，做中教，教中做”的职业教育理念，强调以直接经验的形式来掌握融于各项实践行动中的知识和技能，方便学生自主训练，并获得实际工作中的情境式真实体验。

（3）书中所有实战任务均在VS最新版、Eclipse和Python集成开发环境上调试通过，能较好地对实际工作中的项目和具体任务进行实战。并在内容上由基本到扩展，由简单到复杂，由单一任务到综合项目设计，符合学生由浅入深的学习习惯，帮助学生轻松掌握系统规范的计算机软件编程知识。

本教材设计了10个工程项目，全面而系统地介绍了面向对象编程技术中（C++、VB.NET、Java、C#、Python）的关键技能，使用本书建议安排72学时，每个项目及任务具体学时建议安排如下：

学时分配表

项 目 内 容	学 时 分 配		
	讲授/%	实训/%	学时
项目1	20	80	10
项目2	20	80	6
项目3	20	80	6
项目4	20	80	6
项目5	20	80	6
项目6	20	80	6
项目7	20	80	6
项目8	20	80	6
项目9	20	80	6
项目10	20	80	6
复习及考试	4（复习）	4（考试）	8
总计			72

本书由上海神州数码、上海安致信息科技有限公司、上海商业会计学校的陈珂老师姜冬洁老师、提供了大量的实践素材，上海商业会计学校的顾洪老师制作了与书配套的 PPT，在此我向他们表示深深的感谢。由于编者水平有限，书中难免存在缺点和不足之处，欢迎广大读者批评指正，我的邮箱是：peliuz@126.com。

刘　丹

2020.1

目 录

CONTENTS

项目一

实现 OOP 中的封装性

核心概念

HTML、SQL、XML、C、C++、VB.NET、Java、C#、Python 中的封装性。

项目描述

本项目从日常生活中存储数据的表格开始，引出在 HTML、SQL、XML、C 这 4 种语言中是如何表示表格的，从而让我们明白面向过程的语言（OPP）只能支持简单的思维模式，而人类的思维非常复杂，所以采用 OPP 解决问题就感觉很困难。面向对象语言（OOP）的表达能力相对较强，更接近人类的思维模式，从此引出常用的 C++、VB.NET、Java、C#、Python 这 5 种面向对象编程语言是如何通过一个类来封装属性和方法的。

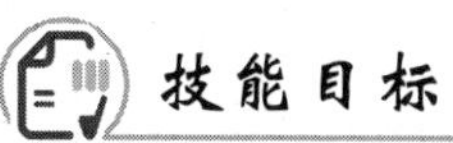

技能目标

用提出、分析、解决问题的方法来培养学生如何从 OPP 的思维模式转变为 OOP 的思维模式，通过多语言的比较，在解决问题的同时熟练掌握不同语言的语法。能掌握常用 4 种 OPP 的基本语法和 5 种 OOP 的封装性。

工作任务

实现 HTML、SQL、XML、C、C++、VB.NET、Java、C#、Python 这 9 种编程语言的封装性。

任务一 实现 HTML 语言中的封装性

任务描述

上海御恒信息科技公司接到客户的一份订单，要求用 HTML 存储学生的信息登记表。公司刚招聘了一名程序员小张，软件开发部经理要求他尽快熟悉 HTML 的封装性，并将学生信息登记表用 HTML 的源代码编写出来，小张按照经理的要求开始做以下的任务分析。

HTML

任务分析

（1）在日常生活中，我们经常会制作各式各样的表格来存储所需要的数据。我们想创建一张学生信息登记表（Student）表格来存储学生的编号（sid）、姓名（sname）和年龄（sage）。

（2）在 HTML 中用<table></table>表示整个表，用<caption></caption>表示表名（学生信息登记表），用<th></th>表示列名（sid，sname，sage），用<tr></tr>表示行，用<td></td>表示列。

（3）学生信息登记表如表 1-1 所示。

表 1-1 学生信息登记表

sid	sname	sage
s01	李小龙	32
s02	张三丰	18

任务实施

第一步：打开 Microsoft Visual Studio。

第二步：文件→新建→文件→HTML 页→文件名: chap01_sample_00.htm。

第三步：在该文件中输入以下内容：

```
<!--chap01_sample_00.htm-->
<html>

    <head>
        <title>HTML 中的封装性</title>
    </head>

    <body>
        <table border="1">
            <caption>学生信息登记表</caption>
            <tr>
                <th>sid</th>
                <th>sname</th>
                <th>sage</th>
            </tr>

            <tr>
                <td>s01</td>
                <td>李小龙</td>
                <td>32</td>
            </tr>

            <tr>
                <td>s02</td>
                <td>张三丰</td>
                <td>18</td>
            </tr>
        </table>
    </body>
</html>
```

第四步：保存后在 IE 浏览器中打开该文件进行测试。

第五步：显示内容如图 1-1 所示，并与任务分析作比较，看结果是否正确。

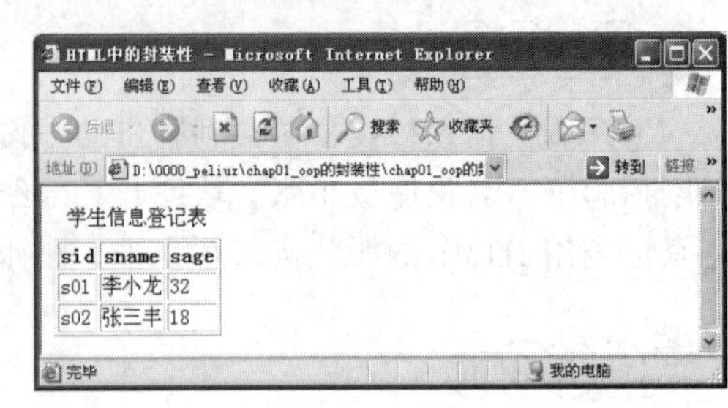

图 1-1　实现 HTML 语言中的封装性

任务小结

（1）在 HTML 中表示表格：要用<table></table>。

（2）表名：学生信息登记表，用<caption></caption>表示。

（3）列名：sid，sname，sage 用<th></th>表示。

（4）行：用<tr></tr>表示；列：用<td></td>表示。

相关知识与技能

1. HTML 的由来

HTML 的英文全称是 Hypertext Marked Language，即超文本标记语言。HTML 是由 Web 的发明者 Tim Berners-Lee 和同事 Daniel W. Connolly 于 1990 年创立的一种标记语言，它是标准通用化标记语言 SGML 的应用。用 HTML 编写的超文本文档称为 HTML 文档，它能独立于各种操作系统平台（如 UNIX、Windows 等）。

使用 HTML 语言，将所需要表达的信息按某种规则写成 HTML 文件，通过专用的浏览器来识别，并将这些 HTML 文件“翻译”成可以识别的信息，即现在所见到的网页。自 1990 年以来，HTML 就一直被用作 WWW 的信息表示语言，使用 HTML 语言描述的文件需要通过 WWW 浏览器显示出效果。HTML 是一种建立网页文件的语言，通过标记式的指令（tag），将影像、声音、图片、文字动画、影视等内容显示出来。事实上，每一个 HTML 文档都是一种静态的网页文件，这个文件里面包含了 HTML 指令代码，这些指令代码并不是一种程序语言，只是一种排版网页中资料显示位置的标记结构语言，易学易懂，非常简单。HTML 的普遍应用就是带来了超文本的技术：通过单击从一个主题跳转到另一个主题，从一个页面跳转到另一个页面，与世界各地主机的文件链接，超文本传输协议规定了浏览器在运行 HTML 文档时所遵循的规则和进行的操作。HTTP 协议的制定使浏览器在运行超文本时有了统一的规则和标准。万维网（world wide web）上的一个超媒体文档称之为一个页面（page）。作为一个组织或者个人在万维网上放置开始点的页面称为主页（homepage）或首页，主页中通常包括有指向其他相关页面或其他节点的指针（超链接），所谓超链接，就是一种统一资源定位器（uniform resource locator，URL）指针，通过激活（点击）它，可使浏览器方便地获取新的网页。这也是 HTML 获得广泛应用的最重要的原因之一。在逻辑上将视为一个整体的一系列页面的有机集合称为网站（website 或 site）。

2. HTML 的版本

HTML 是用来标记 Web 信息如何展示以及其他特性的一种语法规则，它最初于 1989 年由 GERN 的 Tim Berners-Lee 发明。HTML 基于 SGML 语言，并简化了其中的语言元素。HTML 中的元素用于告诉浏览器如何在用户的屏幕上展示数据，所以很早就得到各个 Web 浏览器厂商的支持。HTML 历史上有如下版本：①HTML 1.0：在 1993 年 6 月作为互联网工程工作小组（IETF）工作草案发布。②HTML 2.0：1995 年 11 月作为 RFC 1866 发布，于 2000 年 6 月宣布已经过时。③HTML 3.2：1997 年 1 月 14 日发布，W3C 推荐标准。④HTML 4.0：1997 年 12 月 18 日发布，W3C 推荐标准。⑤HTML 4.01（微小改进）：1999 年 12 月 24 日发布，W3C 推荐标准。⑥HTML 5：HTML5 是公认的下一代 Web 语言，极大地提升了 Web 在富媒体、富内容和富应用等方面的能力，被喻为终将改变移动互联网的重要推手。随着网络应用的发展，各行业对信息有着不同的需求，这些不同类型的信息未必都是以网页的形式显示出来。例如，当通过搜索引擎进行数据搜索时，按语义而非布局来显示数据会有更多的优点。总而言之，HTML 的缺点使其交互性差，语义模糊，让其难以适应 Internet 飞速发展的要求，因此一个标准、简洁、结构严谨以及可高度扩展的 XML 就产生了。

3. HTML 的特点

超文本标记语言文档制作不是很复杂，但功能强大，支持不同数据格式的文件嵌入，这也是万维网（WWW）盛行的原因之一，其主要特点如下：

- 简易性：超文本标记语言版本升级采用超集方式，从而更加灵活方便。
- 可扩展性：超文本标记语言的广泛应用带来了加强功能、增加标识符等要求，超文本标记语言采取子类元素的方式，为系统扩展带来保证。
- 平台无关性：虽然个人计算机大行其道，但使用 MAC 等其他机器的大有人在，超文本标记语言可以使用在广泛的平台上，这也是万维网盛行的另一个原因。
- 通用性：HTML 是网络的通用语言，是一种简单、通用的全置标记语言。它允许网页制作人制作文本与图片相结合的复杂页面。

4. HTML 的编辑方式

HTML 其实是文本，它需要浏览器的解释，它的编辑器大体可以分为基本文本和文档编辑软件，使用微软自带的记事本或写字板都可以编写，当然，如果用 WPS 来编写也可以。不过存盘时请使用.htm 或.html 作为扩展名，这样就方便浏览器认出，直接解释执行了。半所见即所得软件，如 FCK-Editer、E-webediter 等在线网页编辑器；尤其推荐 Sublime Text 代码编辑器（由 Jon Skinner 开发，Sublime Text2 收费但可以无限期试用）。所见即所得软件，使用最广泛的编辑器，完全可以一点不懂 HTML 的知识就可以做出网页，如 AMAYA（出品单位万维网联盟），FRONTPAGE（出品单位微软），Dreamweaver（出品单位 Adobe），Microsoft Visual Studio（出品单位微软）。所见即所得软件与半所见即所得软件相比，开发速度更快，效率更高，且直观的表现更强。任何地方进行修改只需要刷

新即可显示。缺点是生成的代码结构复杂，不利于大型网站的多人协作。

5. HTML5

HTML5 是下一代的 HTML，将成为 HTML、XHTML、HTML DOM 的新标准。其规则如下：新特性应该基于 HTML、CSS、DOM 以及 JavaScript、减少对外部插件的需求（比如 Flash）、更优秀的错误处理、更多取代脚本的标记、HTML5 应该独立于设备，开发进程应对公众透明。HTML5 中的一些有趣的新特性：用于绘画的 canvas 元素；用于媒介回放的 video 和 audio 元素；对本地离线存储的更好支持；新的特殊内容元素，比如 article、footer、header、nav、section；新的表单控件，比如 calendar、date、time、email、url、search。

任务拓展

（1）什么是 HTML？其有哪些特性？

（2）HTML 如何实现封装性？

（3）HTML 的常用表格标记都有哪些？

（4）HTML5 有哪些新特性？

任务二　实现 SQL 语言中的封装性

任务描述

上海御恒信息科技公司接到客户的一份订单，要求用 SQL 存储学生的信息登记表。公司刚招聘了一名程序员小张，软件开发部经理要求他尽快熟悉 SQL 的封装性，并将学生信息登记表用 SQL 的源代码编写出来，小张按照经理的要求开始做以下的任务分析。

SQL1

SQL2

SQL3

任务分析

（1）表名为“学生信息登记表”，用 student 表示。

（2）属性：即列名，分别为 sid，sname，sage。

（3）元组：即行，第一行为 s01 的信息，第二行为 s02 的信息。

（4）选用 create table 命令创建表格，选用 insert into 命令插入表格的内容，选用 select 命令查询表格中的内容。

（5）学生信息登记表如任务一中的表 1-1 所示。

任务实施

第一步：打开 Microsoft Visual Studio 或记事本。

第二步：文件→新建→文件→另存为→文件名：chap01_sample_01.sql→输入以下源代码。

```
--chap01_sample_01.sql
USE master
GO
--创建一个名为 management 的数据库
CREATE DATABASE management
GO
```

第三步：文件→新建→文件→另存为→文件名：chap01_sample_02.sql→输入以下源代码。

```
--chap01_sample_02.sql
```

```
--打开数据库 management
USE management
GO
--创建表 student 的结构
CREATE TABLE student
(
   sid       char(3),
   sname     varchar(8),
   sage       int
)
GO
```

第四步：文件→新建→文件→另存为→文件名: chap01_sample_03.sql→输入以下源代码。

```
--chap01_sample_03.sql

USE management
GO
--在表 student 中输入内容
INSERT INTO student(sid, sname, sage)
       VALUES('s01','李小龙',32)
GO

INSERT INTO student(sid, sname, sage)
       VALUES('s02','张三丰',18)

GO
```

第五步：文件→新建→文件→另存为→文件名: chap01_sample_04.sql→输入以下源代码。

```
--chap01_sample_04.sql

USE management
GO
--通过 select 语句提取表格中的内容显示
SELECT sid, sname, sage
FROM student
GO
```

第六步：在 SQL Server 中调试，显示结果如图 1-2 所示。

结果 | 消息

	sid	sname	sage
1	s01	李小龙	32
2	s02	张三丰	18

图 1-2　实现 SQL 语言中的封装性

任务小结

（1）在 SQL 中创建表格：用 create table 命令。

（2）表名：学生信息登记表，用 student 表示。

（3）列：sid，sname，sage，用属性表示并要设置相应的数据类型。

（4）行：用元组表示，第一行 s01 的信息、第二行 s02 的信息用 insert into 输入，用 select 显示。

相关知识与技能

1. SQL 的概念

结构化查询语言（Structured Query Language，SQL），是一种特殊目的的编程语言，是一种数据库查询和程序设计语言，用于存取数据以及查询、更新和管理关系数据库系统。结构化查询语言是高级的非过程化编程语言，允许用户在高层数据结构上工作。它不要求用户指定对数据的存放方法，也不需要用户了解具体的数据存放方式，所以具有完全不同底层结构的不同数据库系统，可以使用相同的结构化查询语言作为数据输入与管理的接口。结构化查询语言语句可以嵌套，这使它具有极大的灵活性和强大的功能。

2. SQL 简介

SQL 语言 1974 年由 Boyce 和 Chamberlin 提出，并首先在 IBM 公司研制的关系数据库系统 SystemR 上实现。由于它具有功能丰富、使用方便灵活、语言简洁易学等突出的优点，深受计算机工业界和计算机用户的欢迎。1980 年 10 月，经美国国家标准局（ANSI）的数据库委员会 X3H2 批准，将 SQL 作为关系数据库语言的美国标准，同年公布了标准 SQL，此后不久，国际标准化组织（ISO）也作出了同样的决定。SQL 从功能上可以分为 3 部分：数据定义、数据操纵和数据控制。SQL 的核心部分相当于关系代数，但又具有关系代数所没有的许多特点，如聚集、数据库更新等。它是一个综合的、通用的、功能极强的关系数据库语言。其特点是：数据描述、操纵、控制等功能一体化。SQL 有两种使用方式：一是联机交互使用，这种方式下的 SQL 实际上是作为自含型语言使用的；另一种方式是嵌入某种高级程序设计语言（如 C 语言等）中去使用。前一种方式适合于非计算机专业人员使用，后一种方式适合于专业计算机人员使用。尽管使用方式不向，但所用语言的语法结构基本上是一致的。SQL 是一种第四代语言（4GL），用户只需要提出“干什么”，无须具体指明 “怎么干”，像存取路径选择和具体处理操作等均由系统自动完成，高度非过程化。语言简洁，易学易用。尽管 SQL 的功能很强，但语言十分简洁，核心功能只用了 9 个动词。SQL 的语法接近英语口语，所以，用户很容易学习和使用。

3. SQL 的历史起源

20 世纪 70 年代初，由 IBM 公司 San Jose、California 研究实验室的埃德加・科德发表将数据组成表格的应用原则(Codd's Relational Algebra)。1974 年，同一实验室的 D.D.Chamberlin 和 R.F. Boyce 对 Codd's Relational Algebra 在研制关系数据库管理系统 System R 中，研制出一套规范语言——SEQUEL (Structured English QUEry Language),并在 1976 年 11 月的 IBM Journal of R&D 上公布新版本的 SQL(叫 SEQUEL/2),1980 年改名为 SQL。1979 年，ORACLE 公司首先提供商用的 SQL，IBM 公司在 DB2 和 SQL/DS 数据库系统中也实现了 SQL。1986 年 10 月，美国 ANSI 采用 SQL 作为关系数据库管理系统的标准语言（ANSI X3. 135-1986），后为国际标准化组织采纳为国际标准。1989 年，美国 ANSI 采纳在 ANSI X3.135-1989 报告中定义的关系数据库管理系统的 SQL 标准语言，称为 ANSI SQL 89，该标准替代 ANSI X3.135-1986 版本。

4. SQL 的功能

SQL 具有数据定义、数据操纵和数据控制的功能。SQL 数据定义功能：能够定义数据库的三级模式结构，即外模式、全局模式和内模式结构。在 SQL 中，外模式又称为视图（View），全局模式简称模式（Schema），内模式由系统根据数据库模式自动实现，一般无须用户过问。SQL 数据操纵功能：包括对基本表和视图的数据插入、删除和修改，特别是具有很强的数据查询功能。SQL 的数据控制功能：主要是对用户的访问权限加以控制，以保证系统的安全性。

5. 语句结构

结构化查询语言包含 6 个部分：

（1）数据查询语言（data query language，DQL）：其语句也称 “数据检索语句”，用以从表中获得数据，确定数据怎样在应用程序给出。保留字 SELECT 是 DQL（也是所有 SQL）用得最多的动词，其他 DQL 常用的保留字有 WHERE、ORDER BY、GROUP BY 和 HAVING。这些 DQL 保留字常与其他类型的 SQL 语句一起使用。

（2）数据操作语言（Data Manipulation Language，DML）：其语句包括动词 INSERT、UPDATE 和 DELETE。它们分别用于添加、修改和删除。

（3）事务控制语言（TCL）：它的语句能确保被 DML 语句影响的表的所有行及时得以更新，包括 COMMIT（提交）命令、SAVEPOINT（保存点）命令、ROLLBACK（回滚）命令。

（4）数据控制语言（DCL）：它的语句通过 GRANT 或 REVOKE 实现权限控制，确定单个用户和用户组对数据库对象的访问。某些 RDBMS 可用 GRANT 或 REVOKE 控制对表单各列的访问。

（5）数据定义语言（DDL）：其语句包括动词 CREATE、ALTER 和 DROP。在数据库中创建新表或修改、删除表（CREAT TABLE 或 DROP TABLE），为表加入索引等。

（6）指针控制语言（CCL）：它的语句，像 DECLARE CURSOR、FETCH INTO 和 UPDATE WHERE CURRENT，用于对一个或多个表单独行的操作。

6. SQL 语言的特点

SQL 风格统一，SQL 可以独立完成数据库生命周期中的全部活动，包括定义关系模式、录入数据、建立数据库、查询、更新、维护、数据库重构、数据库安全性控制等一系列操作，这就为数据库应用系统开发提供了良好的环境。在数据库投入运行后，还可根据需要随时逐步修改模式，且不影响数据库的运行，从而使系统具有良好的可扩充性。高度非过程化。SQL 语句能够嵌入到高级语言（如 C、 C#、Java）程序中，供程序员设计程序时使用。而在两种不同的使用方式下，SQL 的语法结构基本上是一致的。这种以统一的语法结构提供两种不同的操作方式，为用户提供了极大的灵活性与方便性。语言简洁，易学易用。

7. 常用的 SQL 语句

（1）数据定义。在关系数据库实现过程中，第一步是建立关系模式，定义基本表的结构，即该关系模式是由哪些属性组成的、每一属性的数据类型及数据可能的长度、是否允许为空值以及其他完整性约束条件。

定义基本表：

```
CREATE TABLE<表名>（<列名 1><数据类型>[列级完整性约束条件]
[，<列名 2><数据类型>[列级完整性约束条件]]…
[，<-列名 n><数据类型>[列级完整性约束条件]]
[，表级完整性约束条件]）;
```

说明：

① <>中是 SQL 语句必须定义的部分，[]中是 SQL 语句可选择的部分，可以省略。

② CREATE TABLE 表示是 SQL 的关键字，指示本 SQL 语句的功能。

③ <表名>是所要定义的基本表的名称，一个表可以由一个或若干个属性（列）组成，但至少有一个属性，不允许一个属性都没有的表，这样不是空表的含义。多个属性定义由圆括号指示其边界，通过逗号把各个属性定义分隔开，各个属性名称互不相同，可以采用任意顺序排列，一般按照实体或联系定义属性的顺序排列，关键字属性组在最前面，这样容易区分，也防止遗漏定义的属性。

④ 每个属性由列名、数据类型、该列的多个完整性约束条件组成。其中，列名一般为属性的英文名缩写，在 Microsoft Access 2010 中也可以采用中文，建议不要这样做，编程开发时不方便。

⑤ 完整性约束条件，分为列级的完整性约束和表级的完整性约束。如果完整性约束条件涉及该表的多个属性列，则必须定义在表级上，否则既可以定义在列级也可以定义在表级。这些完整性约束条件被存入系统的数据字典中，当用户操作表中数据时，由 RDBMS 自动检查该操作是否违背这些完整性约束，如果违背则 RDBMS 拒绝本次操作。这样保持了数据库状态的正确性和完整性，不需要用户提供检查，提高了编程的效率，降低了编程难度。列级的完整性通常为主关键字的定义、是否允许为空；表级的完整性约束条件一般为外码定义。

（2）数据操纵。数据操纵语言是完成数据操作的命令，一般分为两种类型的数据操纵。

① 数据检索（常称为查询）：寻找所需的具体数据。

② 数据修改：插入、删除和更新数据。

数据操纵语言一般由 INSERT（插入）、DELETE（删除）、UPDATE（更新）、SELECT（检索，又称查询）等组成。由于 SELECT 经常使用，所以一般将它称为查询（检索）语言。

（3）数据管理。数据管理（又称数据控制）语言是用来管理（或控制）用户访问权限的，由 GRANT（授权）、REVOKE（回收）命令组成。而 Visual Foxpro 6 不支持这种权限管理。

（4）SQL 中的数据查询语句。数据库中的数据很多时候是为了查询，因此，数据查询是数据库的核心操作。而在 SQL 中，查询语言只有一条，即 SELECT 语句。

8. SQL Server 简介

SQL Server 是由 Microsoft 开发和推广的关系数据库管理系统（DBMS），它最初是由 Microsoft、Sybase 和 Ashton-Tate 三家公司共同开发的，并于 1988 年推出了第一个 OS/2 版本。Microsoft SQL Server 近年来不断更新版本：1996 年，Microsoft 推出了 SQL Server 6.5 版本；1998 年，SQL Server 7.0 版本和用户见面；SQL Server

2000 由 Microsoft 公司于 2000 年推出；目前最新版本是 2017 年推出的 SQL Server 2017。SQL Server 的特点：真正的客户机/服务器体系结构。图形化用户界面，使系统管理和数据库管理更加直观、简单。丰富的编程接口工具，为用户进行程序设计提供了更大的选择余地。SQL Server 与 Windows NT 完全集成，利用了 Windows NT 的许多功能，如发送和接收消息、管理登录安全性等。SQL Server 也可以很好地与 Microsoft Back Office 产品集成，具有很好的伸缩性，可跨越从运行 Windows 95/98 的小型计算机到运行 Windows 2000 的大型多处理器等多种平台使用。对 Web 技术的支持，使用户能够很容易地将数据库中的数据发布到 Web 页面上。SQL Server 提供数据仓库功能，这个功能只在 Oracle 和其他更昂贵的 DBMS 中才有。

9. SQL Server、MySQL、Oracle 之间的区别

SQL Server 是 Microsoft 推出的一套产品，它具有使用方便、可伸缩性好、与相关软件集成程度高等优点，逐渐成为 Windows 平台下进行数据库应用开发较为理想的选择之一。SQL Server 是目前流行的数据库之一，它已广泛应用于金融、保险、电力、行政管理等与数据库有关的行业。而且，由于其易操作性及友好的界面，赢得了广大用户的青睐，尤其是 SQL Server 与其他数据库，如 Access、FoxPro、Excel 等有良好的 ODBC 接口，可以把上述数据库转成 SQL Server 的数据库，因此，目前越来越多的用户正在使用 SQL Server。SQL Server 有强大的功能，一般是和同是微软产品的.NET 平台一起搭配使用。其他的开发平台，都提供与它相关的数据库连接方式。

MySQL 不支持事务处理，没有视图，没有存储过程和触发器，没有数据库端的用户自定义函数，不能完全使用标准的 SQL 语法。MySQL 没法处理复杂的关联性数据库功能，例如子查询（subqueries），虽然大多数的子查询都可以改写成 join；另一个 MySQL 没有提供支持的功能是事务处理（transaction）以及事务的提交（commit）/撤销（rollback）。一个事务指的是被当作一个单位来共同执行的一群或一套命令。如果一个事务没法完成，那么整个事务里面没有一个指令是真正执行下去的。对于必须处理线上订单的商业网站来说，MySQL 没有支持这项功能。但是可以用 MaxSQL，一个分开的服务器，它能通过外挂的表格来支持事务功能。外键（foreignkey）以及参考完整性限制（referential integrity）可以让用户制定表格中资料间的约束（constraint），然后将约束加到所规定的资料里面。这些 MySQL 没有的功能表示一个有赖复杂的资料关系的应用程序并不适合使用 MySQL。数据库的参考完整性限制——MySQL 并没有支持外键的规则，也没有支持连锁删除（cascading delete）的功能。在 MySQL 中也不会找到存储进程（stored procedure）以及触发器（trigger）。针对这些功能，在 Access 提供了相对的事件进程（event procedure）。MySQL+PHP+Apache 三者被软件开发者称为“PHP 黄金组合”。

Oracle 能在所有主流平台上运行（包括 Windows），完全支持所有的工业标准，采用完全开放策略。可以使客户选择最适合的解决方案。对开发商全力支持，Oracle 并行服务器通过使一组结点共享同一簇中的工作来扩展 Windows NT 的能力，提供高可用性和高伸缩性的簇的解决方案。如果 Windows NT 不能满足需要，用户可以把数据库移到 UNIX 中。Oracle 的并行服务器对各种 UNIX 平台的集群机制都有着相当高的集成度。Oracle 获得最高认证级别的 ISO 标准认证。Oracle 性能最高，保持开放平台下的 TPC-D 和 TPC-C 的世界纪录。Oracle 多层次网络计算，支持多种工业标准，可以用 ODBC、JDBC、OCI 等网络客户连接。Oracle 在兼容性、可移植性、可联结性、高生产率、开放性上也存在优点。Oracle 产品采用标准 SQL，并经过美国国家标准技术所（NIST）测试。与 IBM SQL/DS、DB2、INGRES、IDMS/R 等兼容。Oracle 的产品可运行于很宽范围的硬件与操作系统平台上；可以安装在 70 种以上不同的大、中、小型机上；可在 VMS、DOS、UNIX、Windows 等多种操作系统下工作；能与多种通信网络相连，支持各种协议（TCP/IP、 DECnet、LU6.2 等）；提供了多种开发工具，能极大地方便用户进行进一步的开发。Oracle 良好的兼容性、可移植性、可连接性和高生产率使 Oracle RDBMS 具有良好的开放性，当然其价格也是比较昂贵的。

任务拓展

（1）什么是 SQL?

（2）SQL 如何实现封装性?

（3）SQL 的常用架构表格的命令都有哪些?

（4）SQL Server 有哪些特性？

（5）SQL Server 与 My SQL、Oracle 有何区别？

任务三　实现 XML 语言中的封装性

任务描述

上海御恒信息科技公司为某个合作学校制作学生信息登记表来存储他们所需要的数据。技术部刘经理让软件开发部的小张运用 XML 中的元素来实现，要先用 DTD 创建结构，然后用 XML 元素表示其内容，最后用 XSL 进行查询，小张按照经理的要求开始做以下的任务分析。

XML

任务分析

（1）我们想创建一张学生信息登记表（Student）表格来存储学生的编号（sid）、姓名（sname）和年龄（sage）。

（2）用符合文档类型定义的文件来实现表格的架构，扩展名为.dtd。

（3）用符合 XML 基本语法的文件来实现表格的内容，扩展名为.xml。

（4）用可扩展的样式表语言 XSL 来提取表格里的内容，扩展名为.xsl。

（5）用 IE 浏览器打开.xml 文件。

（6）学生信息登记表如任务一中的表 1-1 所示。

任务实施

第一步：打开 Microsoft Visual Studio 或记事本。

第二步：文件→新建→文件→另存为→文件名：chap01_sample_05.dtd→输入以下源代码，用符合文档类型定义的文件来实现表格的架构。

```
<?xml version="1.0" encoding="UTF-8"?>
<!ELEMENT  student  (row+)>
<!ELEMENT  row    (sid, sname,  sage)>
<!ELEMENT  sid     (#PCDATA)>
<!ELEMENT  sname  (#PCDATA)>
<!ELEMENT  sage    (#PCDATA)>
<!--chap01_sample_05.dtd-->
```

以上文档类型定义和 SQL Server 的 create table 很相似，都是确定了表名为 student，列名为 sid、sname、sage，并设定了它们的数据类型。

第三步：文件→新建→文件→另存为→文件名：chap01_sample_05.xml→输入以下源代码，用符合 XML 基本语法的文件来实现表格的内容。

```
<?xml version="1.0" encoding="gb2312" standalone="no"?>
<!DOCTYPE student SYSTEM "chap01_sample_05.dtd">
<student>
  <row>
    <sid>s01</sid>
    <sname>李小龙</sname>
    <sage>32</sage>
  </row>

  <row>
    <sid>s02</sid>
```

```
        <sname>张三丰</sname>
        <sage>18</sage>
    </row>
</student>
<!--chap01_sample_05.xml-->
```

第四步：用 IE 浏览器打开文件 chap01_sample_05.xml，显示结果如图 1-3 所示。

如果说.dtd 文件类似 SQL 中的 create table 命令，那么.xml 文件的内容就像 SQL 中的 insert into 命令，正好存储了两行信息。

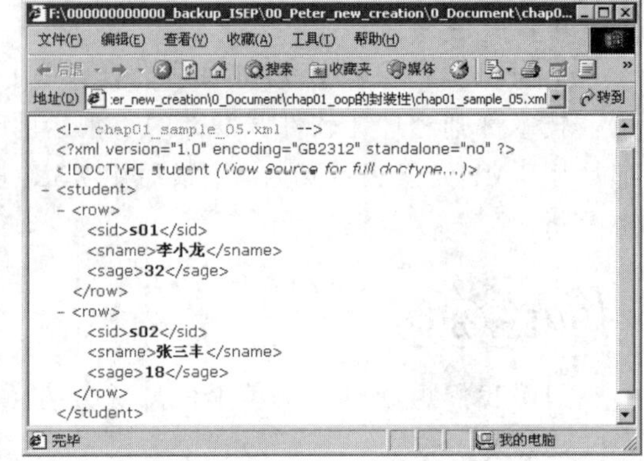

图 1-3　实现 XML 语言中的封装性 1

第五步：文件→新建→文件→另存为→文件名：chap01_sample_06.xml→输入以下源代码，加载可扩展的样式表语言 XSL 来提取表格里的内容。

```
<?xml version="1.0" encoding="gb2312" standalone="no"?>
<!DOCTYPE student SYSTEM "chap01_sample_05.dtd">
<?xml-stylesheet type="text/xsl" href="chap01_
sample_06.xsl"?>

<student>
    <row>
        <sid>s01</sid>
        <sname>李小龙</sname>
        <sage>32</sage>
    </row>

    <row>
        <sid>s02</sid>
        <sname>张三丰</sname>
        <sage>18</sage>
    </row>
</student>

<!--chap01_sample_06.xml-->
```

第六步：文件→新建→文件→另存为→文件名：chap01_sample_06.xsl→输入以下源代码，用可扩展的样式表语言 XSL 来提取表格里的内容。

```
<?xml version="1.0" encoding="gb2312"?>
<xsl:stylesheet xmlns:xsl="http://www.w3.org/TR/WD-xsl">
    <xsl:template match="/">
        <HTML>
            <HEAD>
                <TITLE>学生信息登记表</TITLE>
                <HR WIDTH="80%"/>
                <BR/>
            </HEAD>

            <BODY>
                <TABLE BORDER="5" CELLPADDING="6" ALIGN="CENTER" BORDER-COLOR="BLACK">
                    <TH>sid</TH>
                    <TH>sname</TH>
                    <TH>sage</TH>
                    <xsl:for-each select="//row">
                        <TR>
                            <TD>
                                <xsl:value-of select="sid"/>
                            </TD>
```

```
                    <TD>
                       <xsl:value-of select="sname"/>
                    </TD>

   <TD>
                       <xsl:value-of select="sage"/>
                    </TD>
                 </TR>
              </xsl:for-each>
           </TABLE>
        </BODY>
     </HTML>
   </xsl:template>
</xsl:stylesheet>

<!--chap01_sample_06.xsl-->
```

再看以上.xsl 文件，是否发现这不就是 SQL 中的 Select 语句？正好可以查询出 Student 表中的两行三列信息。

第七步：在 IE 中显示 chap01_sample_ 06.xml 文件的结果如图 1-4 所示。

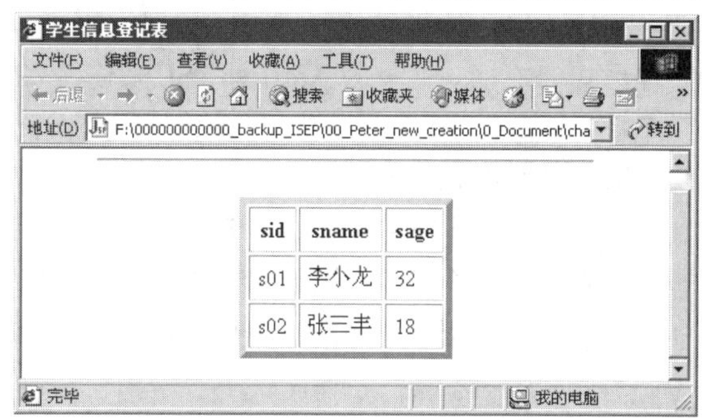

图 1-4 实现 XML 语言中的封装性 2

任务小结

（1）用 XML 的三层元素存储表格的内容（根元素表示表名，一级子元素表示行，二级子元素表示列）。

（2）用 DTD 来设计表格的结构（!ELEMENT 表示不同元素所包含的子元素名或数据类型）。

（3）用 XSL 来设计查询表格的内容（StyleSheet 嵌套 template，template 嵌套网页，for-each 嵌套<TR></TR>行，<TD></TD>中嵌套 XSL 所要提取的二级子元素名，即列名）。

相关知识与技能

1. XML 简介

XML 是可扩展标记语言，是一种很像超文本标记语言的标记语言。它的设计宗旨是传输数据，而不是显示数据。它的标签没有被预定义。用户需要自行定义标签。它被设计为具有自我描述性。它是 W3C 的推荐标准。可扩展标记语言和超文本标记语言之间的差异是：它不是超文本标记语言的替代，它是对超文本标记语言的补充。它和超文本标记语言为不同的目的而设计。它被设计用来传输和存储数据，其焦点是数据的内容。超文本标记语言被设计用来显示数据，其焦点是数据的外观。对它最好的描述是：它是独立于软件和硬件的信息传输工具。

XML 具有以下特点：XML 可以从 HTML 中分离数据，即能够在 HTML 文件之外将数据存储在 XML 文档中，这样可以使开发者集中精力使用 HTML 做好数据的显示和布局，并确保数据改动时不会导致 HTML 文件也需要改动。XML 可用于交换数据。基于 XML 可以在不兼容的系统之间交换数据，计算机系统和数据库系统所存储的数据有多种形式，把数据转换为 XML 存储将减少交换数据的复杂性，还可以使这些数据能被不同的程序读取。XML 可应用于 B2B 中。例如在网络中交换金融信息，目前 XML 正成为遍布网络的商业系统之间交换信息所使用的主要语言，许多与 B2B 有关的完全基于 XML 的应用程序正在开发中。利用 XML 可以共享数据。XML 数据以纯文本格式存储，这使得 XML 更易读、更便于记录、更便于调试，使不同系统、不同程序之间的数据共享变得更加简单。XML 可以充分利用数据。XML 是与软件、硬件和应用程序无关的，数据可以被更多的用户、设备所利用，而不仅仅限于基于 HTML 标准的浏览器。其他客户端和应用程序可以把 XML 文档作为数据源来处理，就像操作数据库一样，XML 的数据可以被各种各样的“阅读器”处理。XML 可以用于创建新的语言。比如，WAP 和 WML 语言都是由 XML 发展来的。WML（wireless markup language，无线标

记语言）是用于标识运行于手持设备上（比如手机）的 Internet 程序的工具，它就采用了 XML 的标准。

2. DTD

文档类型定义（document type definition，DTD）是一套为了进行程序间的数据交换而建立的关于标记符的语法规则。它是标准通用标记语言和可扩展标记语言 1.0 版规格的一部分，文档可根据某种 DTD 语法规则验证格式是否符合此规则。文档类型定义也可用作保证标准通用标记语言、可扩展标记语言文档格式的合法性，可通过比较文档和文档类型定义文件来检查文档是否符合规范，元素和标签使用是否正确。文件实例提供应用程序一个数据交换的格式。使用各类文档类型定义是为了让标准通用标记语言、可扩展标记语言文件能符合规定的数据交换标准，因为这样，不同的公司只需定义好标准文档类型定义，就都能依文档类型定义建立文档实例，并且进行验证，如此就可以轻易交换数据，防止了实例数据定义不同等原因造成的数据交换障碍，满足了网络共享和数据交互。文档类型定义文件是一个美国信息交换标准代码文本文件。

3. XSL

XSL 之于 XML，就像 CSS 之于 HTML。它是指可扩展样式表语言（EXtensible Stylesheet Language）。这是一种用于以可读格式呈现 XML 数据的语言。XSL 是一种标记语言，表示如何将 XML 文档的内容转换成另一种形式的文档。通过为 XML 写 XSL 来使得 XML 显示成不同的格式。例如，在为保险公司描述一辆或更多汽车特征的 XML 页上，一套开关标记可能含有汽车制造商的名字。使用 XSL，可告知网络浏览器应该显示汽车制造商的名字以及在网页何处以粗体显示。XSL 基于并扩展了文档风格语义和规范语言（DSSSL）以及层叠样式表版本 1（CSS1）标准。XML 页类似于 HTML 页，但是它的识别域包含数据而不是文本和图像。XSL 向开发者提供一个工具，用于精确描述 XML 文件中需要显示的数据域以及在何处如何显示。与其他样式表语言一样，XSL 可用于为 XML 文件创建样式定义或者被许多其他 XML 文件重新利用。

任务拓展

（1）XML 语言的特性是什么？

（2）DTD 与 XML 之间是什么关系？

（3）XSL 与 XML 之间是什么关系？

任务四 实现 C 语言中的封装性

任务描述

上海御恒信息科技公司为某个合作学校制作学生信息登记表来存储他们所需要的数据。技术部刘经理让软件开发部的小张运用 C 语言中的结构体来实现，并用输入函数、输出函数分别实现学生信息的输入和输出。最后在主函数中调用，小张按照经理的要求开始做以下的任务分析。

任务分析

（1）在 C 语言中先包含系统头文件。

（2）在 C 语言中用结构体来实现表格的架构。

（3）通过声明结构体变量来存放表格的两行信息。

（4）前向声明输入/输出函数。

（5）在主函数中调用输入函数输入、输出函数输出。

（6）类外定义输入函数输入每一行信息。

(7)类外定义输出函数输出每一行信息。

(8)学生信息登记表如任务一中的表 1-1 所示。

任务实施

第一步：打开 Microsoft Visual Studio。

第二步：文件→新建→文件→另存为→文件名：chap01_sample_07_C.cpp→输入以下源代码。

```
// chap01_Example07_C.cpp : 定义控制台应用程序的入口点。
//1. 含系统头文件
#include "stdafx.h"
#include "iostream"   //包含输入/输出流头文件
using namespace std;  //包含基本输入/输出命名空间
//2. 用结构体来实现表格的架构
struct student
{
   char *sid;
   char *sname;
   int sage;
};
//3. 通过声明结构体变量来存放表格的两行信息
struct student s1,s2;
//4. 前向声明输入/输出函数
void getdata1(char *i,char *n,int a);
void getdata2(char *i,char *n,int a);
void putdata();

//5. 在主函数中调用输入函数输入，输出函数输出
int _tmain(int argc, _TCHAR* argv[])
{
   getdata1("s01","李小龙",32);
   getdata2("s02","张三丰",18);
   putdata();
}

//6. 类外定义输入函数输入每一行信息
void getdata1(char *i,char *n,int a)
{
   s1.sid=i;
   s1.sname=n;
   s1.sage=a;
}
void getdata2(char *i,char *n,int a)
{
   s2.sid=i;
   s2.sname=n;
   s2.sage=a;
}
//7. 类外定义输出函数输出每一行信息:
void putdata()
{
   printf("--------------------\n");
   printf("sid\tsname\tsage\n");
   printf("--------------------\n");
   printf("%s\t%s\t%d\n", s1.sid, s1.sname, s1.sage);
   printf("--------------------\n");
```

```
    printf("%s\t%s\t%d\n", s2.sid, s2.sname, s2.sage);
    printf("--------------------\n");
}
```

第三步：打开 Visual Studio，调试以上代码后显示结果如图 1-5 所示。

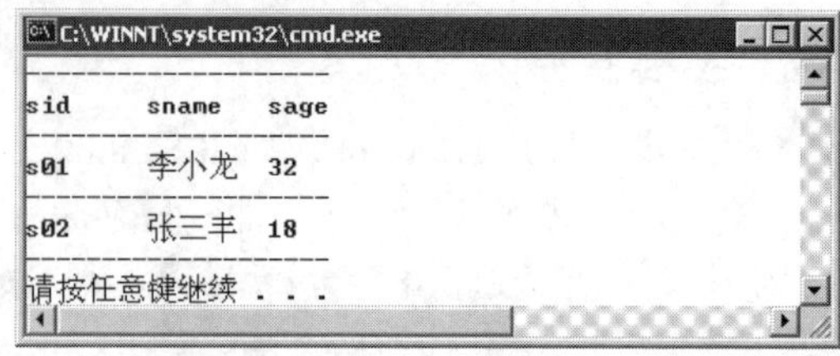

图 1-5 实现 C 语言中的封装性

任务小结

（1）C 语言中的 struct 结构体相当于 SQL Server 中的 create table 语句。

（2）getdata1()、getdata2()函数相当于 SQL Server 中的两个 insert into 语句。

（3）putdata()函数相当于 SQL Server 中的 select 语句。

（4）两个输入函数 getdata1()和 getdata2()的功能有重复（冗余），这就是面向过程编程的局限性。

相关知识与技能

1. C 语言简介

C 语言是一门面向过程的计算机编程语言，与 C++、Java 等面向对象编程语言有所不同。C 语言的设计目标是提供一种能以简易的方式编译、处理低级存储器、仅产生少量的机器码以及不需要任何运行环境支持便能运行的编程语言。C 语言描述问题比汇编语言迅速，工作量小，可读性好，易于调试、修改和移植，而代码质量与汇编语言相当。C 语言一般只比汇编语言代码生成的目标程序效率低 10%～20%。因此，C 语言可以编写系统软件。当前阶段，在编程领域中，C 语言的运用非常之多，它兼顾了高级语言和汇编语言的优点，相较于其他编程语言具有较大优势。计算机系统设计以及应用程序编写是 C 语言应用的两大领域。同时，C 语言的普适性较强，在许多计算机操作系统中都能够得到应用，且效率显著。C 语言拥有一套完整的理论体系，经过了漫长的发展历史，在编程语言中具有举足轻重的地位。

2. 发展历史

C 语言诞生于美国的贝尔实验室，由 D.M.Ritchie 以 B 语言为基础发展而来，在它的主体设计完成后，Thompson 和 Ritchie 用它完全重写了 UNIX，且随着 UNIX 的发展，C 语言也得到了不断的完善。为了利于 C 语言的全面推广，许多专家学者和硬件厂商联合组成了 C 语言标准委员会，并在之后的 1989 年，诞生了第一个完备的 C 标准，简称 C89，也就是 ANSI C，目前，最新的 C 语言标准为 2011 年发布的 “C11”。C 语言之所以命名为 C，是因为 C 语言源自 Ken Thompson 发明的 B 语言，而 B 语言则源自 BCPL 语言。1967 年，剑桥大学的 Martin Richards 对 CPL 语言进行了简化，于是产生了 BCPL（basic combined programming language）语言。20 世纪 60 年代，美国 AT&T 公司贝尔实验室（AT&T Bell laboratory）的研究员 Ken Thompson 闲来无事，手痒难耐，想玩一个他自己编的、模拟在太阳系航行的电子游戏——*Space Travel*。他背着老板，找到了台空闲的机器——PDP-7。但这台机器没有操作系统，而游戏必须使用操作系统的一些功能，于是他着手为 PDP-7 开发操作系统。1970 年，美国贝尔实验室的 Ken Thompson 以 BCPL 语言为基础，设计出很简单且很接近硬件的 B 语言（取 BCPL 的首字母）。并且他用 B 语言写了第一个 UNIX 操作系统。1971 年，同样酷爱 Space Travel 的 D.M.Ritchie 为了能早点儿玩上游戏，加入了 Thompson 的开发项目，合作开发 UNIX。他的主要工作是改造 B 语言，使其更成熟。1972 年，美国贝尔实验室的 D.M.Ritchie 在 B 语言的基础上最终设计出了一种新的语言，他取了 BCPL 的第二个字母作为这种语言的名字，这就是 C 语言。1973 年初，C 语言的主体完成。Ken Thompson 和 D.M.Ritchie 迫不及待地开始用它完全重写了 UNIX。此时，编程的乐趣使他们已经完全忘记了那个 *Space Travel*，一门心思地投入到了 UNIX 和 C 语言的开发中。随着 UNIX 的发展，C 语言自身也在不断地完善。直到今天，各种版本的 UNIX 内核和周边工具仍然使用 C 语言作为最主要的开发语言，其中还有不少继承 Thompson 和 Ritchie 之手的代码。在开发中，他们还考虑把 UNIX 移植到其他类型的计算机上使用。C 语言强大的移植性（portability）在此显现。机器语言和汇编语言都不具有移植性，为 x86 开发的程序，不可能在 Alpha、SPARC 和 ARM 等机器上运行。而 C 语言程序则可以使用在任意架构的处理器上，只要那种架构的处理器具有对应的 C 语言编译器和库，然后将 C 源代码编译、连接成目标二进制文件之后即可运行。1977 年，D.M.Ritchie 发表了不依赖于具体机器系统的 C 语言编译文本《可移植的 C 语言编译程序》。C 语言继续发展，在 1982 年，很多有识之士和美国国家标准协会为了使这个语言健康地发展下去，决定成立 C 标准委员会，建立 C 语言的标准。委员会由硬件厂商、编译器及其他软件工具生产商、软件设计师、顾问、学术界人士、C 语言作者和应用程序员组成。1989 年，ANSI 发布了第一个完整的 C 语言标准——ANSI X3.159—1989，简称 C89，不过人们也习惯称其为 ANSI C。C89 在 1990 年被国际标准组织 ISO（international standard organization）一字不改地采纳，ISO 官方给予的名称为 ISO/IEC 9899，所以 ISO/IEC9899—1990 也通常被简称为 C90。1999 年，在做了一些必要的修正和完善后，ISO 发布了新的 C 语言标准，命名为 ISO/IEC 9899—1999，简称 C99。在 2011 年 12 月 8 日，ISO 又正式发布了新的标准，称为 ISO/IEC9899—2011，简称为 C11。

3. 语言特点

C 语言是一种结构化语言，它有着清晰的层次，可按照模块的方式对程序进行编写，十分有利于程序的调试，且 C 语言的处理和表现能力都非常强大，依靠非常全面的运算符和多样的数据类型，可以轻易完成各种数据结构的构建，通过指针类型更可对内存直接寻址以及对硬件进行直接操作，因此既能够用于开发系统程序，也可用于开发应用软件。通过对 C 语言进行研究分析，总结出其主要特点如下：

（1）简洁的语言：C 语言包含的各种控制语句仅有 9 种，关键字也只有 32 个，程序的编写要求不严格且多以小写字母为主，对许多不必要的部分进行了精简。

（2）具有结构化的控制语句：C 语言是一种结构化的语言，提供的控制语句具有结构化特征，如 for 语句、if...else 语句和 switch 语句等。可以用于实现函数的逻辑控制，方便面向过程的程序设计。

（3）丰富的数据类型：C 语言包含的数据类型广泛，不仅包含有传统的字符型、整型、浮点型、数组类型等数据类型，还具有其他编程语言所不具备的指针类型，它使数据使用灵活，可通过编程对各种数据结构进行计算。

（4）丰富的运算符：C 语言包含 34 个运算符，它将赋值、括号等均视作运算符来操作，使 C 程序非常丰富。

（5）可对物理地址进行直接操作：C 语言允许对硬件内存地址进行直接读写，以此可以实现汇编语言的主要功能，并可直接操作硬件。C 语言不但具备高级语言所具有的良好特性，又包含了许多低级语言的优势。

（6）代码具有较好的可移植性：C 语言是面向过程的编程语言，用户只需要关注所需解决问题本身，而不需要花费过多的精力去了解相关硬件，且针对不同的硬件环境，在用 C 语言实现相同功能时的代码基本一致，不需或仅需进行少量改动便可完成移植，这就意味着，对于一台计算机编写的 C 程序可以在另一台计算机上轻松地运行，从而极大地减少了程序移植的工作强度。

（7）可生成高质量目标代码、高执行效率的程序：与其他高级语言相比，C 语言可以生成高质量和高效率的目标代码，故通常应用于对代码质量和执行效率要求较高的嵌入式系统程序的编写。

特有特点：C 语言是普适性最强的一种计算机程序编辑语言，它不仅可以发挥出高级编程语言的功用，还具有汇编语言的优点，因此相对于其他编程语言，它具有自己独特的特点。具体体现在以下三个方面：

其一，广泛性。C 语言运算范围的大小直接决定了其优劣性。C 语言中包含了 34 种运算符，因此运算范围要超出许多其他语言，此外，其运算结果的表达形式也十分丰富。C 语言还包含了字符型、指针型等多种数据结构形式，因此，更为庞大的数据结构运算它也可以应付。

其二，简洁性。9 类控制语句和 32 个关键字是 C 语言所具有的基础特性，使得其在计算机应用程序编写中具有广泛的适用性，不仅可以适用于广大编程人员，提高其工作效率，同时还能够支持高级编程，避免了语言切换的烦琐。

其三，结构完善。C 语言是一种结构化语言，它可以通过组建模块单位的形式实现模块化的应用程序，在系统描述方面具有显著优势，同时这一特性也使得它能够适应多种不同的编程要求，且执行效率高。

C 语言的缺点主要表现在数据的封装性上，这一点使得 C 语言在数据的安全性上有很大缺陷，这也是 C 和 C++的一大区别。C 语言的语法限制不太严格，对变量的类型约束也不严格，影响程序的安全性，对数组下标越界不作检查。从应用的角度，C 语言比其他高级语言较难掌握。也就是说，对用 C 语言的人，要求对程序设计更熟练一些。

4. 结构体的作用

在 C 语言中，结构体（struct）指的是一种数据结构，是 C 语言中聚合数据类型（aggregate data type）的一类。结构体可以被声明为变量、指针或数组等，用以实现较复杂的数据结构。结构体同时也是一些元素的集合，这些元素称为结构体的成员（member），且这些成员可以为不同的类型，成员一般用名字访问。结构体的定义如下所示：

```
struct tag { member-list } variable-list ;
```

struct 为结构体关键字，tag 为结构体的标志，member-list 为结构体成员列表，其必须列出其所有成员；variable-list 为此结构体声明的变量。

在一般情况下，tag、member-list、variable-list 这 3 部分至少出现 2 个。

结构体和其他类型基础数据类型一样，例如 int 类型、char 类型，只不过结构体可以构成复杂的数据类型，以方便日后使用。在实际项目中，结构体是大量存在的。研发人员常使用结构体封装一些属性来组成新的类型。由于 C 语言内部程序比较简单，研发人员通常使用结构体创造新的“属性”，其目的是简化运算。结构体在函数中的主要作用不是简便，而是封装。封装的好处就是可以再次利用。

任务拓展

（1）C 语言的优点是什么？
（2）结构体的特点是什么？
（3）面向过程编程（OPP）的缺点是什么？

任务五　实现 C++语言中的封装性

任务描述

上海御恒信息科技公司为某个合作学校制作学生信息登记表来存储他们所需要的数据。技术部刘经理让软件开发部的小张运用 C++语言中的类来实现，并在类中声明输入及输出函数、类外定义输入和输出函数，最后在主函数中用对象去调用函数实现功能，小张按照经理的要求开始做以下的任务分析。

C++

任务分析

（1）在 C++语言中先包含系统头文件。
（2）用类来实现表格的架构。
（3）在类中前向声明输入/输出函数。
（4）类外定义输入函数输入每一行信息。
（5）类外定义输出函数输出表头及每一行信息。
（6）在主函数中通过为类新建对象，并用对象调用输入函数输入、输出函数输出。
（7）学生信息登记表如任务一中的表 1-1 所示。

任务实施

第一步：打开 Visual Studio，新建 C++项目，在文件 chap01_sample_08_Cplusplus.cpp 中输入源代码如下：

```
// chap01_Example08_Cplusplus.cpp : 定义控制台应用程序的入口点。
//1. 包含系统头文件
#include "stdafx.h"
#include "iostream"
```

```
using namespace std;
//2. 用类来实现表格的架构
class Student
{
  private:
     char *sid;
     char *sname;
     int sage;
  public:
//3. 在类中前向声明输入/输出函数
     void getdata(char *i,char * n,int a);
     void puthead();
     void putdata();
};

//4. 类外定义输入函数输入每一行信息
void Student::getdata(char *i,char * n,int a)
{
  sid=i;
  sname=n;
  sage=a;
}

//5. 类外定义输出函数输出表头及每一行信息
void Student::puthead()
{
  cout << "---------------------" << endl;
  cout << "sid" << "\t" << "sname" << "\t" << "sage" << "\n";
  cout << "---------------------" << endl;
}
void Student::putdata()
{
  cout << sid << "\t" << sname << "\t" << sage << "\n";
  cout << "---------------------" << endl;
}
//6. 在主函数中通过为类新建对象，并用对象调用输入函数输入、输出函数输出
int _tmain(int argc,_TCHAR* argv[])
{
  Student s1,s2;
  s1.getdata("s01","李小龙", 32);
  s2.getdata("s02","张三丰", 18);

  s1.puthead();
  s1.putdata();
  s2.putdata();
  return 0;
}
```

第二步：在 Visual Studio 中调试以上代码后，显示结果如任务四中的图 1-5 所示。

任务小结

（1）类（class）相当于 SQL Server 中的 create table 语句，也相当于 C 语言中的结构体（struct）。

（2）getdata()函数相当于 SQL Server 中的 insert into 语句。

（3）puthead()与 putdata()函数相当于 SQL Server 中的 select 语句。

（4）C 是典型的面向过程编程，用结构体来实现数据的存储，可以直接在主函数中调用函数输入/输出；

而C++是典型的面向对象编程，一定要用类来存储数据，并要在主函数中用类的对象来调用函数输入/输出。

相关知识与技能

1. C++简介

C++是C语言的继承，它既可以进行C语言的过程化程序设计，又可以进行以抽象数据类型为特点的基于对象的程序设计，还可以进行以继承和多态为特点的面向对象的程序设计。C++擅长面向对象程序设计的同时，还可以进行基于过程的程序设计，因而C++就适用的问题规模而论，大小由之。C++不仅拥有计算机高效运行的实用性特征，同时还致力于提高大规模程序的编程质量与程序设计语言的问题描述能力。1979年，Bjame Sgoustrup到了Bell实验室，开始从事将C改良为带类的C（C with classes）的工作。1983年，该语言被正式命名为C++。自从C++被发明以来，它经历了3次主要的修订，每一次修订都为C++增加了新的特征并作了一些修改。第一次修订是在1985年，第二次修订是在1990年，而第三次修订发生在C++的标准化过程中。在20世纪90年代早期，人们开始为C++建立一个标准，并成立了一个ANSI和ISO（international standards organization）国际标准化组织的联合标准化委员会。该委员会在1994年1月25日提出了第一个标准化草案。在这个草案中，委员会在保持最初定义的所有特征的同时，还增加了一些新的特征。在完成C++标准化的第一个草案后不久，Alexander Stepanov创建了标准模板库（standard template library，STL），并将其包含到C++标准中。STL功能强大，但也非常庞大。STL对C++的扩展超出了C++的最初定义范围。1998年，C++的ANSI/ISO标准投入使用。通常，这个版本的C++被认为是标准C++。所有的主流C++编译器都支持这个版本的C++，包括微软的Visual C++和Borland公司的C++Builder。

2. C++的编程开发

集成开发环境（IDE）包括：Visual Studio（Visual C++）、C++ Builder、KDevelop、Anjuta。开放源码的全功能的跨平台C/C++集成开发环境有：Visual Mingw、Ideone、Eclipse CDT、Compilr、Code Lite、Netbeans C++。集成开发环境功能齐全，调试功能很强，程序编好后，可以立刻在环境中调试以获得初步测试结果，然后可以方便地做成beta版形式，拿到实际环境中进一步测试，最后做成软件发行版。编译器有Dev C++、Ultimate++、Digital Mars、C-Free、MinGW、Tiny C Compiler。

3. C++的特点

（1）支持数据封装和数据隐藏。在C++中，类是支持数据封装的工具，对象则是数据封装的实现。C++通过建立用户定义类支持数据封装和数据隐藏。在面向对象的程序设计中，将数据和对该数据进行合法操作的函数封装在一起作为一个类的定义。对象被说明为具有一个给定类的变量。每个给定类的对象包含这个类所规定的若干私有成员、公有成员及保护成员。完好定义的类一旦建立，就可看成完全封装的实体，可以作为一个整体单元使用。类的实际内部工作隐藏起来，使用完好定义的类的用户不需要知道类是如何工作的，只要知道如何使用它即可。

（2）支持继承和重用。在C++现有类的基础上可以声明新类型，这就是继承和重用的思想。通过继承和重用可以更有效地组织程序结构，明确类间关系，并且充分利用已有的类来完成更复杂、深入的开发。新定义的类为子类，也称为派生类，它可以从父类那里继承所有非私有的属性和方法，作为自己的成员。

（3）支持多态性。采用多态性为每个类指定表现行为。多态性形成由父类和它们的子类组成的一个树状结构。在这个树中的每个子类可以接收一个或多个具有相同名字的消息。当一个消息被这个树中一个类的一个对象接收时，这个对象动态地决定给予子类对象消息的某种用法。多态性的这一特性允许使用高级抽象。继承性和多态性的组合，可以轻松地生成一系列虽然类似但独一无二的对象。由于继承性，这些对象共享许多相似的特征；由于多态性，一个对象可有独特的表现方式，而另一个对象有另一种表现方式。

4. C++的工作原理

C++的程序因为要体现高性能，所以都是编译型的，但为了方便测试，将调试环境做成解释型的，即开发过程中，以解释型的逐条语句执行方式来进行调试，以编译型的脱离开发环境而启动运行的方式来生成程序最终的执行代码。生成程序是指将源码（C++语句）转换成一个可以运行的应用程序的过程。如果程序的编写是正确的，那么通常只需按一个功能键，即可实现这个过程。该过程实际上分成两个步骤。第一步是对程序进行编译，这需要用到编译器（compiler）。编译器将 C++语句转换成机器码（也称为目标码），如果这个步骤成功，下一步就是对程序进行连接，这需要用到连接器（linker）。连接器将编译获得机器码与 C++库中的代码进行合并。C++库包含了执行某些常见任务的函数（“函数”是子程序的另一种称呼），例如，一个 C++库中包含标准的平方根函数 sqrt()，所以不必亲自计算平方根。C++库中还包含一些子程序，它们把数据发送到显示器，并知道如何读写硬盘上的数据文件。

5. C++中的类

（1）类对象的定义。类是现实世界或思维世界中的实体在计算机中的反映，它将数据以及这些数据上的操作封装在一起。对象是具有类类型的变量。类和对象是面向对象编程技术中的最基本的概念。

（2）类对象的关系。类是对象的抽象，而对象是类的具体实例。类是抽象的，不占用内存空间，而对象是具体的，占用存储空间。类是用于创建对象的蓝图，它是一个定义包括在特定类型的对象中的方法和变量的软件模板。

```
class 类名
{
    public:
    公用的数据和成员函数
    protected:
    保护的数据和成员函数
    private:
    私有的数据和成员函数
};
```

（3）定义对象方法。

第一，先声明类类型，然后再定义对象：

```
Student stud1, stud2; //Student 是已经声明的类类型
```

第二，在声明类类型的同时定义对象：

```
class Student//声明类类型
{
}
stud1, stud2;//定义了两个 Student 类的对象
```

第三，不出现类名，直接定义对象：

```
 class//无类名
{
}
stud1, stud2;//定义了两个无类名的类对象
```

直接定义对象，在 C++中是合法的、允许的，但却很少用，也不提倡用。在实际的程序开发中，一般采用上面 3 种方法中的第一种方法。在小型程序中或所声明的类只用于本程序时，也可以用第二种方法。在定义一个对象时，编译系统会为这个对象分配存储空间，以存放对象中的成员。

6. C++中的类与结构体的异同

C++增加了 class 类型后，仍保留了结构体类型（struct），而且把它的功能也扩展了。C++允许用 struct 来定义一个类型，如可以将前面用关键字 class 声明的类类型改为用关键字 struct 声明。为了使结构体类型也具有封装的特征，C++不是简单地继承 C 的结构体，而是使它也具有类的特点，以便于用于面向对象程序设计。用 struct 声明的结构体类型实际上也就是类。用 struct 声明的类，如果对其成员不作 private 或 public 的声明，系统将其默认为 public。如果想分别指定私有成员和公用成员，则应用 private 或 public 作显式声明。而用 class 定义的类，如果不作 private 或 public 声明，系统将其成员默认为 private，在需要时也可以自己用显式声明改变。如果希望成员是公用的，使用 struct 比较方便，如果希望部分成员是私有的，宜用 class。

7. C++的面向对象编程特性

C++支持面向对象程序设计，类是 C++的核心特性，通常被称为用户定义的类型。类用于指定对象的形式，它包含了数据表示法和用于处理数据的方法。类中的数据和方法称为类的成员。函数在一个类中被称为类的成员。定义一个类，本质上是定义一个数据类型的蓝图。这实际上并没有定义任何数据，但它定义了类的对象包括了什么，以及可在此对象上执行哪些操作。

任务拓展

（1）C++语言的特点是什么？
（2）C++中的类与 C 中的结构体有何区别？

任务六　实现 VB.NET 语言中的封装性

任务描述

上海御恒信息科技公司为某个合作学校制作学生信息登记表来存储他们所需要的数据。技术部刘经理让软件开发部的小张运用 VB.NET 语言中的类来实现，并在类中定义输入/输出过程，最后在主过程中为类新建对象，并用对象调用输入函数输入、输出函数输出，小张按照经理的要求开始做以下的任务分析。

VB.NET

任务分析

（1）在 VB.NET 语言中导入系统命名空间。
（2）用类来实现表格的架构（Public class ... End class）。
（3）在类中定义输入/输出过程。
（4）在主过程中通过为类新建对象，并用对象调用输入函数输入、输出函数输出。
（5）学生信息登记表如任务一中的表 1-1 所示。

任务实施

第一步：打开 Visual Studio，新建 VB.NET 项目，在以下文件中输入源代码：

```
'chap01_Example09_VBNet2005Module.vb
'1. 导入系统命名空间
Imports System
Imports System.IO

'2. 用类来实现表格的架构
Public Class Student
   Private sid As String
   Private sname As String
   Private sage As Integer

 '3. 在类中定义输入/输出过程
   Public Sub GetData(ByVal i As String, ByVal n As String, ByVal a As String)
      sid = i
      sname = n
      sage = a
   End Sub

 Public Sub PutHead()
```

```
        Console.WriteLine("----------------------------")
        Console.WriteLine("sid" + Space(8) + "sname" + Space(8) + "sage")
        Console.WriteLine("----------------------------")
    End Sub

    Public Sub PutData()
        Console.WriteLine(sid + Space(8) + sname + Space(8) + CStr(sage))
        Console.WriteLine("----------------------------")
    End Sub
End Class

Module chap01_Example09_VBNet2005Module

    '4. 在主过程中为类新建对象，并用对象调用输入函数输入、输出函数输出
    Sub Main()
        Dim s1 As New Student()
        Dim s2 As New Student()

        s1.GetData("s01", "李小龙", 32)
        s2.GetData("s02", "张三丰", 18)

        s1.PutHead()
        s1.PutData()
        s2.PutData()
    End Sub
End Module
```

第二步：在 Visual Studio 中调试以上代码后，显示结果如任务四中的图 1-5 所示。

任务小结

（1）VB.NET 中也是用 public class ... end class 来封装属性和方法的。

（2）在 VB.NET 中方法用通用过程 public sub ... end sub 来实现。

（3）类是独立的，整个程序的入口用主过程 sub main() ... end sub 来实现。

（4）主过程封装在模块 Module ... End Module 中。

相关知识与技能

1. VB.NET 语言简介

Visual Basic.NET 是基于微软.NET Framework 之上的面向对象的编程语言。其在调试时是以解释型语言方式运作，而输出为 EXE 程序时是以编译型语言方式运作。可以看作是 Visual Basic 在.NET Framework 平台上的升级版本，增强了对面向对象的支持。大多的 VB.NET 程序员使用 Visual Studio .NET 作为 IDE，SharpDevelop 是另一种可用的开源的 IDE。VB.NET 需要在.NET Framework 平台上才能执行。

Visual Basic .NET 通常缩写为 VB.NET，在某些特定情况下也直接简称 VB，比如在.NET 这个大话题下或者与其他.NET 语言一起讨论的时候。VB.NET 属 Basic 系语言，其语法特点是以极具亲和力的英文单词为基础标识，以及与自然语言极其相近的逻辑表达，有时候会觉得写 VB.NET 代码就好像在写英文句子一样，从这个角度来说，VB.NET 似乎是最高级的一门编程语言。当然，在 Basic 系语言中 VB.NET 也确实是迄今为止最强大的一门编程语言。Visual Basic .NET 的应用范围包括 Windows 桌面、Web 以及当下正在奋力追赶的第三大移动平台 Windows Phone。由于改动太大，导致 VB.NET 对 VB 的向后兼容性不好，在业界引起不小的争议。

2. VB.NET 中的类

VB.NET 中的类和其他语言是一样的，写法不同而已，类包含了一个关键字 End Class。这是一个新的关键字，使用它的目的是为了在一个源文件中包含多个类，这点正是 VB.NET 与 VB6 在创建类的区别所在。我

们在 VB.NET 中创建类的时候，只是简单地将所有的代码包含在 Class 和 End Class 之间。另外，在一个特定的源文件（扩展名为.vb）中，可以使用多个 Class...End Class 块。例子代码如下：

```
Public Class TheClass
   Public Sub MyWorks()
   End Sub
End Class
```

3. **创建一个自己的类**

选择：开始→新建项目→Windows 应用程序→项目→添加类→输入类名（mydate）→添加，然后在 class 与 end class 之间输入内容：

```
Public Class mydate
    Public m_year,m_month,m_day As Integer
    Public Sub show()
       Dim s As String
       s = Str(m_year) + "_" + Str(m_month) + "_" + Str(m_day)
      MsgBox(s, MsgBoxStyle.OkOnly,"日期")
    End Sub
End Class
```

4. **建立一个测试类并新建对象**

```
Public Class Form1
    Private Sub Form1_Load(ByVal sender As System.Object,
                     ByVal e As System.EventArgs) Handles MyBase.Load
        Dim a， b As New mydate
        a.m_day = 24 : a.m_month = 3 : a.m_year = 2005
        a.show()
        b.m_day = 6 : b.m_month = 10 : b.m_year = 2006
        b.show()
    End Sub
End Class
```

对象定义的方式：

```
Dim 对象名 as new 类名
```

或：

```
dim 对象名 as 类名
对象名 =new 类名()
```

成员变量（方法）的引用形式：

```
对象.成员变量（对象.成员方法）
```

5. **对象的销毁**

```
a=nothing
```

6. **命名空间**

命名空间相当于一个存放类的文件夹，如 System.console.writeln() 与 System.console.readln()。引用命名空间的方法可以写成：imports system，在程序中直接写：Console.writeln()或 Console.readln()，这说明系统默认的命名空间是 System。注意：引用命名空间的语句 imports 要放在所有程序的最前面。另外，访问（类成员）类型：public 为都能访问； 而 private、protected、friend 只能被同类内部访问。

任务拓展

（1）VB.NET 语言的特点是什么？

（2）VB.NET 中主过程和子过程有什么区别？

（3）VB.NET 中模块的作用是什么？

任务七　实现 Java 语言中的封装性

任务描述

Java1

Java2

上海御恒信息科技公司为某个合作学校制作学生信息登记表来存储他们所需要的数据。技术部刘经理让软件开发部的小张运用 Java 语言中的类来实现，并在类中定义输入/输出，最后在主方法中用对象去调用子方法实现功能，小张按照经理的要求开始做以下的任务分析。

任务分析

（1）用工程名作为包名，将生成的类文件放入此包中。
（2）导入 Java 的基本语言包和输入/输出包。
（3）用 Student 类来实现表格的架构。
（4）在类中封装实例变量。
（5）类内定义输入方法输入每一行信息。
（6）类内定义输出方法输出表头及每一行信息。
（7）在主方法中为类新建对象，并用对象调用输入方法输入、输出方法输出。
（8）学生信息登记表如任务一中的表 1-1 所示。

任务实施

第一步：打开 Visual Studio，新建 Java 项目，在文件 Student.jsl 中输入源代码如下：

```
//Student.jsl

//1. 用工程名作为包名，将生成的类文件放入此包中
package chap01_Example10_JSharp2005;

//2. 导入 Java 的基本语言包和输入/输出包
//import java.lang.*;
import java.io.*;

//3. 用 Student 类来实现表格的架构

public class Student
{
   //3.1 在类中封装属性
   private String sid;
   private String sname;
   private int sage;

   //3.2 类内定义输入函数输入每一行信息

   public void getData(String i, String n, int a)
   {
      sid=i;
      sname=n;
      sage=a;
   }

   //3.3 类内定义输出函数输出表头及每一行信息
```

```
    public void putHead()
    {
        System.out.println("--------------------");
        System.out.println("sid" + "\t" + "sname" + "\t" + "sage");
        System.out.println("--------------------");
    }

    public void putData()
    {
        System.out.println(sid + "\t" + sname + "\t" + sage);
        System.out.println("--------------------");
    }

    //3.4 在主函数中通过为类新建对象，并用对象调用输入函数输入、输出函数输出
    public static void main(String[] args)
    {
        Student s1=new Student();
        Student s2=new Student();
        s1.getData("s01", "李小龙", 32);
        s2.getData("s02", "张三丰", 18);

        s1.putHead();
        s1.putData();
        s2.putData();
    }
}
```

第二步：在 Visual Studio 中调试以上代码后，显示结果如任务四中的图 1-5 所示。

任务小结

（1）整个 Java 的代码和 C++与 VB 的封装形式都有所不同。

（2）C++的主函数是放在类外，单独书写，Java 是放在类内。

（3）VB.NET 的主过程也是放在类外，但要封装在模块 Module 中。

（4）C 是典型的面向过程编程，用结构体来实现数据的存储，可以直接在主函数中调用函数输入/输出，而 Java 是典型的面向对象编程，一定要用类来存储数据，并要在主过程中用类的对象来调用方法输入/输出。

相关知识与技能

1. Java 语言简介

Java 是一门面向对象编程语言，不仅吸收了 C++的各种优点，还摒弃了 C++中难以理解的多继承、指针等概念，因此，Java 具有功能强大和简单易用两个特征。Java 作为静态面向对象编程语言的代表，极好地实现了面向对象理论，允许程序员以优雅的思维方式进行复杂的编程。Java 具有简单性、面向对象、分布式、健壮性、安全性、平台独立与可移植性、多线程、动态性等特点。Java 可以编写桌面应用程序、Web 应用程序、分布式系统和嵌入式系统应用程序等。

2. Java 的发展历程

20 世纪 90 年代，硬件领域出现了单片式计算机系统，这种价格低廉的系统一出现就立即引起了自动控制领域人员的注意，因为使用它可以大幅度提升消费类电子产品（如电视机顶盒、面包烤箱、移动电话等）的智能化程度。Sun 公司为了抢占市场先机，在 1991 年成立了一个称为 Green 的项目小组，帕特里克、詹姆斯·高斯林、麦克·舍林丹和其他几个工程师一起组成的工作小组在加利福尼亚州门洛帕克市沙丘路的一个小工作室

里研究开发新技术，专攻计算机在家电产品中的嵌入式应用。由于 C++所具有的优势，该项目组的研究人员首先考虑采用 C++来编写程序。但对于硬件资源极其匮乏的单片式系统来说，C++程序过于复杂和庞大。另外，由于消费电子产品所采用的嵌入式处理器芯片的种类繁杂，如何让编写的程序跨平台运行也是个难题。为了解决困难，他们首先着眼于语言的开发，假设了一种结构简单、符合嵌入式应用需要的硬件平台体系结构，并为其制定了相应的规范，其中就定义了这种硬件平台的二进制机器码指令系统（即后来成为“字节码”的指令系统），以待语言开发成功后，能有半导体芯片生产商开发和生产这种硬件平台。对于新语言的设计，Sun 公司研发人员并没有开发一种全新的语言，而是根据嵌入式软件的要求，对 C++进行了改造，去除了留在 C++中的一些不太实用及影响安全的成分，并结合嵌入式系统的实时性要求，开发了一种称为 Oak 的面向对象语言。

由于在开发 Oak 语言时，尚且不存在运行字节码的硬件平台，所以为了在开发时可以对这种语言进行实验研究，他们就在已有的硬件和软件平台基础上，按照自己所制定的规范，用软件建设了一个运行平台，整个系统除了比 C++更加简单之外，没有什么大的区别。1992 年的夏天，当 Oak 语言开发成功后，研究者们向硬件生产商进行演示了 Green 操作系统、Oak 的程序设计语言、类库和其硬件，以说服他们使用 Oak 语言生产硬件芯片，但是，硬件生产商并未对此产生热情。因为他们认为，在所有人对 Oak 语言还一无所知的情况下就生产硬件产品的风险实在太大了，所以 Oak 语言也就因为缺乏硬件的支持而无法进入市场，从而被搁置了下来。

1994 年 6、7 月间，在经历了一场历时 3 天的讨论之后，团队决定将该技术应用于互联网。1995 年，互联网的蓬勃发展给了 Oak 机会。业界为了使静态网页能够“灵活”起来，急需一种软件技术来开发一种程序，这种程序可以通过网络传播，并且能够跨平台运行。于是，世界各大 IT 企业为此纷纷投入了大量的人力、物力和财力。这个时候，Sun 公司想起了 Oak，并且重新审视了那个用软件编写的试验平台，由于它是按照嵌入式系统硬件平台体系结构编写的，所以非常小，特别适用于网络上的传输系统，而 Oak 也是一种精简的语言，程序非常小，适合在网络上传输。Sun 公司首先推出了可以嵌入网页并且可以随同网页在网络上传输的 Applet（Applet 是一种将小程序嵌入网页中进行执行的技术），并将 Oak 更名为 Java。1995 年 5 月 23 日，Sun 公司在 Sun world 会议上正式发布 Java 和 HotJava 浏览器。IBM、Apple、DEC、Adobe、HP、Oracle、Netscape 和微软等各大公司都纷纷停止了自己的相关开发项目，竞相购买了 Java 使用许可证，并为自己的产品开发了相应的 Java 平台。

1996 年 1 月，Sun 公司发布了 Java 的第一个开发工具包（JDK 1.0），这是 Java 发展历程中的重要里程碑，标志着 Java 成为一种独立的开发工具。10 月，Sun 公司发布了 Java 平台的第一个即时（JIT）编译器。1997 年 2 月，JDK 1.1 面世，1998 年 12 月 8 日，第二代 Java 平台的企业版 J2EE 发布。1999 年 6 月，Sun 公司发布了第二代 Java 平台（简称为 Java2）的 3 个版本：J2ME（Java2 Micro Edition，Java2 平台的微型版），应用于移动、无线及有限资源的环境；J2SE（Java2 Standard Edition，Java2 平台的标准版），应用于桌面环境；J2EE（Java 2Enterprise Edition，Java2 平台的企业版），应用于基于 Java 的应用服务器。Java2 平台的发布，是 Java 发展过程中最重要的一个里程碑，标志着 Java 的应用开始普及。1999 年 4 月 27 日，HotSpot 虚拟机发布。HotSpot 虚拟机发布时，是作为 JDK 1.2 的附加程序提供的，后来它成为了 JDK 1.3 及之后所有版本的 Sun JDK 的默认虚拟机。2000 年 5 月，JDK1.3、JDK1.4 和 J2SE1.3 相继发布，发布几周后其获得了 Apple 公司 Mac OS X 的工业标准的支持。2001 年 9 月 24 日，J2EE1.3 发布。2002 年 2 月 26 日，J2SE1.4 发布。自此 Java 的计算能力有了大幅提升，与 J2SE1.3 相比，其多了近 62%的类和接口。在这些新特性当中，还提供了广泛的 XML 支持、安全套接字（Socket）支持（通过 SSL 与 TLS 协议）、全新的 I/OAPI、正则表达式、日志与断言。2004 年 9 月 30 日，J2SE1.5 发布，成为 Java 语言发展史上的又一里程碑。为了表示该版本的重要性，J2SE 1.5 更名为 Java SE 5.0（内部版本号 1.5.0），代号为 Tiger，Tiger 包含了从 1996 年发布 1.0 版本以来的最重大的更新，其中包括泛型支持、基本类型的自动装箱、改进的循环、枚举类型、格式化 I/O 及可变参数。

2005 年 6 月，在 Java One 大会上，Sun 公司发布了 Java SE 6。此时，Java 的各种版本已经更名，已取消其中的数字 2，如 J2EE 更名为 Java EE，J2SE 更名为 Java SE，J2ME 更名为 Java ME。 2006 年 11 月 13 日，Java 技术的发明者 Sun 公司宣布，将 Java 技术作为免费软件对外发布。Sun 公司正式发布有关 Java 平台标准版的第一批源代码，以及 Java 迷你版的可执行源代码。从 2007 年 3 月起，全世界所有的开发人员均可对 Java 源代码进行修改。2009 年，甲骨文公司宣布收购 Sun。2010 年，Java 编程语言的共同创始人之一詹姆斯·高斯林从甲骨文公司辞职。2011 年，甲骨文公司举行了全球性的活动，以庆祝 Java7 的推出，随后 Java7 正式

发布。2014 年，甲骨文公司发布了 Java 8 正式版。

JDK（Java development kit）称为 Java 开发包或 Java 开发工具，是一个编写 Java 的 Applet 小程序和应用程序的程序开发环境。JDK 是整个 Java 的核心，包括了 Java 运行环境（Java runtime environment），一些 Java 工具和 Java 的核心类库（Java API）。不论什么 Java 应用服务器实质都是内置了某个版本的 JDK。主流的 JDK 是 Sun 公司发布的 JDK，除了 Sun 之外，还有很多公司和组织都开发了自己的 JDK，例如，IBM 公司开发的 JDK，BEA 公司的 Jrocket，还有 GNU 组织开发的 JDK 。另外，可以把 Java API 类库中的 Java SE API 子集和 Java 虚拟机这两部分统称为 JRE（Java runtime environment），JRE 是支持 Java 程序运行的标准环境 。JRE 是个运行环境，JDK 是个开发环境。因此写 Java 程序的时候需要 JDK，而运行 Java 程序的时候就需要 JRE。而 JDK 里面已经包含了 JRE，因此只要安装了 JDK，就可以编辑 Java 程序，也可以正常运行 Java 程序。但由于 JDK 包含了许多与运行无关的内容，占用的空间较大，因此运行普通的 Java 程序无须安装 JDK，而只需要安装 JRE 即可 。

3. **编程工具**

（1）Eclipse：一个开放源代码的、基于 Java 的可扩展开发平台。

（2）NetBeans：开放源码的 Java 集成开发环境，适用于各种客户机和 Web 应用。

（3）IntelliJ IDEA：在代码自动提示、代码分析等方面具有很好的功能。

（4） MyEclipse：由 Genuitec 公司开发的一款商业化软件，是应用比较广泛的 Java 应用程序集成开发环境 。

（5） EditPlus：如果正确配置 Java 的编译器 Javac 以及解释器 Java 后，可直接使用 EditPlus 编译执行 Java 程序 。

当编辑并运行一个 Java 程序时，需要同时涉及以下这四个方面：Java 编程语言，Java 类文件格式，Java 虚拟机，Java 应用程序接口使用文字编辑软件（例如记事本、写字板、UltraEdit 或 Eclipse,MyEclipse 等）,在 Java 源文件中定义不同的类，通过调用类（这些类实现了 Java API）中的方法来访问资源系统，把源文件编译生成一种二进制中间码，存储在 class 文件中，然后再通过运行与操作系统平台环境相对应的 Java 虚拟机来运行 class 文件，执行编译产生的字节码，调用 class 文件中实现的方法来满足程序的 Java API 调用。

4. **Java 的变量与方法**

（1）局部变量：在方法、构造方法或者语句块中定义的变量称为局部变量。变量声明和初始化都是在方法中，方法结束后，变量就会自动销毁。

（2）成员变量：成员变量是定义在类中、方法体之外的变量。这种变量在创建对象的时候实例化。成员变量可以被类中方法、构造方法和特定类的语句块访问。

（3）类变量：类变量也声明在类中、方法体之外，但必须声明为 static 类型。

（4）一个类可以拥有多个方法，如类方法、实例方法、构造方法等。

任务拓展

（1）Java 语言的特点是什么？

（2）Java 中类的书写格式是什么？

（3）Java 中的类与 C++、VB.NET 中的类的书写格式有何不同？

任务八　实现 C#语言中的封装性

任务描述

上海御恒信息科技公司为某个合作学校制作学生信息登记表来存储他们所需要的数据。技术部刘经理让软件开发部的小张运用 C#语言中的类来实现，并在类中定义输入/输出函数，最后在主函数中用对象去调用输入/输出函数实现功能，小张按照经理的要求开始做以下的任务分析。

C#

任务分析

（1）导入系统命名空间。
（2）用项目名新建一个命名空间，并在其中新建一个类 Student。
（3）用 Student 类来实现表格的架构。
（4）在类中封装属性。
（5）类内定义输入方法输入每一行信息。
（6）类内定义输出方法输出表头及每一行信息。
（7）在主函数中为类新建对象，并用对象调用输入函数输入、输出函数输出。
（8）学生信息登记表如任务一中的表 1-1 所示。

任务实施

第一步：打开 Visual Studio，在文件 Student.cs 中输入源代码如下：

```
//Student.cs
//1. 导入系统命名空间
using System;
using System.Collections.Generic;
using System.Text;

//2. 用项目名新建一个命名空间，并在其中新建一个类 Student
namespace chap01_Example11_CSharp2005
{
//3. 用 Student 类来实现表格的架构

    public class Student
    {
        //3.1 在类中封装属性
        private string sid;
        private string sname;
        private int sage;

        //3.2 类内定义输入函数输入每一行信息

        public void getData(string i, string n, int a)
        {
            sid=i;
            sname=n;
            sage=a;
        }
        //3.3 类内定义输出函数输出表头及每一行信息
        public void putHead()
       {
          Console.WriteLine("--------------------");
          Console.WriteLine("sid" + "\t" + "sname" + "\t" + "sage");
            Console.WriteLine("--------------------");
       }

        public void putData()
       {
          Console.WriteLine(sid + "\t" + sname + "\t" + sage);
            Console.WriteLine("--------------------");
       }
```

```
        //3.4 在主函数中为类新建对象，并用对象调用输入函数输入、输出函数输出
        public static void Main(string[] args)
        {
            Student s1=new Student();
            Student s2=new Student();
            s1.getData("s01", "李小龙", 32);
            s2.getData("s02", "张三丰", 18);

            s1.putHead();
            s1.putData();
            s2.putData();
        }
    }
}
```

第二步：在 Visual Studio 中调试以上代码后，显示结果如任务四中的图 1-5 所示。

任务小结

(1) 整个 C#的代码和 C++与 VB 的封装形式都有所不同。

(2) C++的主函数是放在类外，单独书写。

(3) VB.NET 的主过程也是放在类外，但要封装在模块 Module 中。

(4) C#与 Java 一样，主函数都是封装在类中的。

相关知识与技能

1. C#语言简介

C#（C sharp）语言是微软对问题的解决方案。C#是一种最新的、面向对象的编程语言。它使得程序员可以快速地编写各种基于 Microsoft .NET 平台的应用程序，Microsoft .NET 提供了一系列的工具和服务来最大程度地开发利用计算与通信领域。正是由于 C#面向对象的卓越设计，使它成为构建各类组件的理想之选——无论是高级的商业对象还是系统级的应用程序。使用简单的 C#语言结构，这些组件可以方便地转化为 XML 网络服务，从而使它们可以由任何语言在任何操作系统上通过 Internet 调用。最重要的是，C#使得 C++程序员可以高效地开发程序，而绝不损失 C/C++原有的强大功能。因为这种继承关系，C#与 C/C++具有极大的相似性，熟悉类似语言的开发者可以很快地转向 C#。

2. C#的起源

C#是由 C 和 C++衍生出来的面向对象的编程语言。它在继承 C 和 C++强大功能的同时去掉了一些复杂特性（例如没有宏和模板、不允许多重继承）。C#综合了 VB 简单的可视化操作和 C++的高运行效率，以其强大的操作能力、优雅的语法风格、创新的语言特性和便捷的面向组件编程，成为.NET 开发的首选语言。并且 C#成为 ECMA 与 ISO 标准规范。C#看似基于 C++写成，但又融入其他语言如 Pascal、Java、VB 等。微软 C#语言定义主要是从 C 和 C++继承而来的，而且语言中的许多元素也反映了这一点。C#从 C++继承的可选选项方面比 Java 要广泛一些（如 struts），它还增加了自己新的特点（源代码版本定义）。但它还太不成熟，还需要进化成一种开发者能够接受和采用的语言。

3. C#的特点

C#与 Java 有着惊人的相似；它包括了诸如单一继承、界面、与 Java 几乎同样的语法，以及编译成中间代码再运行的过程。但是 C#与 Java 有着明显的不同，它借鉴了 Delphi 的一个特点，与 COM（组件对象模型）是直接集成的，而且它是微软公司.NET Windows 网络框架的主角。

4. C#与 C++的比较

C#对 C++进行了多处改进，主要区别如下：

(1) 编译目标：C++代码直接编译为本地可执行代码，而 C#默认编译为中间语言（IL）代码，执行时再

通过 Just-In-Time 将需要的模块临时编译成本地代码。

（2）内存管理：C++需要显式地删除动态分配给堆的内存，而 C#不需要这么做，C#采用垃圾回收机制自动在合适的时机回收不再使用的内存。

（3）指针：C++中大量地使用指针，而 C#使用对类实例的引用，如果确实想在 C#中使用指针，必须声明该内容是非安全的。不过，一般情况下 C#中没有必要使用指针。

（4）字符串处理：在 C#中，字符串是作为一种基本数据类型来对待的，因此比 C++中对字符串的处理要简单得多。

（5）库：C++依赖于以继承和模板为基础的标准库，C#则依赖于.NET 基库。C++允许类的多继承，C#只允许类的单继承，而通过接口实现多继承。C#亦可用于网页设计，如 ASP 与 ASP.NET，而 C++则无此应用。

5. C#与 Java 的比较

C#面向对象的程度比 Java 高，C#中的基本类型都是面向对象的，且 C#具有比 Java 更强大的功能。其执行速度也比 Java 快。

6. C#的类型体系

C# 类型体系包含下列几种类别：值类型、引用类型、指针类型。值类型的变量存储数据，而引用类型的变量存储对实际数据的引用。引用类型也称为对象。指针类型仅可用于 unsafe 模式。通过装箱和取消装箱，可以将值类型转换为引用类型，然后再转换回值类型。除了装箱值类型外，无法将引用类型转换为值类型。值类型也可以为 null，这意味着它们能存储其他非值状态。

任务拓展

（1）C#语言的特点是什么？

（2）类的优点是什么？

任务九　实现 Python 语言中的封装性

任务描述

上海御恒信息科技公司为某个合作学校制作学生信息登记表来存储他们所需要的数据。技术部刘经理让软件开发部的小张运用 Python 语言中的类来实现，并在类中定义输入/输出函数，最后在主函数中用对象去调用输入/输出函数实现功能，小张按照经理的要求开始做以下的任务分析。

Python

任务分析

（1）设置语言编码格式为 UTF-8。

（2）封装学生类 Student。

（3）用 Student 类来实现表格的架构。

（4）在类中封装属性。

（5）在程序中新建对象分别输入具体学生信息。

（6）学生信息登记表如任务一中的表 1-1 所示。

任务实施

第一步：打开 Python 2.7 调试工具，在以下文件中输入源代码：

```
#!/usr/bin/env python
```

```
#-*- coding: UTF-8 -*-

class Student:

   def getData(self,sid,sname,sage):
      self.sid = sid
      self.sname = sname
      self.sage = sage

   def putHead(self):
      print("---------------------------------------------")
      print("sid\tsname\tsage")
      print("---------------------------------------------")

   def putData(self):
      print self.sid,"\t",self.sname,"\t",self.sage
      print("---------------------------------------------")

s1 = Student()
s2 = Student()
s1.getData("s01","李小龙",32)
s2.getData("s02","张三丰",18)
s1.putHead()
s1.putData()
s2.putData()

#Chap01_lx.py
```

第二步：在 Python 2.7 中调试以上代码后，显示结果如任务四中的图 1-5 所示。

任务小结

(1) 整个 Python 的代码和 C++与 VB 的封装形式都有所不同。

(2) 与 Java 的封装过程类似。

(3) Python 的代码更加简洁，语句结束无分号、类及函数无花括号，后面跟冒号。

相关知识与技能

1. 为什么使用 Python

假设我们有这么一项任务：简单测试局域网中的计算机是否连通。这些计算机的 IP 范围为 192.168.0.101～192.168.0.200。思路：用 Shell 编程（Linux 通常是 bash 而 Windows 是批处理脚本）。例如，在 Windows 上用 ping ip 的命令依次测试各个机器并得到控制台输出。由于 ping 通的时候控制台文本通常是"Reply from ..."，而不通的时候文本是"time out ..."，所以，在结果中进行字符串查找，即可知道该机器是否连通。

用 Java 实现的代码如下：

```
String cmd="cmd.exe ping";
String ipprefix="192.168.10.";
int begin=101;
int end=200;
Process p=null;
for(int i=begin;i<end;i++){
  p= Runtime.getRuntime().exec(cmd+i);
  String line=null;
  BufferedReader reader=new BufferedReader(new InputStreamReader (p.getInputStream()));
  while((line=reader.readLine())!=null)
```

```
    {
    reader.close();
    p.destroy();
  }
```

这段代码运行得很好，问题是为了运行这段代码，还需要做一些额外的工作。这些额外的工作包括:编写一个类文件，编写一个 main()方法。将之编译成字节代码，由于字节代码不能直接运行，需要再写个小小的 bat 或者 bash 脚本来运行。当然，用 C/C++同样能完成这项工作，但 C/C++不是跨平台语言。在这个足够简单的例子中也许看不出 C/C++和 Java 实现的区别，但在一些更为复杂的场景，比如要将连通与否的信息记录到网络数据库。由于 Linux 和 Windows 的网络接口实现方式不同，不得不写两个函数的版本。用 Java 就没有这样的顾虑。同样的工作用 Python 实现如下:

```
import subprocess
cmd="cmd.exe"
begin=101
end=200
while begin<end:
p=subprocess.Popen(cmd,shell=True,stdout=subprocess.PIPE,stdin=subprocess.PIPE,
stderr=subprocess.PIPE)
p.stdin.write("ping 192.168.1."+str(begin)+"\n")
p.stdin.close()
p.wait()
print "execution result: %s"%p.stdout.read()
```

对比 Java，Python 的实现更为简洁，效率更高，且不需要写 main()函数，并且这个程序保存之后可以直接运行。另外，和 Java 一样，Python 也是跨平台的。同时掌握 Java 和 Python 之后，会发现用 Python 写这类程序的速度会比 Java 快上许多。例如操作本地文件时仅需要一行代码而不需要 Java 的许多流包装类。各种语言有其天然的适合的应用范围。用 Python 处理一些简短程序类似与操作系统的交互编程工作最省时省力。

2. **简单的 Python 程序**

安装完 Python 之后，打开 IDLE（Python GUI），该程序是 Python 语言解释器，所写的语句能够立即运行。在解释器中选择“File”→“New Window”或组合键【Ctrl+N】，打开一个新的编辑器，写下如下语句:

```
print "Hello, world!"
raw_input("Press enter key to close this window");
```

保存为 a.py 文件，按【F5】键，就可以看到程序的运行结果了。这是 Python 的第二种运行方式。找到保存的 a.py 文件，双击，也可以看到程序结果。Python 的程序能够直接运行，对比 Java，这是一个优势。

3. **国际化支持**

新建一个编辑器并写如下代码:

```
print "欢迎来到奥运中国!"
raw_input("Press enter key to close this window");
```

在保存代码的时候，Python 会提示是否改变文件的字符集，结果如下:

```
# -*- coding: cp936 -*-
print "欢迎来到奥运中国!"
raw_input("Press enter key to close this window");
```

将该字符集改为更熟悉的形式:

```
# -*- coding: GBK -*-
print "欢迎来到奥运中国!" # 使用中文的例子
raw_input("Press enter key to close this window");
```

程序一样运行良好。

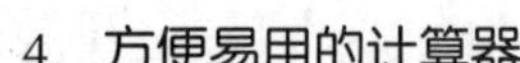

4. 方便易用的计算器

打开 Python 解释器，可直接进行计算：

```
a=100.0
b=201.1
c=2343
print (a+b+c)/c
```

5. Python 中的类

面向对象编程最主要的两个概念是类（class）和对象（object）。类是一种抽象的类型，而对象是这种类型的实例。举个现实的例子：“笔”作为一个抽象的概念，可以被看成是一个类。而一支实实在在的笔，则是“笔”这种类型的对象。一个类可以有属于它的函数，这种函数被称为类的“方法”。一个类/对象可以有属于它的变量，这种变量被称作“域”。域根据所属不同，又分别被称作“类变量”和“实例变量”。继续笔的例子：一个笔有书写的功能，所以“书写”就是笔这个类的一种方法。每支笔有自己的颜色，“颜色”就是某支笔的域，也是这支笔的实例变量。而关于“类变量”，我们假设有限量版钢笔，为这种笔创建一种类。而这种笔的“产量”可看作这种笔的类变量。因为这个域不属于某一支笔，而是这种类型的笔的共有属性。域和方法被合称为类的属性。所有东西其实都是对象。如：

```
s = 'how are you' #s 被赋值后就是一个字符串类型的对象
l = s.split()    #split()是字符串的方法，这个方法返回一个 list 类型的对象，l 是一个 list 类型的对象
```

6．创建一个类

关键字 class 加上类名用来创建一个类。之后缩进的代码块是这个类的内部。类名加圆括号()的形式可以创建一个类的实例，也就是对象。我们把这个对象赋值给变量 mc。于是，mc 就是一个 MyClass 类的对象。我们给 MyClass 类增加了一个类变量 name，并把它的值设为 Sam。然后又增加了一个类方法 sayHi。调用类变量的方法是“对象.变量名”。用户可以得到它的值，也可以改变它的值。注意，类方法和之前定义的函数区别在于：第一个参数必须为 self。而在调用类方法的时候，通过“对象.方法名()”进行调用，而不需要额外提供 self 这个参数的值。self 在类方法中的值，就是调用的这个对象本身。

```
class MyClass:
  name = 'Sam'
  def sayHi(self):
     print 'Hello %s' % self.name
mc = MyClass()
print mc.name
mc.name = 'Lily'
mc.sayHi()
```

7. Python 中的模块化开发

在刚开始编程的时候，从上到下一行行执行的简单程序容易被理解，即使加上 if、while、for 之类的语句以及函数调用，也还是不算困难。例如：我们有一辆汽车，我们知道它的速度（60 km/h），以及 A、B 两地的距离（100 km），要算出开着这辆车从 A 地到 B 地花费的时间。

面向过程的方法如下：

```
speed = 60.0
distance = 100.0
time = distance / speed
print time
```

面向对象的方法如下：

```
class Car:
  speed = 0
  def drive(self, distance):
     time = distance / self.speed
     print time
```

```
car = Car()
car.speed = 60.0
car.drive(100.0)
```

从上面代码看出，面向对象是比面向过程更合理的程序设计方式。

任务拓展

（1）Python 语言的特点是什么？
（2）Python 语言与 Java 相比的优势是什么？
（3）何时选择使用 Python 编程？

项目一综合比较表

本项目所介绍的用各类语言，用一张表格来说明，它们之间的区别，如表 1-2 所示。

表 1-2　各种编程语言封装类的区别

<table>
<tr><td>各种
语言</td><td>表名（Student）:
学生信息登记表</td><td>列名：
sid/sname/sage</td><td>行：
s01 李小龙 32
s02 张三丰 18</td></tr>
<tr><td>HTML</td><td>用 <caption></caption> 标记来表示表名</td><td>用<td></td>标记来表示列名</td><td>用<tr></tr>标记来表示行和输出行</td></tr>
<tr><td rowspan="2">SQL</td><td rowspan="2">用 create table student
来表示表名</td><td rowspan="2">sid char(3)
如上所示，用“列名数据类型(列宽)”来表示列</td><td>insert into student(sid，sname，sage)
values('s01'，'李小龙'，32)
如上所示，用“insert into 表名(列名) values(所对应的内容)”来存储行</td></tr>
<tr><td>select * from student
如上所示用，“select 列名 from 表名”来输出行</td></tr>
<tr><td rowspan="2">XML</td><td rowspan="2"><!ELEMENT student (row+)>
<student></student>
如上所示，用“元素名<student></student>”来表示表名</td><td rowspan="2"><!ELEMENT row (sid，sname，sage)>
<!ELEMENT sid (#PCDATA)>
如上所示，用<!ELEMENT 元素名(数据类型)>来表示列</td><td><row>
<sid>s01</sid>
<sname>李小龙</sname>
<sage>32</sage>
</row>
如上所示，用行元素嵌套列元素来表示行</td></tr>
<tr><td><xsl:value-of select="sid"/>
如上所示，用<xsl:value-of select="列元素名"/>来输出行</td></tr>
<tr><td rowspan="2">C</td><td rowspan="2">struct student
{

};

如上所示，用“结构体名 student”来表示表名</td><td rowspan="2">char *sid;
char *sname;
int sage;

如上所示，用“数据类型 结构体成员名;”来表示列</td><td>void getdata1(char *i，char *n，int a)
{
s1.sid=i;
s1.sname=n;
s1.sage=a;
}
如上所示，用无返回值的函数 getdata1(形参列表)来输入行</td></tr>
<tr><td>void putdata()
{
printf("%s\t%s\t%d\n"，s1.sid，s1.sname，s1.sage);
}
如上所示，用无返回值无形参的函数 putdata()来输出行</td></tr>
</table>

续表

<table>
<tr><th>各种
语言</th><th>表名：(student)
学生信息登记表</th><th>列名：
sid/sname/sage</th><th>行：
s01 李小龙 32
s02 张三丰 18</th></tr>
<tr><td rowspan="2">C++</td><td rowspan="2">class Student
{
};

如上所示，用“类名 Student”来表示表名</td><td rowspan="2">private:
char *sid;
char *sname;
int sage;

如上所示，用“数据类型 私有数据成员名;”来表示列</td><td>void Student::getdata(char *i，char * n，int a)
{
sid=i;
sname=n;
sage=a;
}
如上所示，用无返回值的公有成员函数 getdata(形参列表)来输入行</td></tr>
<tr><td>void Student::putdata()
{
cout << sid << "\t" << sname << "\t" << sage << "\n";
}
如上所示，用无返回值无形参的公有成员函数 putdata()来输出行</td></tr>
<tr><td rowspan="2">VB.NET</td><td rowspan="2">Public class Student

End class

如上所示，用“类名 Student”来表示表名</td><td rowspan="2">Private sid As String

Private sname As String

Private sage As Integer

如上所示，用“Private 私有属性名 As 数据类型”来表示列</td><td>Public Sub GetData(ByVal i As String，ByVal n As String，ByVal a As String)
sid = i
sname = n
sage = a
End Sub
如上所示，用无返回值的公有过程 GetData(形参列表)来输入行</td></tr>
<tr><td>Public Sub PutData()
Console.WriteLine(sid + Space(8) + sname + Space(8) + CStr(sage))

Console.WriteLine("------------------")
End Sub
如上所示，用无返回值无形参的公有过程 PutData()来输出行</td></tr>
<tr><td rowspan="2">Java</td><td rowspan="2">public class Student{

}

如上所示，用“类名 Student”来表示表名</td><td rowspan="2">private String sid;
private String sname;
private int sage;
如上所示，用“private 数据类型私有实例变量名；”来表示列</td><td>public void getData(String i，String n，int a){
sid = i;
sname = n;
sage = a;
}
如上所示，用无返回值的公有实例方法 getData(形参列表)来输入行</td></tr>
<tr><td>public void putData(){
System.out.println(sid + "\t" + sname + "\t" + sage);
}
如上所示，用无返回值无形参的公有实例方法 putData()来输出行</td></tr>
</table>

续表

各种 语言	表名：(student) 学生信息登记表	列名： sid/sname/sage	行： s01 李小龙 32 s02 张三丰 18

C#	Public class Student
	{
	
	}
	如上所示，用“类名 Student”来表示表名
		private String sid;
		private String name;
		private int sage;
		如上所示，用“private 数据类型私有域名;”来表示列
			public void getData(String i， String n， int a)
			{
			sid = i;
			sname = n;
			sage = a;
			}
			如上所示，用无返回值的公有函数getData(形参列表)来输入行
			
			public void putData()
			{
			Console.WriteLine(sid + "\t" + sname + "\t" + sage);
			}
			如上所示，用无返回值无形参的公有函数putData()来输出行

Python	class Student(object): 如上所示，用“类名 Student”来表示表名	sid，sname，sage 分别表示学生学号、姓名和年龄	def getData(self,i， n， a): self.sid = sid self.sname = sname self.sage = sage 自定义函数来实现封装功能

项目综合实训

实现家庭管理系统的封装性

项目描述

上海御恒信息科技公司接到一个订单，需要用 HTML、SQL、XML、C、C++、VB.NET、Java、C#、Python 这 9 种不同的语言分别封装一个家庭管理系统中的用户登录表（FamilyUser）。程序员小张根据以上要求进行相关封装的设计后，按照项目经理的要求开始做以下的任务分析。

项目分析

（1）根据要求，分析存储的主要数据如表 1-3 所示。

（2）设计数据库中表的实体关系图（ERD）如图 1-6 所示。

（3）设计类的结构如表 1-4 所示。

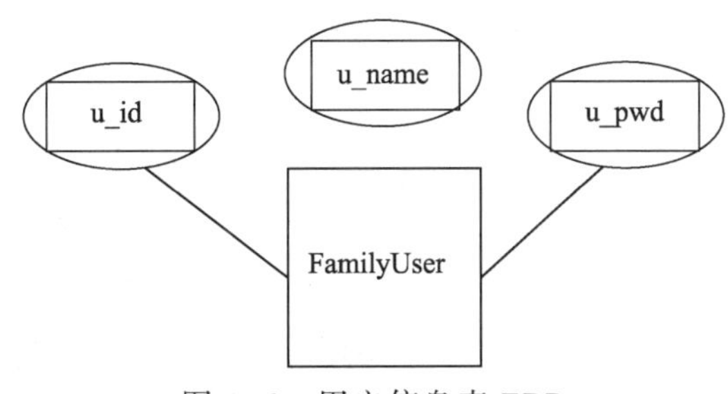

图 1-6 用户信息表 ERD

表 1-3 用户信息表

u_id	u_name	u_pwd
1	admin	123456
2	peter	654321

表 1-4 类的结构设计图

类名	属性名	方法名
FamilyUser	u_id u_name u_pwd	getData() putData()

项目实施

第一步：根据要求，编写 HTML 代码如下。

```
<!--chap01_OOP_lx1_00_HTML_Answer.htm-->
<html>

    <head>
        <title>家庭管理系统</title>
    </head>

    <body>
        <table border="1">
            <caption>用户登录表</caption>
            <tr>
                <th>u_id</th>
                <th>u_name</th>
                <th>u_pwd</th>
            </tr>

            <tr>
                <td>1</td>
                <td>admin</td>
                <td>123456</td>
            </tr>

            <tr>
                <td>2</td>
                <td>peter</td>
                <td>654321</td>
            </tr>
        </table>
    </body>
</html>
```

第二步：根据要求，编写 SQL 代码如下。

```
--chap01_OOP_lx1_01_SQL_Answer.sql

USE master
GO

CREATE DATABASE FamilyMgr
GO
--chap01_OOP_lx1_02_SQL_Answer.sql

USE FamilyMgr
GO

CREATE TABLE FamilyUser
(
  u_id     int identity(1,1),
  u_name   varchar(20),
  u_pwd    varchar(20)
)
GO
--chap01_OOP_lx1_03_SQL_Answer.sql
```

```
USE FamilyMgr
GO

INSERT INTO FamilyUser(u_id,u_name,u_pwd)
       VALUES(1,"admin","123456")
GO

INSERT INTO student(u_id,u_name,u_pwd)
       VALUES(2,"peter","654321")

GO
--chap01_OOP_lx1_04_SQL_Answer.sql

USE FamilyMgr
GO

SELECT u_id,u_name,u_pwd
FROM FamilyUser
GO
```

第三步：根据要求，编写 XML 代码如下。

```
<?xml version="1.0" encoding="utf-8"?>
<!ELEMENT  familyuser  (row+)>
<!ELEMENT  row    (u_id,u_name,u_pwd)>
<!ELEMENT  u_id    (#PCDATA)>
<!ELEMENT  u_name  (#PCDATA)>
<!ELEMENT  u_pwd   (#PCDATA)>
<!--chap01_OOP_lx1_05_DTD_Answer.dtd-->
<?xml version="1.0" encoding="gb2312" standalone="no"?>
<!DOCTYPE familyuser SYSTEM "chap01_OOP_lx1_05_DTD_Answer.dtd">
<familyuser>
   <row>
      <u_id>1</u_id>
      <u_name>admin</u_name>
      <u_pwd>123456</u_pwd>
   </row>

   <row>
      <u_id>2</u_id>
      <u_name>peter</u_name>
      <u_pwd>654321</u_pwd>
   </row>
</familyuser>
<!--chap01_OOP_lx1_05_XML_Answer.xml-->
<?xml version="1.0" encoding="gb2312" standalone="no"?>
<!DOCTYPE familyuser SYSTEM "chap01_OOP_lx1_05_DTD_Answer.dtd">
<?xml-stylesheet type="text/xsl" href="chap01_OOP_lx1_06_XSL_Answer.xsl"?>

<familyuser>
   <row>
      <u_id>1</u_id>
      <u_name>admin</u_name>
      <u_pwd>123456</u_pwd>
   </row>

   <row>
```

```
      <u_id>2</u_id>
      <u_name>peter</u_name>
      <u_pwd>654321</u_pwd>
   </row>
</familyuser>

<!--chap01_OOP_lx1_06_XML_Answer.xml-->
<?xml version="1.0" encoding="gb2312"?>
<xsl:stylesheet xmlns:xsl="http://www.w3.org/TR/WD-xsl">
   <xsl:template match="/">
      <HTML>
         <HEAD>
            <TITLE>家庭管理系统</TITLE>
            <HR WIDTH="80%"/>
            <BR/>
         </HEAD>

         <BODY>
            <TABLE BORDER="5" CELLPADDING="6" ALIGN="CENTER" BORDER-COLOR="BLACK">
               <TH>u_id</TH>
               <TH>u_name</TH>
               <TH>u_pwd</TH>
               <xsl:for-each select="//row">
                  <TR>
                     <TD>
                        <xsl:value-of select="u_id"/>
                     </TD>
                     <TD>
                        <xsl:value-of select="u_name"/>
                     </TD>
                     <TD>
                        <xsl:value-of select="u_pwd"/>
                     </TD>
                  </TR>
               </xsl:for-each>
            </TABLE>
         </BODY>
      </HTML>
   </xsl:template>
</xsl:stylesheet>

<!--chap01_OOP_lx1_06_XSL_Answer.xsl-->
```

第四步：根据要求，编写 C 代码如下。

```
// chap01_OOP_lx1_07_C_Answer.cpp : 定义控制台应用程序的入口点
//1. 包含系统头文件
#include "stdafx.h"
#include "iostream"   //包含输入/输出流头文件
using namespace std;  //包含基本输入/输出命名空间
//2. 用结构体来实现表格的架构
struct FamilyUser
{
   int u_id;
   char *u_name;
   char *u_pwd;
};
```

```
//3. 通过声明结构体变量来存放表格的两行信息
struct FamilyUser fu1,fu2;

//4. 前向声明输入输出函数
void getdata1(int i,char *n,char *p);
void getdata2(int i,char *n,char *p);
void putdata();

//5. 在主函数中调用输入函数输入、输出函数输出
int _tmain(int argc, _TCHAR* argv[])
{
   getdata1(1,"admin","123456");
   getdata2(2,"peter","654321");
   putdata();

}

//6. 类外定义输入函数输入每一行信息
void getdata1(int i,char *n,char *p)
{
   fu1.u_id=i;
   fu1.u_name=n;
   fu1.u_pwd=p;
}

void getdata2(int i,char *n,char *p)
{
   fu2.u_id=i;
   fu2.u_name=n;
   fu2.u_pwd=p;
}

//7. 类外定义输出函数输出每一行信息
void putdata()
{
   printf("-----------------------\n");
   printf("u_id\tu_name\tu_pwd\n");
   printf("-----------------------\n");
   printf("%d\t%s\t%s\n",fu1.u_id,fu1.u_name,fu1.u_pwd);
   printf("-----------------------\n");
   printf("%d\t%s\t%s\n",fu2.u_id,fu2.u_name,fu2.u_pwd);
   printf("-----------------------\n");
}
```

第五步：根据要求，编写C++代码如下。

```
// chap01_OOP_lx1_08_Cplusplus_Answer.cpp : 定义控制台应用程序的入口点

//1. 包含系统头文件
#include "stdafx.h"
#include "iostream"
using namespace std;

//2. 用类来实现表格的架构

class FamilyUser
```

```
{
  private:
     int u_id;
     char *u_name;
     char *u_pwd;

  public:

//3. 在类中前向声明输入输出函数
     void getdata(int i,char * n,char *p);
     void puthead();
     void putdata();
};

//4. 类外定义输入函数输入每一行信息

void FamilyUser::getdata(int i,char * n,char *p)
{
  u_id=i;
  u_name=n;
  u_pwd=p;
}

//5. 类外定义输出函数输出表头及每一行信息

void FamilyUser::puthead()
{
  cout << "------------------------" << endl;
  cout << "u_id" << "\t" << "u_name" << "\t" << "u_pwd" << "\n";
  cout << "------------------------" << endl;
}
void FamilyUser::putdata()
{

  cout << u_id << "\t" << u_name << "\t" << u_pwd << "\n";
  cout << "------------------------" << endl;

}

//6. 在主函数中为类新建对象,并用对象调用输入函数输入、输出函数输出

int _tmain(int argc, _TCHAR* argv[])
{
  FamilyUser fu1,fu2;
  fu1.getdata(1,"admin","123456");
  fu2.getdata(2,"peter","654321");

  fu1.puthead();
  fu1.putdata();
  fu2.putdata();
  return 0;
}
```

第六步：根据要求，编写 VB.NET 代码如下。

```
'chap01_OOP_lx1_09_VBNET2005_Answer_Module.vb
'1. 导入系统命名空间
```

```
Imports System
Imports System.IO
'2. 用类来实现表格的架构
Public Class FamilyUser
    Private u_id As Integer
    Private u_name As String
    Private u_pwd As String

    '3. 在类中定义输入/输出过程
    Public Sub GetData(ByVal i As Integer, ByVal n As String, ByVal p As String)
        u_id = i
        u_name = n
        u_pwd = p
    End Sub

    Public Sub PutHead()
        Console.WriteLine("--------------------------------")
        Console.WriteLine("u_id" + Space(8) + "u_name" + Space(8) + "u_pwd")
        Console.WriteLine("--------------------------------")
    End Sub

    Public Sub PutData()
        Console.WriteLine(CStr(u_id) + Space(12) + u_name + Space(8) + CStr(u_pwd))
        Console.WriteLine("--------------------------------")
    End Sub

End Class

Module chap01_OOP_lx1_09_VBNET2005_Answer_Module

    '4. 在主过程中为类新建对象，并用对象调用输入函数输入、输出函数输出
    Sub Main()

        Dim fu1 As New FamilyUser()
        Dim fu2 As New FamilyUser()

        fu1.GetData(1, "admin", "123456")
        fu2.GetData(2, "peter", "654321")

        fu1.PutHead()
        fu1.PutData()
        fu2.PutData()

    End Sub

End Module
```

第七步：根据要求，编写 Java 代码如下。

```
//FamilyUser.jsl

//1. 用工程名作为包名，将生成的类文件放入此包中
package chap01_OOP_lx1_10_JSharp2005_Answer;

//2. 导入 Java 的基本语言包和输入/输出包
//import java.lang.*;
import java.io.*;
```

```
//3. 用 FamilyUser 类来实现表格的架构

public class FamilyUser
{
  //3.1 在类中封装属性
  private int u_id;
  private String u_name;
  private String u_pwd;

  //3.2 类内定义输入函数输入每一行信息

  public void getData(int i, String n, String p)
  {
     u_id = i;
     u_name = n;
     u_pwd = p;
  }

  //3.3 类内定义输出函数输出表头及每一行信息

  public void putHead()
  {
     System.out.println("----------------------");
     System.out.println("u_id" + "\t" + "u_name" + "\t" + "u_pwd");
     System.out.println("---------------------");
  }

  public void putData()
  {
     System.out.println(u_id + "\t" + u_name + "\t" + u_pwd);
     System.out.println("----------------------");
  }

  //3.4 在主函数中为类新建对象，并用对象调用输入函数输入、输出函数输出
  public static void main(String[] args)
  {
     FamilyUser fu1 = new FamilyUser();
     FamilyUser fu2 = new FamilyUser();
     fu1.getData(1, "admin", "123456");
     fu2.getData(2, "peter", "654321");

     fu1.putHead();
     fu1.putData();
     fu2.putData();
  }
}
```

第八步：根据要求，编写 C#代码如下。

```
//FamilyUser.cs
//1. 导入系统命名空间
using System;
using System.Collections.Generic;
using System.Text;
//2. 用项目名新建一个命名空间，并在其中新建一个类 FamilyUser
namespace chap01_OOP_lx1_11_CSharp2005_Answer
```

```
{
//3. 用FamilyUser类来实现表格的架构
    public class FamilyUser
    {
        //3.1 在类中封装属性
        private int u_id;
        private string u_name;
        private string u_pwd;

        //3.2 类内定义输入函数输入每一行信息
        public void getData(int i, string n, string p)
        {
            u_id = i;
            u_name = n;
            u_pwd = p;
        }

        //3.3 类内定义输出函数输出表头及每一行信息
        public void putHead()
        {
          Console.WriteLine("-----------------------");
          Console.WriteLine("u_id" + "\t" + "u_name" + "\t" + "u_pwd");
          Console.WriteLine("-----------------------");
        }

        public void putData()
        {
          Console.WriteLine(u_id + "\t" + u_name + "\t" + u_pwd);
          Console.WriteLine("-----------------------");
        }

        //3.4 在主函数中为类新建对象，并用对象调用输入函数输入、输出函数输出
        public static void Main(string[] args)
        {
            FamilyUser fu1 = new FamilyUser();
            FamilyUser fu2 = new FamilyUser();
            fu1.getData(1, "admin", "123456");
            fu2.getData(2, "peter", "654321");

            fu1.putHead();
            fu1.putData();
            fu2.putData();
        }

    }
}
```

第九步：根据要求，编写 Python 代码如下。

```
#!/usr/bin/env python
#-*-  coding: UTF-8  -*-

class FamilyUser:
   def getData(self,uid,uname,upwd):
       self.uid = uid
       self.uname = uname
       self.upwd = upwd
```

```
    def putHead(self):
        print("--------------------------------------------------")
        print("uid\tuname\tupwd")
        print("--------------------------------------------------")

    def putData(self):
        print self.uid,"\t",self.uname,"\t",self.upwd
        print("--------------------------------------------------")

u1=FamilyUser()
u2=FamilyUser()

u1.getData("1","admin","123456")
u2.getData("2","peter","654321")

u1.putHead()
u1.putData()
u2.putData()

#Chap01_pro.py
```

项目小结

（1）HTML 是标记语言，用<table></table>来封装整个表格。

（2）SQL 是结构化查询语言，用 create table 存储表结构，用 insert into 存储内容，用 select 查询结果。

（3）XML 是可扩展的标记语言，用.dtd 存储表结构，用.xms 存储内容，用.xsl 查询结果。

（4）C 用结构体封装整个表格。

（5）C++用类（数据成员和成员函数）封装整个表格。

（6）VB.NET 用类（过程或函数）封装整个表格。

（7）Java 用类（属性和方法）封装整个表格。

（8）C#用类（数据成员和成员函数）封装整个表格。

（9）Python 用类封装整个表格。

项目实训评价表

<table>
<tr><td rowspan="2">项　目</td><td colspan="2">项目一　实现 OOP 中的封装性</td><td colspan="3">评　价</td></tr>
<tr><td>学 习 目 标</td><td>评 价 项 目</td><td>3</td><td>2</td><td>1</td></tr>
<tr><td rowspan="9">职业能力</td><td rowspan="9">面向对象语言</td><td>任务一　实现 HTML 语言中的封装性</td><td></td><td></td><td></td></tr>
<tr><td>任务二　实现 SQL 语言中的封装性</td><td></td><td></td><td></td></tr>
<tr><td>任务三　实现 XML 语言中的封装性</td><td></td><td></td><td></td></tr>
<tr><td>任务四　实现 C 语言中的封装性</td><td></td><td></td><td></td></tr>
<tr><td>任务五　实现 C++语言中的封装性</td><td></td><td></td><td></td></tr>
<tr><td>任务六　实现 VB.NET 语言中的封装性</td><td></td><td></td><td></td></tr>
<tr><td>任务七　实现 Java 语言中的封装性</td><td></td><td></td><td></td></tr>
<tr><td>任务八　实现 C#语言中的封装性</td><td></td><td></td><td></td></tr>
<tr><td>任务九　实现 Python 语言中的封装性</td><td></td><td></td><td></td></tr>
<tr><td rowspan="2">通用能力</td><td colspan="2">动手能力</td><td></td><td></td><td></td></tr>
<tr><td colspan="2">解决问题能力</td><td></td><td></td><td></td></tr>
<tr><td colspan="3">综合评价</td><td></td><td></td><td></td></tr>
</table>

评价等级说明表

等　　级	说　　明
3	能高质、高效地完成此学习目标的全部内容，并能解决遇到的特殊问题
2	能高质、高效地完成此学习目标的全部内容
1	能圆满完成此学习目标的全部内容，不需任何帮助和指导

注：以上表格根据国家职业技能标准相关内容设定。

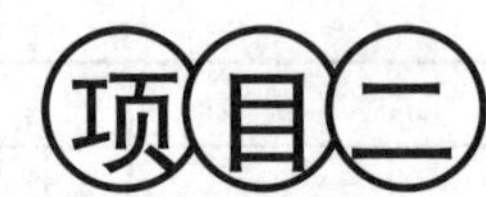

实现 OOP 中的一般函数

核心概念

实现OOP中的一般函数

C++中的一般成员函数、VB.NET 中的通用过程或函数、Java 中的一般方法、C#中的一般方法、Python 中的一般函数。

项目描述

在项目 1 中我们看到了面向过程编程（OPP）的缺陷，数据和程序是放置在一起的，这样如果架构一样，数据不一样的程序需要再重复写一遍，造成代码冗长，效率低下。而面向对象编程（OOP）将相同的架构用类来实现，仅写一遍，数据通过不同的对象调用相应的方法并传递实参实现，从而大大提高了代码的效率。今后我们写代码，就要将通用的属性（特征）和方法（功能）封装在类中。项目 1 中我们是通过带参数的方法来实现数据的输入（实参传递给形参）,但这样数据要写在代码中。其实我们还可灵活地通过键盘根据需要输入。

本项目主要介绍了如何通过无参的方法用键盘来输入数据。

技能目标

用提出、分析、解决问题的方法来培养学生如何从 OPP 的思维模式转变为 OOP 的思维模式，通过多语言的比较，在解决问题的同时熟练掌握不同语言的语法并能掌握常用 5 种 OOP 编程语言的一般函数的编写。

工作任务

实现 C++、VB.NET、Java、C#、Python 语言的一般函数。

任务一 实现 C++语言中的一般函数

任务描述

上海御恒信息科技公司接到客户的一份订单，要求用 C++语言中的一般函数存储学生的信息登记表。公司刚招聘了一名程序员小张，软件开发部经理要求他尽快熟悉 C++语言中的一般函数，并将学生信息登记表用 C++语言中的一般函数的源代码编写出来，小张按照经理的要求开始做以下的任务分析。

任务分析

（1）在 C++语言中先包含系统头文件。

（2）用类来实现表格的架构。

（3）在类中前向声明公有的无参无返回值的成员函数，用来实现表格数据的输入/输出。

（4）类外定义输入函数输入每一行信息。

（5）类外定义输出函数输出表头及每一行信息。

（6）在主函数中为类新建对象，并用对象调用输入函数输入、输出函数输出。
（7）学生信息登记表如项目一中任务一中的表 1-1 所示。

任务实施

第一步：打开 Visual Studio。

第二步：文件→新建→C++项目→源文件名：chap02_Method_01_Cplusplus.cpp。

第三步：在该文件中输入以下内容：

```
// chap02_Method_01_Cplusplus.cpp : 定义控制台应用程序的入口点

//1.  包含系统头文件
#include "stdafx.h"
#include "iostream"
using namespace std;

//2. 用类来实现表格的架构
class Student
{
  private:
     char sid[10];     //学号用数组来存放
     char sname[20];   //姓名用数组来存放
     int sage;

  public:

//3. 在类中前向声明公有的无参无返回值的成员函数，用来实现表格数据的输入/输出
     void getdata();
     void puthead();
     void putdata();
};

//4. 类外定义输入函数输入每一行信息

void Student::getdata()
{
  cout << "请输入学号:";
  cin >> sid;

  cout << "请输入姓名:";
  cin >> sname;

  cout << "请输入年龄:";
  cin >> sage;

  cout << endl;

}

//5. 类外定义输出函数输出表头及每一行信息

void Student::puthead()
{
  cout << "---------------------" << endl;
  cout << "sid" << "\t" << "sname" << "\t" << "sage" << "\n";
```

```
    cout << "--------------------" << endl;
}
void Student::putdata()
{

    cout << sid << "\t" << sname << "\t" << sage << "\n";
    cout << "--------------------" << endl;

}

//6. 在主函数中为类新建对象,并用对象调用输入函数输入、输出函数输出

int _tmain(int argc, _TCHAR* argv[])
{
    Student s[2];//新建一个对象数组,用来存放两个对象s[0]和s[1]

    for(int i=0;i<2;i++)
    {
        cout << "请输入第" << i+1 << "个学生的信息:" << endl;
        s[i].getdata();
    }

    s[0].puthead();

    for(int i=0;i<2;i++)
    {
        s[i].putdata();
    }

    return 0;

}
```

第四步：编译运行项目，结果如图 2-1 所示。

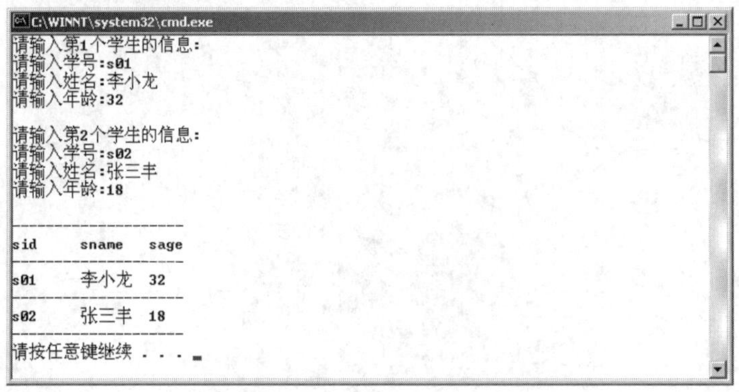

图 2-1 实现 C++语言中的一般函数

任务小结

（1）用类来实现表格的架构。

（2）在类中前向声明公有的无参无返回值的成员函数，用来实现表格数据的输入/输出。

（3）类外定义输入函数输入每一行信息。

（4）类外定义输出函数输出表头及每一行信息。

（5）在主函数中为类新建对象，并用对象调用输入函数输入、输出函数输出。

（6）在 C++中使用输入/输出流要用头文件 iostream.h 及命名空间 std，代码如下：

```
#include "iostream"
using namespace std;
```

（7）类中封装的一般方法在 C++中称为成员函数。

（8）在项目 1 中，成员函数传递字符串参数用的是字符串指针，用来指向整个字符串的首地址，而在本项目中，成员函数不带参数，用键盘输入就要用字符数组，否则用指针会出现空指针异常。

（9）在 C++中，键盘输入用 cin 对象，提示信息输出用 cout 对象，分隔符 cin 用>>、cout 用<<。

（10）新建对象数组格式：类名 对象数组名[数组长度]，例如：Student obj[10];

（11）用对象数组加循环语句来实现多行信息的灵活输入，用循环变量 i 即可控制数组的下标及循环的次数，非常方便，这也是提高程序运行效率的方法之一。

（12）在 C++中实现固定循环的语法：

```
for (循环变量=初值;循环变量<终值;循环变量自加)
{
        //算法
}
```

相关知识与技能

1. 函数的概念

函数是指一段在一起的、可以做某一件事的程序，也称为子程序、（OOP 中）方法。一个较大的程序一般应分为若干个模块，每一个模块用来实现一个特定的功能。所有的高级语言中都有子程序这个概念，用子程序实现模块的功能。在 C++语言中，子程序由一个主函数和若干个函数构成，由主函数调用其他函数，其他函数也可以互相调用。同一个函数可以被一个或多个函数调用任意多次。在程序设计中，常将一些常用的功能模块编写成函数，放在函数库中供公共选用。要善于利用函数，以减少重复编写程序段的工作量。

2. 函数的定义

```
返回类型 名字(形式参数表列){函数体语句 return 表达式;}
```

3. 函数的书写格式

许多程序设计语言中，可以将一段经常需要使用的代码封装起来，在需要使用时可以直接调用。以下代码为 C++中比较两数大小的函数，函数有参数与返回值。

```
int  max(int  x,int  y)//整数类型  最大(整数类型  x,整数类型  y)
{
   return(x>y?x:y);//返回(x>y?x:y)
}
```

4. C++程序设计中的函数分类

C++中的函数可分为带参数的函数和不带参数的函数。这两种参数的声明、定义也不一样。带有（一个）参数的函数的声明：类型名标示符+函数名+（类型标示符+参数）{ // 程序代码 }；没有返回值且不带参数的函数的声明：void+函数名（ ）+函数名{// 程序代码}，花括号内为函数体。如果没有返回值，类型名为 void, int 类型返回值为整数类型 int……类型名主要有以下几种：void、int、long、float、int*、long*、float*。函数还可分为全局函数、全局静态函数；在类中还可以定义构造函数、析构函数、拷贝构造函数、成员函数、友元函数、运算符重载函数、内联函数等。

5. C++中函数的调用

函数必须声明后才可以被调用。调用格式为：函数名(实参)。调用时函数名后的小括号中的实参必须和声明函数时的函数括号中的形参个数相同。有返回值的函数可以进行计算，也可以作为值进行赋值。

6. C++一般函数的定义及调用实例

以下为 C++的一般函数的定义及调用的实例：

```
#include <iostream>
using namespace std;
int f1(int x, int y)   //定义函数，传入参数x, y
{
    return x+y;         //返回 x+y;
}
int main()
{
    cout << f1(50, 660) << endl;
    return 0;
}
```

7. C++中常用的函数

C++为了方便用户编写程序，为用户开发了大量的库函数，其定义在.h 文件中，用户可以调用这些函数实现强大的功能。所以对于用户来说，掌握这些函数的用法是提高编程水平的关键。常用函数介绍如下：main 主函数；max 求“最大数”的函数；log 以 10 为底的对数；avg 求平均数；sort 排序；fgets 文件读取字符串函数；fputs 文件写入字符串函数；fscanf 文件格式读取函数；fprintf 文件格式写入函数；fopen 打开文件函数；getchar 输入字符函数；putchar 输出字符函数；malloc 动态申请内存函数；free 释放内存函数；abs 求绝对值数学函数；sqrt 求平方根数学函数。

任务拓展

（1）C++中的一般函数的声明与定义的格式是什么？

（2）C++中的 cin 对象与 cout 对象的区别是什么？

（3）C++中如何新建对象数组？

（4）C++中如何实现固定循环？

任务二 实现 VB.NET 语言中的一般函数

任务描述

上海御恒信息科技公司接到客户的一份订单，要求用 VB.NET 语言中的一般函数存储学生的信息登记表。公司刚招聘了一名程序员小张，软件开发部经理要求他尽快熟悉 VB.NET 语言中的一般函数，并将学生信息登记表用 VB.NET 语言中的一般函数的源代码编写出来，小张按照经理的要求开始做以下的任务分析。

任务分析

(1) 导入系统命名空间。

(2) 用类来实现表格的架构。

(3) 在类中定义输入/输出过程（在 VB.NET 中一般函数用过程表示，没有返回值）。

(4) 在主过程中为类新建对象，并用对象调用输入过程输入、输出过程输出。

(5) 学生信息登记表如项目一中任务一里的表 1-1 所示。

任务实施

第一步：打开 Visual Studio。

第二步：文件→新建 VB.NET 项目→源文件名为: chap02_Example02_VBNet2005Module.vb。

第三步：在该文件中输入以下内容：

```
'chap02_Method_02_VBNet2005Module.vb
'1. 导入系统命名空间
```

```
Imports System
Imports System.IO
'2. 用类来实现表格的架构
Public Class Student
    Private sid As String
    Private sname As String
    Private sage As Integer
    '3. 在类中定义输入/输出过程
    Public Sub GetData()
        Console.Write("请输入学号:")
        sid = Console.ReadLine()
        Console.Write("请输入姓名:")
        sname = Console.ReadLine()
        Console.Write("请输入年龄:")
        sage = Console.ReadLine()
        Console.WriteLine()
    End Sub
    Public Sub PutHead()
        Console.WriteLine("-----------------------------")
        Console.WriteLine("sid" + Space(8) + "sname" + Space(8) + "sage")
        Console.WriteLine("-----------------------------")
    End Sub
    Public Sub PutData()
        Console.WriteLine(sid + Space(8) + sname + Space(8) + CStr(sage))
        Console.WriteLine("-----------------------------")
    End Sub
End Class
Module chap01_Example09_VBNet2005Module
    '4. 在主过程中为类新建对象，并用对象调用输入函数输入、输出函数输出
    Sub Main()
        Dim s(1) As Student '新建一个对象数组,用来存放两个对象s[0]和s[1]
        Dim i As Integer
        For i = 0 To 1 Step 1
            Console.WriteLine("请输入第" + (i + 1) + "个学生的信息:")
            s(i).GetData()
        Next i
        s(0).puthead()
        For i = 0 To 1 Step 1
            s(i).putdata()
        Next i
    End Sub
End Module
```

第四步：编译运行项目，结果如任务一中的图 2-1 所示。

任务小结

（1）在 VB.NET 中使用输入/输出流要用系统命名空间 System.IO，代码：Imports System.IO。

（2）在 VB.NET 中无返回值的方法用通用过程“Sub 过程名...End Sub”表示。

（3）在 VB.NET 中有返回值的方法用通用函数“Function 函数名...End Function”表示。

（4）键盘输入时的提示用 Console.Write()方法，它可实现不换行输出。

（5）键盘输入用 Console.ReadLine()方法，它可实现字符串的输入。

（6）注意类型转换，整型转为字符串用 CStr()方法，字符串转为整型用 CInt()。

（7）新建对象数组格式：Dim 数组名（数组宽度-1）As 类名。例如：

```
Dim s(1) As Student
```

（8）实现固定循环的语法：

```
For 循环变量=初值 to 终值 step 步长…算法…Next 循环变量
```

相关知识与技能

（1）VB.NET 中的 Sub 过程：Sub 是子程序，可传递参数但无返回值，Sub 需定义别的变量，用传址方式传回值。

（2）VB.NET 中的 Function：Function 是函数，函数是有返回值的。Function 可以用自身名字返回一个值。

（3）Sub 过程与 Function 过程的区别：

① Sub 过程定义时无须定义返回值类型，而 Function 过程一般需要用“As 数据类型” 定义函数返回值类型。

② Sub 过程中没有对过程名赋值的语句，而 Function 过程中一定有对函数名赋值的语句。

③ 调用过程：调用 Sub 过程与 Function 过程不同。调用 Sub 过程的是一个独立的语句，而调用 Function 过程只是表达式的一部分。Sub 过程还有一点与函数不一样，它不会用名字返回一个值。但是，与 Function 过程一样，Sub 过程也可以修改传递给它们的任何变量的值。调用 Sub 过程有两种方法：以下两个语句都调用了名为 MyProc 的 Sub 过程。Call MyProc(FirstArgument, SecondArgument)和 MyProc FirstArgument, SecondArgument 这两种格式都可以。注意当使用 Call 语法时，参数必须在括号内。若省略 Call 关键字，则也必须省略参数两边的括号。

（4）VB.NET 结构化程序设计有 4 种结构：顺序结构、选择结构、循环结构、模块结构（自定义函数、过程）。应用实例，分别定义一个求最大数，最小数的函数，对任意输入的 3 个数，求最大，最小值；并定义一个输出*号倒三角形的过程。程序为：

```
   Public Class Form1
   Private Function min(ByVal x As Integer,ByVal y As Integer) As Integer
          Dim mi As Integer
          mi = IIf(x > y, y, x)
          min = mi
   End Function
   Private Sub Button1_Click(ByVal sender As System.Object, ByVal e As System.EventArgs)
Handles Button1.Click
          Dim a, b, c, ma, mi As Integer
          a = Val(InputBox("输入数:", "输入", 1))
          b = Val(InputBox("输入数:", "输入", 1))
          c = Val(InputBox("输入数:", "输入", 1))
          ma = max(max(a, b), c)
          mi = min(min(a, b), c)
          System.Console.WriteLine("三个数为:" & a & " " & b & " " & c)
          System.Console.WriteLine("max=" & ma)
          System.Console.WriteLine("min=" & mi)
    End Sub
    Private Sub prin()
          Dim i, j As Integer
          For i = 1 To 4
              For j = 9-2*i To 1 Step-1
                  System.Console.Write("*")
              Next
              Console.WriteLine()
              Console.Write(Space(i))
          Next
       End Sub
    Private Sub Button2_Click(ByVal sender As System.Object, ByVal e As System.EventArgs)
Handles Button2.Click
          'Call prin()
```

```
            prin()
        End Sub
End Class
Module Module1
        Public Function max(ByVal x As Integer, ByVal y As Integer) As Integer
            Dim ma As Integer
            ma = IIf(x > y, x, y)
            max = ma
        End Function
End Module
```

任务拓展

（1）VB.NET 中的一般过程的声明与定义的格式是什么？

（2）VB.NET 中的一般函数的声明与定义的格式是什么？

（3）VB.NET 中如何新建对象数组？

（4）VB.NET 中如何实现固定循环？

任务三　实现 Java 语言中的一般函数

任务描述

上海御恒信息科技公司接到客户的一份订单，要求用 Java 语言中的一般函数存储学生的信息登记表。公司刚招聘了一名程序员小张，软件开发部经理要求他尽快熟悉 Java 语言中的一般函数，并将学生信息登记表用 Java 语言中的一般函数的源代码编写出来，小张按照经理的要求开始做以下的任务分析。

任务分析

(1) 用工程名作为包名，将生成的类文件放入此包中。

(2) 导入 Java 的基本语言包和输入/输出包。

(3) 在类中封装属性。

(4) 将键盘输入放入输入流阅读器对象，再将输入流阅读器对象放入缓冲流阅读器对象。

(5) 类内定义输入方法输入每一行信息。

(6) 类内定义输出方法输出表头及每一行信息。

(7) 在主方法中为类新建对象，并用对象调用输入方法输入、输出方法输出。

(8) 学生信息登记表如项目一中任务一中的表 1-1 所示。

任务实施

第一步：打开 Eclipse 软件。

第二步：文件→新建→JAVA 项目→源文件为：Student.java。

第三步：在该文件中输入以下内容：

```
// Student.java
//1. 用工程名作为包名，将生成的类文件放入此包中
package chap02_Method_03_Java;
//2. 导入 Java 的基本语言包和输入/输出包
//import java.lang.*;
import java.io.*;
//3. 用 Student 类来实现表格的架构
public class Student
```

```
{
   //3.1 在类中封装属性
   private String sid;
   private String sname;
   private int sage;
   //3.2 将键盘输入放入输入流阅读器对象,再将输入流阅读器对象放入缓冲流阅读器对象
   BufferedReader br = new BufferedReader(new InputStreamReader(System.in));
   //3.3 类内定义输入函数输入每一行信息
   public void getData() throws IOException  //此方法可以抛出输入/输出异常
   {
      System.out.print("请输入学号:");
        sid = br.readLine();

      System.out.print("请输入姓名:");
        sname = br.readLine();
      System.out.print("请输入年龄:");
      sage = Integer.parseInt(br.readLine());
      System.out.println();
   }

   //3.4 类内定义输出函数输出表头及每一行信息

   public void putHead()
   {
      System.out.println("--------------------");
      System.out.println("sid" + "\t" + "sname" + "\t" + "sage");
      System.out.println("--------------------");
   }

   public void putData()
   {
      System.out.println(sid + "\t" + sname + "\t" + sage);
      System.out.println("--------------------");
   }

   //3.5 在主函数中通过为类新建对象,并用对象调用输入函数输入、输出函数输出
   public static void main(String[] args) throws IOException
   {
      Student [] s=new Student[2];//新建一个对象数组,用来存放两个引用 s[0]和 s[1]

      for(int i=0;i<2;i++)
      {
         s[i] = new Student(); //为两个引用 s[0]和 s[1]实例化
         System.out.println("请输入第" + (i + 1) + "个学生的信息:");
         s[i].getData();
      }

      s[0].putHead();

      for(int i=0;i<2;i++)
      {
         s[i].putData();
      }
   }

}
```

第四步：编译运行项目，结果如任务一中的图 2-1 所示。

任务小结

（1）在 Java 中创建自定义包用 package，代码：package mypack;。

（2）Java 中使用输入/输出流要用系统包 java.io，代码：import java.io.*;。

（3）在 Java 中用对象调用的方法称为实例方法，用对象调用的变量称为实例变量。

（4）在 Java 中用类调用的方法称为类方法，用类调用的变量称为类变量。

（5）键盘输入时的提示用 System.out.print()方法，它可实现不换行输出。

（6）键盘输入用 BufferedReader 类的 readLine()方法，它可实现字符串的输入。

（7）注意类型转换，整型转为字符串用""+整形变量，字符串转为整型用 Integer.parseInt()。

（8）新建对象数组的格式为：类名 [ ] 对象数组名=new 类名[数组长度];例如：

```
Student [ ] s=new Student[10];
```

实现固定循环的语法：

```
for(数据类型 循环变量=0; 循环变量<终值;循环变量++){…
     算法….．
}
```

相关知识与技能

1. Java 中的函数（方法）概述

在日常生活中，方法可以理解为要做某件事情而采取的解决办法。如小明同学在路边准备坐车来学校学习。这就面临着一件事情（坐车到学校这件事情）需要解决，解决办法呢？可采用坐公交车或坐出租车的方式来学校，那么，这种解决某件事情的办法，我们就称为方法。方法实现的过程中，会包含很多条语句用于完成某些有意义的功能——通常是处理文本、控制输入或计算数值。我们可以通过在程序代码中引用方法名称和所需的参数实现在该程序中执行（或称调用）该方法。方法一般都有一个返回值，用来作为事情的处理结果。

2. Java 中的函数（方法）的语法格式

```
修饰符 返回值类型 方法名(参数类型 参数名 1,参数类型 参数名 2,…){

    执行语句
     …

    return 返回值;
}
```

对于上面的语法格式中具体说明如下：

（1）修饰符：方法的修饰符较多，有对访问权限进行限定的，有静态修饰符 static，还有最终修饰符 final 等。

（2）返回值类型：用于限定方法返回值的数据类型。

（3）参数类型：用于限定调用参数的数据类型。

（4）参数名：是一个变量，用于接收调用方法时传入的数据。

（5）return 关键字：用于结束方法以及返回方法指定类型的值。

（6）返回值：被 return 语句返回的值，该值会返回给调用者。

需要特别注意的是，方法中的“参数类型 参数名 1，参数类型 参数名 2”被称作参数列表，它用于描述方法在被调用时需要接收的参数，如果方法不需要接收任何参数，则参数列表为空，即()内不写任何内容。方法的返回值必须为方法声明的返回值类型，如果方法中没有返回值，返回值类型要声明为 void，此时，方法中 return 语句可以省略。

3. 方法的优点

方法使程序变得更简短而清晰，有利于程序维护，可以提高程序开发的效率，提高了代码的重用性。

任务拓展

（1）Java 中的一般方法的声明与定义的格式是什么？

（2）Java 中的键盘输入是如何实现的？

（3）Java 中如何新建对象数组？

（4）Java 中如何实现固定循环？

任务四　实现 C#语言中的一般函数

任务描述

上海御恒信息科技公司接到客户的一份订单，要求用 C#语言中的一般函数存储学生的信息登记表。公司刚招聘了一名程序员小张，软件开发部经理要求他尽快熟悉 C#语言中的一般函数，并将学生信息登记表用 C#语言中的一般函数的源代码编写出来，小张按照经理的要求开始做以下的任务分析。

任务分析

(1) 导入系统命名空间。

(2) 用项目名新建一个命名空间，并在其中新建一个类 Student。

(3) 用 Student 类来实现表格的架构。

(4) 类内定义输入函数输入每一行信息。

(5) 类内定义输出函数输出表头及每一行信息。

(6) 在主函数中为类新建对象，并用对象调用输入函数输入、输出函数输出。

(7) 学生信息登记表如项目一中任务一中里的表 1-1 所示。

任务实施

第一步：打开 Visual Studio。

第二步：文件→新建→C#项目→源文件名：Student.cs。

第三步：在该文件中输入以下内容：

```
// Student.cs

//1. 导入系统命名空间
using System;
using System.Collections.Generic;
using System.Text;
using System.IO;

//2. 用项目名新建一个命名空间,并在其中新建一个类 Student
namespace chap02_Method_04_CSharp2005
{

    //3. 用 Student 类来实现表格的架构

    public class Student
    {
        //3.1 在类中封装属性
        private string sid;
        private string sname;
        private int sage;
```

```
        //3.2 类内定义输入函数输入每一行信息

        public void getData()
        {
           Console.Write("请输入学号:");
           sid = Console.ReadLine();

           Console.Write("请输入姓名:");
           sname = Console.ReadLine();

           Console.Write("请输入年龄:");
           sage = Int32.Parse(Console.ReadLine());//将键盘输入的字符串转换为整型

           Console.WriteLine();
        }

        //3.3 类内定义输出函数输出表头及每一行信息

        public void putHead()
        {
           Console.WriteLine("--------------------");
           Console.WriteLine("sid" + "\t" + "sname" + "\t" + "sage");
           Console.WriteLine("--------------------");
        }

        public void putData()
        {
           Console.WriteLine(sid + "\t" + sname + "\t" + sage);
           Console.WriteLine("--------------------");
        }

        //3.4 在主函数中为类新建对象,并用对象调用输入函数输入，输出函数输出
        public static void Main(string[] args)
        {
           Student [] s=new Student[2];//新建一个对象数组,用来存放两个引用 s[0]和 s[1]

          for(int i=0;i<2;i++)
          {
             s[i] = new Student(); //为两个引用 s[0]和 s[1]实例化
             Console.WriteLine("请输入第" + (i + 1) + "个学生的信息:");
             s[i].getData();
          }

          s[0].putHead();

          for(int i=0;i<2;i++)
          {
             s[i].putData();
          }
        }
    }
}
```

第四步：编译运行项目，结果如任务一中的图 2-1 所示。

任务小结

（1）在 C#中创建自定义包用 namespace，代码：namespace myns{类一定要写在命名空间里面}。

（2）在 C#中使用输入/输出流要用系统命名空间 System.IO，代码：using System.IO;。

（3）在 C#中用对象调用的方法称为一般方法，用对象调用的变量称为域。

（4）在 Java 中用类调用的方法称为静态方法，用类调用的变量称为静态域。

（5）键盘输入时的提示用 Console.Write()方法，它可实现不换行输出。

（6）键盘输入用 Console.ReadLine()方法，它可实现字符串的输入。

（7）注意类型转换，整型转为字符串用""+整形变量，字符串转为整型用 Int32.Parse()。

（8）新建对象数组：类名 [ ] 对象数组名=new 类名[数组长度]；。例如：

```
Student [ ] s=new Student[10];
```

（9）实现固定循环的语法：

```
for(数据类型 循环变量=0; 循环变量<终值;循环变量++){… 算法…}
```


相关知识与技能

（1）对于 C#中的函数，可分为函数的声明及其调用。

（2）函数的声明。函数的声明是指给一段代码取名称。函数的声明位置必须在类中。

（3）函数声明的语法：

```
static void 函数名(){//函数体}
```

（4）函数的调用。调用函数就是使用函数，是指通过函数名称去执行函数体。当程序运行到调用函数的语句时，会执行该函数的函数体。

（5）函数调用的语法：函数名();，函数必须先声明后才能调用。使用函数可以减少重复代码，并使代码简洁易读。

（6）参数传递。当调用带有参数的方法时，需要向方法传递参数。在 C# 中，有 3 种向方法传递参数的方式：

- 值参数：这种方式复制参数的实际值给函数的形式参数，实参和形参使用的是两个不同内存中的值。在这种情况下，当形参的值发生改变时，不会影响实参的值，从而保证了实参数据的安全。
- 引用参数：这种方式复制参数的内存位置的引用给形式参数。这意味着，当形参的值发生改变时，同时也改变实参的值。
- 输出参数：这种方式可以返回多个值。

（7）按值传递参数。这是参数传递的默认方式。在这种方式下，当调用一个方法时，会为每个值参数创建一个新的存储位置。实际参数的值会复制给形参，实参和形参使用的是两个不同内存中的值。所以，当形参的值发生改变时，不会影响实参的值，从而保证了实参数据的安全。即使在函数内改变了值，值也没有发生任何的变化。

（8）按引用传递参数。引用参数是一个对变量的内存位置的引用。当按引用传递参数时，与值参数不同的是，它不会为这些参数创建一个新的存储位置。引用参数表示与提供给方法的实际参数具有相同的内存位置。在 C# 中，使用 ref 关键字声明引用参数。函数内的值改变后，且这个改变可以在 Main 函数中反映出来。

（9）按输出传递参数。return 语句可用于只从函数中返回一个值。但是，可以使用输出参数来从函数中返回两个值。输出参数会把方法输出的数据赋给自己，其他方面与引用参数相似。提供给输出参数的变量不需要赋值。当需要从一个参数没有指定初始值的方法中返回值时，输出参数特别有用。

任务拓展

（1）C#中的一般函数的声明与定义的格式是什么？

（2）C#中如何实现键盘的输入？

（3）C#中如何新建对象数组？

（4）C#中如何实现固定循环？

任务五　实现 Python 语言中的一般函数

任务描述

上海御恒信息科技公司接到客户的一份订单，要求用 Python 语言中的一般函数存储学生的信息登记表。公司刚招聘了一名程序员小张，软件开发部经理要求他尽快熟悉 Python 语言中的一般函数，并将学生信息登记表用 Python 语言中的一般函数的源代码编写出来，小张按照经理的要求开始做以下的任务分析。

任务分析

（1）设置 Python 处于可运行模式，并设置编码为 UTF-8。

（2）定义一个 Student 类来实现表格的架构。

（3）类内定义输入函数输入每一行信息。

（4）类内定义输出函数输出表头及每一行信息。

（5）在类的下方为类新建对象，并用对象调用输入函数输入、输出函数输出。

（6）学生信息登记表如项目一中任务一中的表 1-1 所示。

任务实施

第一步：打开 Python 编辑器。

第二步：文件→新建→源文件为：chap02_lx.py。

第三步：在该文件中输入以下内容：

```
#!/usr/bin/env python
#-*-coding:UTF-8-*-
class Student(object):
    def getData(self) :
        print("请输入学号: ")
        self.sid =input()

        print("请输入姓名: ")
        self.sname=input()

        print("请输入年龄:")
        self.sage =int(input())

    def putHead(self):
        print("--------------------------------------")
        print("\tsid\tsname\tsage")
        print("--------------------------------------")

    def putData(self):
        print "\t",self.sid,"\t",self.sname,"\t",self.sage
        print("--------------------------------------")

arr=[Student(),Student()]

arr[0].getData()
arr[1].getData()
arr[0].putHead()
```

```
arr[0].putData()
arr[1].putData()

#Chap02_lx.py
```

第四步：编译运行项目，结果如任务一中的图 2-1 所示。

任务小结

（1）Python 的头文件第一行（#! /usr/bin/env python）。第一行加上这行，这个 py 文件就处于了可执行模式下（当然是针对 Linux 类的操作系统），这个提示告诉操作系统要使用哪个 Python 解释器来执行这个 py 文件。在 Linux 上执行命令 /usr/bin/env python。就知道这行其实是调用 Python 解释器，这种写法比#! /usr/bin/python 要好。

（2）Python 的头文件第二行（# -*- coding: utf-8 -*-）。第二行是告诉 Python 解释器，应该以 UTF-8 编码来解释 py 文件，对于 Python 2.6/2.7，如果程序中包含中文字符，又没有这一行，运行将会报错。但 Python 3.1 没有这行也会成功运行。

（3）在 Python 中用 def__init__(self,sno,sname,sage)来定义输入函数。

（4）在 Python 中用 def getHead(self)来定义输出表头函数。

（5）在 Python 中用 def putHead(self)来定义输出表格内容函数。

（6）在类的封装下方，新建类 Student 的对象，然后用对象调用相关函数。

相关知识与技能

1. Python 函数

函数是组织好的，可重复使用，用来实现单一或相关联功能的代码段。函数能提高应用的模块性和代码的重复利用率。Python 提供了许多内置函数，比如 print()，也可以创建函数，这被称为用户自定义函数。

2. 自定义函数

自定义函数的规则：

（1）函数代码块以 def 关键词开头，后接函数标识符名称和圆括号()。

（2）任何传入参数和自变量必须放在圆括号中间。圆括号之间可以用于定义参数。

（3）函数的第一行语句可以选择性地使用文档字符串——用于存放函数说明。

（4）函数内容以冒号起始，并且缩进。

（5）“return [表达式]”结束函数，选择性地返回一个值给调用方。不带表达式的 return 相当于返回 none。

（6）自定义函数的语法如下，默认情况下，参数值和参数名称是按函数声明中定义的顺序匹配起来的。

```
def  functionname( parameters ):
   "函数_文档字符串"
   function_suite
return [expression]
```

3. 函数调用

定义一个函数只给了函数一个名称，指定了函数里包含的参数和代码块结构。这个函数的基本结构完成以后，可以通过另一个函数调用执行，也可以直接从 Python 提示符执行。

任务拓展

（1）Python 中的一般函数的声明与定义的格式是什么？

（2）Python 中的键盘输入如何实现？

（3）Python 中如何新建对象数组？

（4）Python 中如何实现固定循环？

项目二综合比较表

本项目介绍用一般函数来实现 OOP 中类的相应功能，它们之间的区别如表 2-1 所示。

表 2-1　各种编程语言实现 OOP 中类的相应功能的区别

各种语言使用一般方法的特点	C++	VB.NET	Java	C#2005	Python
创建自定义目录	新建一个文件夹	新建一个文件夹	新建一个包，如： package mypack;	新建一个命名间，如： namespace myspace{ // }	From 模块 import 类
导入系统文件	#include "iostream" using namespace std;	Imports System.IO	import java.io.*;	using System.IO;	#!/usr/bin/env python #-*-coding:UTF-8-*-

封装类	class Sample
	{
	
	};
		Public Class Sample
		
		End Class
			public class Sample{
			
			}
				public class Sample
				{
				
				}
					class Student(object):

一般属性用对象名去访问	一般数据成员	变量	实例变量	一般域	变量
特殊属性用类名去访问	静态数据成员	静态变量	类变量	静态域	静态变量
一般方法用对象名去调用	一般成员函数	通用函数	实例方法	一般方法	一般函数
特殊方法用类名去调用	静态成员函数	静态函数	类方法	静态方法	静态函数
键盘提示输出	cout << "提示信息";	Console.Write("提示信息")	System.out.print("提示信息");	Console.Write("提示信息");	print("提示信息")
键盘输入	cin >> 数据成员;	变量= Console.ReadLine()	BufferedReader br=new BufferedReader(new InputStreamReader(System.in); 实例变量=br.readLine(); 以上代码要写在异常处理 try{ }catch() {}中	域= Console.ReadLine();	变量=input()
键盘提示输出	cout << 数据成员;	Console.WriteLine(Cstr(变量))	System.out.println(实例变量);	Console.WriteLine(""+域);	print self.变量名
新建对象	类名 对象名;	Dim 对象名 As New 类名()	类名 对象名=new 类名();	类名 对象名=new 类名();	对象名=类名( )
新建对象数组	类名 对象数组名[数组长度];	Dim 对象数组名(数组长度-1) As 类名	类名 [ ] 对象数组名=new 类名[数组长度];	类名 [ ] 对象数组名=new 类名[数组长度];	对象名=[类名( ), 类名( )]

实现固定循环	for (循环变量=初值;循环变量<终值;循环变量自加)
	{
	//算法
	}
		For 循环变量=初值 to 终值 step 步长…算法…Next 循环变量	for(数据类型 循环变量=0;循环变量<终值;循环变量++){…
			算法…
			}
				for(数据类型 循环变量=0; 循环变量<终值;循环变量++){…
				算法…
				}
					for 循环变量 in 数组名:
					算法

项目综合实训

实现家庭管理系统中的一般函数

项目描述

上海御恒信息科技公司接到一个订单，需要用 C++、VB.NET、Java、C#、Python 这 5 种不同的语言分别封装一个家庭管理系统中的用户登录表（FamilyUser），并使用 OOP 中的一般函数。程序员小张根据以上要求进行相关封装的设计后，按照项目经理的要求开始做以下的任务分析。

项目分析

（1）根据要求，分析存储的主要数据如项目一的表 1-3 所示。

（2）设计数据库中表的实体关系图（ERD）如项目一的图 1-6 所示。

（3）设计类的结构如项目一的表 1-4 所示。

（4）键盘输入后显示的结果如图 2-2 所示。

```
C:\WINNT\system32\cmd.exe
请输入第1个用户的信息:
请输入用户编号:01
请输入用户名:Tom
请输入密码:123456

请输入第2个用户的信息:
请输入用户编号:02
请输入用户名:Mary
请输入密码:654321

--------------------------------
u_id    u_name          u_pwd
--------------------------------
01      Tom             123456
--------------------------------
02      Mary            654321
--------------------------------
请按任意键继续 . . .
```

图 2-2　实现家庭管理系统中的一般函数

项目实施

第一步：根据要求，编写 C++代码如下所示。

```
// chap02_oop 中的一般方法_lx1_Cplusplus_Answer.cpp : 定义控制台应用程序的入口点
//1. 包含系统头文件
#include "stdafx.h"
#include "iostream"
using namespace std;

//2. 用类来实现表格的架构
class FamilyUser
{
  private:
     int u_id;
     char u_name[20];
     char u_pwd[10];

  public:
//3. 在类中前向声明输入输出函数
     void getdata();
     void puthead();
     void putdata();
```

```
};

//4. 类外定义输入函数输入每一行信息
void FamilyUser::getdata()
{
   cout << "请输入用户编号:";
   cin >> u_id;

   cout << "请输入用户名:";
   cin >> u_name;

   cout << "请输入密码:";
   cin >> u_pwd;
   cout << endl;
}
//5. 类外定义输出函数输出表头及每一行信息
void FamilyUser::puthead()
{
   cout << "------------------------" << endl;
   cout << "u_id" << "\t" << "u_name" << "\t" << "u_pwd" << "\n";
   cout << "------------------------" << endl;
}
void FamilyUser::putdata()
{

   cout << u_id << "\t" << u_name << "\t" << u_pwd << "\n";
   cout << "------------------------" << endl;

}

//6. 在主函数中为类新建对象,并用对象调用输入函数输入、输出函数输出
int _tmain(int argc, _TCHAR* argv[])
{
   FamilyUser fu[2];//新建一个对象数组,用来存放两个对象 fu[0]和 fu[1]

   for(int i=0;i<2;i++)
   {
      cout << "请输入第" << i+1 << "个用户的信息:" << endl;
      fu[i].getdata();
   }

   fu[0].puthead();

   for(int i=0;i<2;i++)
   {
      fu[i].putdata();
   }

   return 0;
}
```

第二步：根据要求，编写 VB.NET 代码如下所示。

```
'chap02_oop 中的一般方法_lx1_VBNET2005_Answer.vb
'1. 导入系统命名空间
Imports System
Imports System.IO
```

```
'2. 用类来实现表格的架构
Public Class FamilyUser

    Private u_id As String
    Private u_name As String
    Private u_pwd As String

'3. 在类中定义输入/输出过程
    Public Sub GetData()
        Console.Write("请输入用户编号:")
        u_id = Console.ReadLine()

        Console.Write("请输入用户名:")
        u_name = Console.ReadLine()

        Console.Write("请输入密码:")
        u_pwd = Console.ReadLine()

        Console.WriteLine()
    End Sub

    Public Sub PutHead()
        Console.WriteLine("----------------------------------")
        Console.WriteLine("u_id" + Chr(9) + "u_name" + Chr(9) + Chr(9) + "u_pwd")
        Console.WriteLine("----------------------------------")
    End Sub

    Public Sub PutData()
        Console.WriteLine(u_id + Chr(9) + u_name + Chr(9) + Chr(9) + u_pwd)
        Console.WriteLine("----------------------------------")
    End Sub
End Class

Module chap02_oop中的一般方法_lx1_VBNET2005_Answer
    '4. 在主过程中通过为类新建对象,并用对象调用输入函数输入、输出函数输出
    Sub Main()
        Dim fu(1) As FamilyUser '新建一个对象数组,用来存放两个对象s[0]和s[1]
        Dim i As Integer

        For i = 0 To 1 Step 1
            fu(i) = New FamilyUser()
            Console.WriteLine("请输入第" + CStr(i + 1) + "个用户的信息:")
            fu(i).GetData()
        Next i

        fu(0).PutHead()

        For i = 0 To 1 Step 1
            fu(i).PutData()
        Next i

    End Sub
End Module
```

第三步：根据要求，编写 Java 代码如下所示。

```java
//FamilyUser.jsl

//1. 用工程名作为包名,将生成的类文件放入此包中
package chap02_oop中的一般方法_1x1_Java_Answer;
//2. 导入Java的基本语言包和输入/输出包
import java.lang.*;
import java.io.*;

//3. 用FamilyUser类来实现表格的架构
public class FamilyUser
{
   //3.1 在类中封装属性
   private String u_id;
   private String u_name;
   private String u_pwd;
   //3.2 将键盘输入放入输入流阅读器对象,再将输入流阅读器对象放入缓冲流阅读器对象
   BufferedReader br = new BufferedReader(new InputStreamReader(System.in));

   //3.3 类内定义输入函数输入每一行信息
   public void getData() throws IOException  //此方法可以抛出输入/输出异常
   {
      System.out.print("请输入用户编号:");
       u_id = br.readLine();

      System.out.print("请输入用户名:");
       u_name = br.readLine();

      System.out.print("请输入密码:");
      u_pwd = Integer.parseInt(br.readLine());

      System.out.println();
   }

   //3.4 类内定义输出函数输出表头及每一行信息
   public void putHead()
   {
      System.out.println("--------------------");
      System.out.println("u_id" + "\t" + "u_name" + "\t" + "u_pwd");
      System.out.println("--------------------");
   }

   public void putData()
   {
      System.out.println(u_id + "\t" + u_name + "\t" + u_pwd);
      System.out.println("--------------------");
   }

   //3.5 在主函数中为类新建对象,并用对象调用输入函数输入、输出函数输出
   public static void main(String [] args) throws IOException
   {
      FamilyUser [] fu=new FamilyUser[2];//新建一个对象数组,用来存放两个引用s[0]和s[1]

      for(int i=0;i<2;i++)
      {
```

```
            fu[i] = new FamilyUser(); //为两个引用 s[0]和 s[1]实例化
            System.out.println("请输入第" + (i + 1) + "个用户的信息:");
            fu[i].getData();
        }

        fu[0].putHead();

        for(int i=0;i<2;i++)
        {
            fu[i].putData();
        }
    }
}
```

第四步：根据要求，编写 C#代码如下所示。

```
//FamilyUser.cs

//1. 导入系统命名空间

using System;
using System.Collections.Generic;
using System.Text;

using System.IO;

//2. 用项目名新建一个命名空间,并在其中新建一个类 FamilyUser
namespace chap02_oop中的一般方法_lx1_CSharp2005_Answer
{

    //3. 用 FamilyUser 类来实现表格的架构

    public class FamilyUser
    {
        //3.1 在类中封装属性
        private string u_id;
        private string u_name;
        private string u_pwd;

        //3.2 类内定义输入函数输入每一行信息

        public void getData()
        {
            Console.Write("请输入用户编号:");
            u_id = Console.ReadLine();

            Console.Write("请输入用户名:");
            u_name = Console.ReadLine();

            Console.Write("请输入密码:");
            u_pwd = Console.ReadLine();

            Console.WriteLine();
        }
```

```
        //3.3 类内定义输出函数输出表头及每一行信息

        public void putHead()
        {
           Console.WriteLine("--------------------");
           Console.WriteLine("u_id" + "\t" + "u_name" + "\t" + "u_pwd");
           Console.WriteLine("--------------------");
        }


        public void putData()
        {
           Console.WriteLine(u_id + "\t" + u_name + "\t" + u_pwd);
           Console.WriteLine("--------------------");
        }



        //3.4 在主函数中通过为类新建对象,并用对象调用输入函数输入、输出函数输出
        public static void Main(string[] args)
        {
         FamilyUser [] fu=new FamilyUser[2];//新建对象数组,用来存放两个引用 s[0]和 s[1]

          for(int i=0;i<2;i++)
          {
             fu[i] = new FamilyUser(); //为两个引用 s[0]和 s[1]实例化
             Console.WriteLine("请输入第" + (i + 1) + "个用户的信息:");
             fu[i].getData();
          }

          fu[0].putHead();

          for(int i=0;i<2;i++)
          {
             fu[i].putData();
          }

        }

    }
}
```

第五步：根据要求，参照任务五的代码编写相应的 Python 代码（此处略）。

项目小结

（1）C++中的一般函数又称为成员函数。

（2）VB.NET 中的一般函数又分为过程与函数。

（3）JAVA 中的一般函数又称为方法。

（4）C#中的一般函数也可称为函数。

（5）Python 中的一般函数通称为函数。

项目实训评价表

项　目	项目二　实现 OOP 中的一般函数		评　价		
	学 习 目 标	评 价 项 目	3	2	1
职业能力	OOP 中的一般函数	任务一　实现 C++语言中的一般函数			
		任务二　实现 VB.NET 语言中的一般函数			
		任务三　实现 Java 语言中的一般函数			
		任务四　实现 C#语言中的一般函数			
		任务五　实现 Python 语言中的一般函数			
通用能力	动手能力				
	解决问题能力				
综合评价					

评价等级说明表

等　级	说　明
3	能高质、高效地完成此学习目标的全部内容，并能解决遇到的特殊问题
2	能高质、高效地完成此学习目标的全部内容
1	能圆满完成此学习目标的全部内容，不需任何帮助和指导

注：以上表格根据国家职业技能标准相关内容设定。

实现 OOP 中的构造函数与析构函数

核心概念

实现OOP中的构造函数与析构函数

C++中的构造函数与析构函数、VB.NET 中的构造方法与析构方法、Java 中的构造方法与自动垃圾回收、C#中的构造函数与自动垃圾回收、Python 中的构造函数与析构函数。

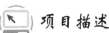

项目描述

在项目 2 中我们看到了在 OOP 编程中一般将输入数据和输出数据的功能封装在一个类的不带参数的一般方法中，然后在主函数中通过类的对象调用这些方法实现键盘输入和控制台输出，从而灵活实现数据的输入和输出。

那有没有不用对象调用就能自动实现数据的输入和输出呢？答案是肯定的。OOP 中给我们提供了构造函数来实现数据自动的输入、析构函数在释放对象所占用的内存空间时来实现数据自动的输出。

技能目标

用提出、分析、解决问题的方法来培养学生如何从编写 OOP 的一般函数转换为编写构造函数和析构函数。能掌握常用 5 种 OOP 编程语言的构造函数、析构函数来实现信息的输入与输出。

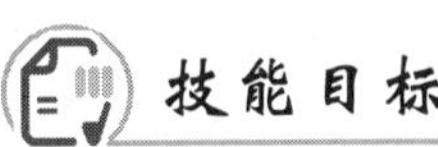

工作任务

实现 C++、VB.NET、Java、C#、Python 语言中的构造函数与析构函数。

任务一　实现 C++语言中的构造函数与析构函数

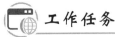

任务描述

上海御恒信息科技公司接到客户的一份订单，要求用 C++语言中的构造函数和析构函数输入输出学生的信息登记表。公司刚招聘了一名程序员小张，软件开发部经理要求他尽快熟悉 C++语言中的构造函数与析构函数，并将学生信息登记表用 C++语言中的构造函数与析构函数的源代码编写出来，小张按照经理的要求开始做以下的任务分析。

任务分析

（1）在类中用构造函数封装输入功能。

（2）表名：学生信息登记表，用类名 Student 表示。

（3）列名：no、name、age 用数据成员表示，并声明相应的数据类型。

（4）行：用构造函数和析构函数表示。

（5）列：用数据成员表示。

（6）包含系统头文件。

（7）用类来实现表格的架构。
（8）在类中前向声明构造函数、析构函数、一般函数。
（9）在类外初始化静态变量为 0。
（10）类外定义构造函数输入每一行信息。
（11）类外定义析构函数来释放对象并输出每一行信息。
（12）在主函数中为类新建对象，并自动调用构造函数输入、析构函数输出。
（13）学生信息登记表如项目一中任务一中的表 1-1 所示。

任务实施

第一步：打开 Visual Studio。
第二步：文件→新建→C++项目→文件源文件名为: chap03_Construct_01_Cplusplus.cpp。
第三步：在该文件中输入以下内容：


```
// chap03_Construct_01_Cplusplus.cpp : 定义控制台应用程序的入口点
#include "stdafx.h"
#include "iostream"
using namespace std;

//1. 用类来实现学生表格的架构
class Student
{
  private:
     char sid[10];     //学号用数组来存放
     char sname[20];  //姓名用数组来存放
     int sage;
     static int i;     //在类中前向声明静态变量 i
  public:

//2. 在类中前向声明构造函数、析构函数与一般函数
     Student();
     ~Student();
     void puthead();

};

//3. 在类外将静态变量初始化为 0
int Student::i=0;

//4. 类外定义构造函数输入每一行信息
Student::Student()
{

  cout << "请输入第" << i+1 << "个学生的信息:" << endl;
  cout << "请输入学号:";
  cin >> sid;

  cout << "请输入姓名:";
  cin >> sname;

  cout << "请输入年龄:";
  cin >> sage;

  cout << endl;
```

```
    i++;  //每自动调用构造函数一次，i 的值在原来基础上加 1

}

//5. 类外定义输出函数输出表头及每一行信息
void Student::puthead()
{
    cout << "以下对象是后构造的先析构、先构造的后析构" << endl;
    cout << "--------------------" << endl;
    cout << "sid" << "\t" << "sname" << "\t" << "sage" << "\n";
    cout << "--------------------" << endl;
}

//6. 类外定义析构函数来释放对象并输出每一行信息
Student::~Student()
{
    cout << sid << "\t" << sname << "\t" << sage << "\n";
    cout << "--------------------" << endl;
}

//7. 在主函数中为类新建对象，并自动调用构造函数输入、析构函数输出
int _tmain(int argc, _TCHAR* argv[])
{
    Student *s=new Student[2];//新建一个对象数组,用来存放两个对象 s[0]和 s[1]
    s[0].puthead();//调用输出表头的函数
    delete [] s;//删除对象数组所占用的空间,自动调用析构函数，注意析构函数也可手动调用
    return 0;
}
```

第四步：保存后，运行该项目进行测试，结果如图 3-1 所示。

通过以上的输出结果，大家是否发现输入的顺序和输出的顺序正好相反？这是因为先分配空间的对象，后释放所占用内存空间；后分配空间的对象，先释放所占用内存空间；那想输出按 s01、s02 的顺序该怎么办？看看图 3-2 所示的键盘输入和屏幕输出，是否有些启发？

第五步：重新运行该项目并进行测试，结果如图 3-2 所示。

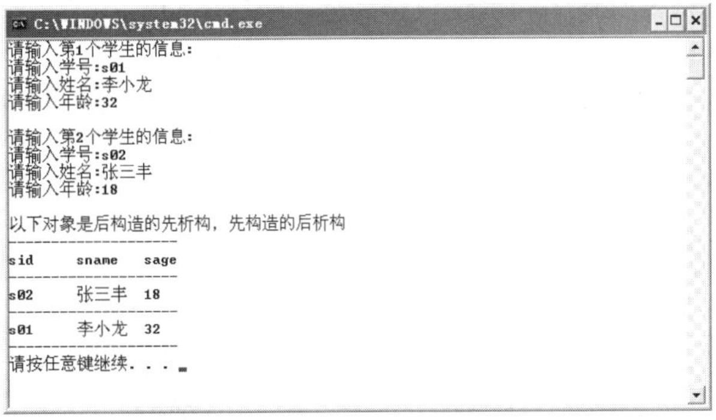

```
C:\WINDOWS\system32\cmd.exe
请输入第1个学生的信息:
请输入学号:s01
请输入姓名:李小龙
请输入年龄:32

请输入第2个学生的信息:
请输入学号:s02
请输入姓名:张三丰
请输入年龄:18

以下对象是后构造的先析构，先构造的后析构
--------------------
sid      sname    sage
--------------------
s02      张三丰   18
--------------------
s01      李小龙   32
--------------------
请按任意键继续. . .
```

图 3-1 实现 C++语言中的构造函数和析构函数 1

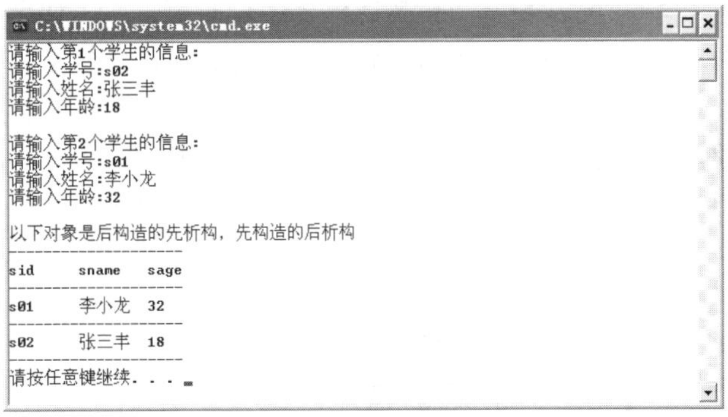

```
C:\WINDOWS\system32\cmd.exe
请输入第1个学生的信息:
请输入学号:s02
请输入姓名:张三丰
请输入年龄:18

请输入第2个学生的信息:
请输入学号:s01
请输入姓名:李小龙
请输入年龄:32

以下对象是后构造的先析构，先构造的后析构
--------------------
sid      sname    sage
--------------------
s01      李小龙   32
--------------------
s02      张三丰   18
--------------------
请按任意键继续. . .
```

图 3-2 实现 C++语言中的构造函数和析构函数 2

从上面的结果可以看到，倒着输入就正着输出了。也许有人会问，为什么要用 static 来修饰循环变量 i，不用 static 不行吗？下面来看不用 static 的结果：

第六步：将类中声明的 static 变量删除，将类外定义并初始化的代码也删除，修改构造函数如下：

```
Student::Student()
{
    int i=0;
```

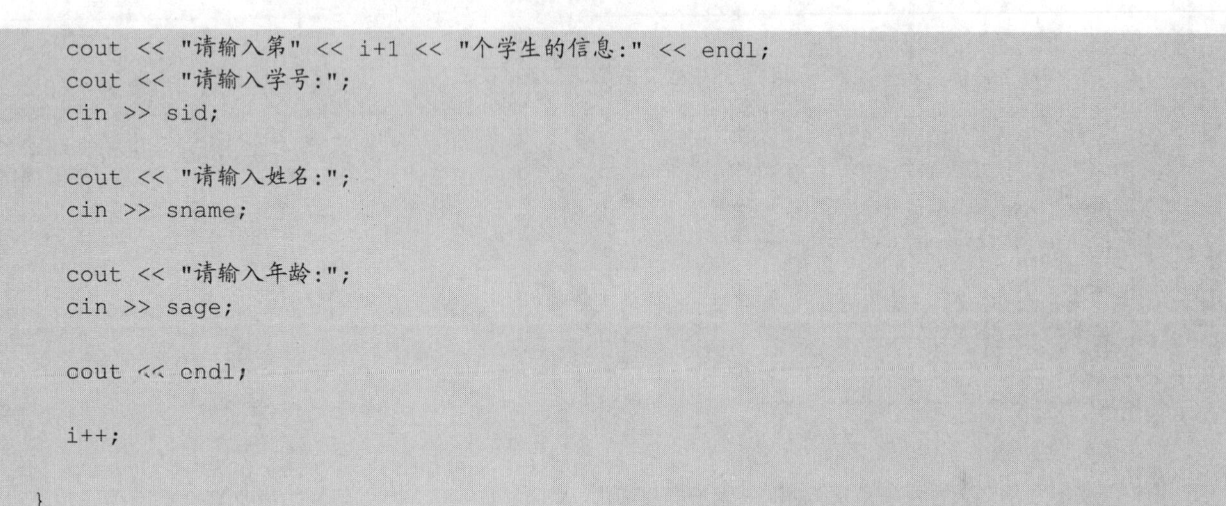

```
    cout << "请输入第" << i+1 << "个学生的信息:" << endl;
    cout << "请输入学号:";
    cin >> sid;

    cout << "请输入姓名:";
    cin >> sname;

    cout << "请输入年龄:";
    cin >> sage;

    cout << endl;

    i++;

}
```

第七步：保存后，运行该项目，结果如图 3-3 所示。

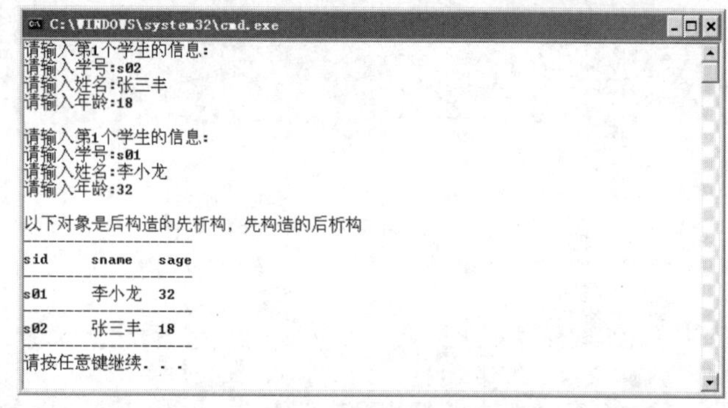

图 3-3　实现 C++语言中的构造函数和析构函数 3

怎么显示出来的都是"请输入第 1 个学生的信息"？从此可以看出写在构造里的变量 i 是一个局部变量，变量使用完就将空间释放，所以只要重新使用函数，i 总是等于 0，这有点像计算机硬件里的 RAM，断电内容消失。而在变量前加了 static 关键字，这样的变量称为静态变量，它的特点是分配的空间一直保留，直到退出整个应用程序，这像计算机硬件里的 ROM，断电内容不消失。所以 i 第一次等于 0，再使用一次构造，它就累加 1 变成 1，再使用一次构造，它就累加 1 变成 2。这正好符合要显示的提示的输出要求，所以这里的变量 i 一定要用静态变量。

任务小结

（1）类中封装的构造方法与析构方法在 C++中称为构造函数与析构函数。

（2）构造函数名称与类名相同，如 Student()，析构函数名称也与类名相同，但前面要加 ~，如~Student()。

（3）构造函数与析构函数都无返回值，所以构造和析构函数前不能出现数据类型，包括 void。

（4）构造函数可以不带参数，这称为默认构造函数，也可带参数，析构函数不能带参数。

（5）构造函数只能在为类新建对象时自动调用，不可手动调用，析构函数既可在删除对象时或对象无用时自动调用，也可根据自己的需要手动调用。

（6）构造函数可以重载，析构函数不可重载。

（7）对于构造函数来说可以使用 new 运算符，对于析构函数来说可以使用 delete 运算符。

相关知识与技能

1. C++中的构造函数

C++中的构造函数是 C++中用以初始化对象的数据成员的一种函数，其作用是初始化对象的数据成员。构造函数的规则是：构造函数与类同名且无返回值，在对象实例化时自动调用；构造函数可以有多个重载形式；实例化对象时仅用到一个构造函数；当用户没有定义构造函数时，编译器自动生产一个构造函数。例如 Student()。该类对象被创建时，编译系统对象分配内存空间，并自动调用该构造函数，由构造函数完成成员的初始化工作。编译系统为对象的每个数据成员分配内存空间，并调用构造函数 Student ()自动地将初始化对象的值设置为指定值。

2. 构造函数的种类

（1）无参数构造函数，例如 Student()，如果创建一个类后没有写任何构造函数，则系统会自动生成默认的无参构造函数，函数为空，什么都不做；只要写了一个某种构造函数，系统就不会再自动生成这样一个默认的构造函数，如果希望有一个这样的无参构造函数，则需要自己显式地写出来。

（2）一般构造函数（也称重载构造函数），例如 Student(string _name, int _age)，一般构造函数可以有各种参数形式，一个类可以有多个一般构造函数，函数名称相同，参数可辨（C++重载函数要求），如还可以写一个 Student(int num)的构造函数；创建对象时根据传入的参数不同调用不同的构造函数。

（3）拷贝构造函数（也称复制构造函数），定义方式“const 类名 & 变量名”，拷贝构造函数参数为类对象本身的引用，用于将已存在对象的数据成员的值复制一份到新创建的对象中，若没有显式的拷贝构造函数，则系统会默认创建一个拷贝构造函数，但当类中有指针成员时，由系统默认创建该复制构造函数会存在风险。拷贝构造函数调用时机：对象需要通过另外一个对象进行初始化，对象以值传递的方式从函数返回，对象以值传递的方式传入函数参数，引用符号后的别名可省略例如：Student(const Student & s)。

（4）类型转换构造函数，根据一个指定的类型的对象创建一个本类的对象，例如：下面根据一个 String 类型的对象创建了一个 String 对象：Student::Student(string _name)。

（5）下面使用上面定义的类对象来说明各个构造函数的用法：

```
Student a,b;                           // 调用了无参构造函数
Student c("Alan",18);                  // 调用一般构造函数，数据成员初值被赋为指定值
Student c=Student ("Alan",18);         // 也可以使用该形式
 a=c;                 // 把 c 的数据成员的值赋值给 a，而 a 已经事先被创建，不会调用任何构造函数
 Student d("Jack");                    // 调用类型转换构造函数
 // 调用拷贝构造函数，有下面两种调用方式
 Student f(c);
 Student e = c;       //等号左边的对象不是事先已经创建，故需要调用拷贝构造函数，参数为 c
```

3. C++中的析构函数

与构造函数相反，当对象结束其生命周期，如对象所在的函数已调用完毕时，系统会自动执行析构函数。如~Student()。

任务拓展

（1）请说出 C++语言中构造函数的特点。

（2）请说出 C++语言 static 的特点。

（3）请说出 C++语言在新建对象数组上的特点。

（4）请说出 C++语言在释放无用对象所占空间时的特点。

任务二 实现 VB.NET 语言中的构造函数与析构函数

任务描述

上海御恒信息科技公司接到客户的一份订单，要求用 VB.NET 语言中的构造函数输入/输出学生的信息登记表。公司刚招聘了一名程序员小张，软件开发部经理要求他尽快熟悉 VB.NET 语言中的构造函数与析构函数，并将学生信息登记表用 VB.NET 语言中的构造函数与析构函数的源代码编写出来，小张按照经理的要求开始做以下的任务分析。

任务分析

（1）导入系统命名空间。

（2）用类来实现表格的架构。

（3）在类中定义构造过程，初始化数据。

（4）在类中定义一般过程，输出表头信息。

（5）在类中定义析构过程来实现无用对象的释放，并输出前面输入的信息。

（6）学生信息登记表如项目一中任务一中的表 1-1 所示。

任务实施

第一步：打开 Visual Studio。

第二步：文件→新建→VB.NET 项目→输入的源文件名为：chap03_Example02_VBNet2005Module.vb。

第三步：在该文件中输入以下内容：

```
'chap03_Construct_02_VBNet2005Module.vb
'1. 导入系统命名空间
Imports System
Imports System.IO

'2. 用类来实现表格的架构
Public Class Student
    Private sid As String
    Private sname As String
    Private sage As Integer
    '3, 在类中定义构造过程,初始化数据
    Public Sub New()
        Console.Write("请输入学号:")
        sid = Console.ReadLine()
        Console.Write("请输入姓名:")
        sname = Console.ReadLine()
        Console.Write("请输入年龄:")
        sage = CInt(Console.ReadLine())
        Console.WriteLine()
    End Sub
    '4. 在类中定义一般过程,输出表头信息:
    Public Sub PutHead()
        Console.WriteLine("-----------------------------")
        Console.WriteLine("sid" + Space(8) + "sname" + Space(8) + "sage")
        Console.WriteLine("-----------------------------")
    End Sub
    '5. 在类中定义析构过程来实现无用对象的释放,并输出前面输入的信息
    Protected Overrides Sub Finalize()
        Console.WriteLine(sid + Space(8) + sname + Space(8) + CStr(sage))
        Console.WriteLine("-----------------------------")
    End Sub
End Class

Module chap03_Construct_02_VBNet2005Module
    '6. 在主过程中为类新建对象，并用对象调用输入函数输入、输出函数输出
    Sub Main()
        Dim s(1) As Student '新建一个对象数组,用来存放两个对象 s[0]和 s[1]
        Dim i As Integer
        For i = 0 To 1 Step 1
            Console.WriteLine("请输入第" + CStr(i + 1) + "个学生的信息:")
            s(i) = New Student()  '每循环一次，新建一个对象，并分配内存，再自动调构造
        Next i
        s(0).PutHead() '调用一般过程，输出表头
```

```
        '当对象无用时，自动调用析构过程 Finalize(),从而实现内容的输出
    End Sub
End Module
```

第四步：编译运行 VB.NET 项目，屏幕上显示结果如任务一中的图 3-2 所示。

任务小结

（1）类中封装的构造函数与析构函数在 VB.NET 中称为构造过程与析构过程。

（2）构造过程统一的名称是 Public Sub New()...End Sub。

（3）析构过程统一的名称是 Public Sub Finalize()...End Sub。

（4）构造过程与析构过程都无返回值。所以构造和析构过程后不能写返回类型。

（5）构造过程可以不带参数，这称为默认构造过程，也可带参数，析构过程不能带参数。

（6）构造过程只能在为类新建对象时自动调用，不可手动调用，析构过程既可在删除对象时或对象无用时自动调用，也可根据自己的需要手动调用。

（7）构造过程可以重载，析构过程不能重载。

相关知识与技能

（1）VB.NET 中的构造过程在类新建对象时自动调用，书写格式是 Public Sub New()...End Sub。

（2）VB.NET 中的析构过程在删除对象时自动调用，书写格式如下：

```
Protected Overrides Sub Finalize()
End Sub
```

任务拓展

（1）请说出 VB.NET 语言中构造过程的特点。

（2）请说出 VB.NET 语言 static 的特点。

（3）请说出 VB.NET 语言在新建对象数组上的特点。

（4）请说出 VB.NET 语言在释放无用对象所占空间时的特点。

任务三　实现 Java 语言中的构造函数与析构函数

任务描述

上海御恒信息科技公司接到客户的一份订单，要求用 Java 语言中的构造函数输入/输出学生的信息登记表。公司刚招聘了一名程序员小张，软件开发部经理要求他尽快熟悉 Java 语言中的构造函数与析构函数，并将学生信息登记表用 Java 语言中的构造函数与析构函数的源代码编写出来，小张按照经理的要求开始做以下的任务分析。

任务分析

(1) 用工程名作为包名，将生成的类文件放入此包中。

(2) 导入 Java 的基本语言包和输入/输出包。

(3) 用 Student 类来实现表格的架构。

(4) 在类中封装属性。

(5) 将键盘输入放入输入流阅读器对象，再将输入流阅读器对象放入缓冲流阅读器对象。

(6) 类内定义构造方法实现输入每一行信息。

(7) 类内定义输出方法输出表头及每一行信息。

(8) 类内定义析构方法实现数据的输出及无用对象的回收。

(9) 在主函数中通过为类新建对象自动调用构造方法输入，自动调用析构方法输出。

(10) 学生信息登记表如项目一中任务一中的表 1-1 所示。

任务实施

第一步：打开 Eclipse。

第二步：文件→新建→Java 项目→源文件名: Student.java。

第三步：在该文件中输入以下内容：

```
// Student.javal

//1. 用工程名作为包名，将生成的类文件放入此包中
package chap03_Construct_03_Java;

//2. 导入 Java 的基本语言包和输入/输出包
//import java.lang.*;
import java.io.*;

//3. 用 Student 类来实现表格的架构
public class Student
{
  //3.1 在类中封装属性
  private String sid;
  private String sname;
  private int sage;

  //3.2 将键盘输入放入输入流阅读器对象,再将输入流阅读器对象放入缓冲流阅读器对象
  BufferedReader br = new BufferedReader(new InputStreamReader(System.in));
  //3.3 类内定义构造方法实现输入每一行信息
  public Student() throws IOException  //此方法可以抛出输入/输出异常
  {
     System.out.print("请输入学号:");
       sid = br.readLine();

     System.out.print("请输入姓名:");
       sname = br.readLine();

     System.out.print("请输入年龄:");
     sage = Integer.parseInt(br.readLine());

     System.out.println();
  }

  //3.4 类内定义输出方法输出表头及每一行信息
  public void putHead()
  {
     System.out.println("以下对象是后构造的先析构,先构造的后析构");
     System.out.println("--------------------");
     System.out.println("sid" + "\t" + "sname" + "\t" + "sage");
     System.out.println("--------------------");
  }

  //3.5 类内定义析构方法实现数据的输出及无用对象的回收
  protected void finalize()
```

```
    {
        System.out.println(sid + "\t" + sname + "\t" + sage);
        System.out.println("--------------------");

    }

    //3.6 在主函数中为类新建对象自动调用构造方法输入,自动调用析构方法输出
    public static void main(String[] args) throws IOException
    {
        Student [] s=new Student[2];//新建一个对象数组,用来存放两个引用 s[0]和 s[1]

        for(int i=0;i<2;i++)
        {
            System.out.println("请输入第" + (i + 1) + "个学生的信息:");
            s[i] = new Student(); //为两个引用 s[0]和 s[1]实例化
        }

        s[0].putHead();

    }
}
```

第四步：编译运行 Java 项目，屏幕上显示结果如任务一中的图 3-2 所示。

任务小结

（1）类中封装的构造方法与析构方法在 Java 中就称为构造方法与析构方法。

（2）构造函数名称与类名相同，如 Student()，析构函数名称统一为 protect void finalize()。

（3）构造函数与析构函数都无返回值,所以构造和析构函数前不能出现数据类型，包括 void。

（4）构造函数可以不带参数，这称为默认构造函数，也可带参数，析构函数不能带参数。

（5）构造函数只能在为类新建对象时自动调用，不可手动调用，析构函数在删除对象时或对象无用时自动调用（这在 Java 中称为自动垃圾回收），也可根据自己的需要手动调用（设对象名=null，再用 System.gc() 手动调用析构，最后用 While(true);不断执行程序）。

（6）构造函数可以重载，析构函数不可重载。

相关知识与技能

1. Java 构造方法

在 Java 中，类有一个特殊的成员方法叫作构造方法，它的作用是创建对象并初始化成员变量。在创建对象时，会自动调用类的构造方法。构造方法定义规则：Java 中的构造方法必须与该类具有相同的名字，并且没有方法的返回类型（包括没有 void）。另外，构造方法一般都应用 public 类型来说明，这样才能在程序任意的位置创建类的实例——对象。以下示例为一个 Rectangle 类的构造方法，它带有两个参数，分别表示矩形的长和宽。

```
public class Rectangle {
  public Rectangle(int w, int h) {
    width = w;
    height = h;
  }
  public Rectangle() {}
  }
```

每个类至少有一个构造方法。如果不写一个构造方法，Java 编程语言将提供一个默认的构造方法，该构造方法没有参数，而且方法体为空。如果一个类中已经定义了构造方法则系统不再提供默认的构造方法。

2. Java 析构方法

当垃圾回收器将要释放无用对象的内存时，先调用该对象的 finalize()方法。如果在程序终止前垃圾回收器始终没有执行垃圾回收操作，那么垃圾回收器将始终不会调用无用对象的 finalize()方法。在 Java 的 Object 基类中提供了 protected 类型的 finalize()方法，因此任何 Java 类都可以覆盖 finalize()方法，通常在析构方法中进行释放对象占用的相关资源的操作。

Java 虚拟机的垃圾回收操作对程序完全是透明的，因此程序无法预料某个无用对象的 finalize()方法何时被调用。如果一个程序只占用少量内存，没有造成严重的内存需求，垃圾回收器可能没有释放那些无用对象占用的内存，因此这些对象的 finalize()方法还没有被调用，程序就终止了。

程序即使显式调用 System.gc()或 Runtime.gc()方法，也不能保证垃圾回收操作一定执行，也就不能保证对象的 finalize()方法一定被调用。当垃圾回收器在执行 finalize()方法的时候如果出现了异常，垃圾回收器不会报告异常，程序继续正常运行。

```
protected void finalize(){
  System.out.println("in finalize");
}
```

在 Java 编程里面，一般不需要我们去写析构方法，这里了解一下即可。

任务拓展

（1）请说出 Java 语言中构造方法的特点。
（2）请说出 Java 语言 static 的特点。
（3）请说出 Java 语言在新建对象数组上的特点。
（4）请说出 Java 语言在释放无用对象所占空间时的特点。

任务四 实现 C#语言中的构造函数与析构函数

任务描述

上海御恒信息科技公司接到客户的一份订单，要求用 C#语言中的构造函数输入/输出学生的信息登记表。公司刚招聘了一名程序员小张，软件开发部经理要求他尽快熟悉 C#语言中的构造函数与析构函数，并将学生信息登记表用 C#语言中的构造函数与析构函数的源代码编写出来，小张按照经理的要求开始做以下的任务分析。

任务分析

（1）导入系统命名空间。
（2）用项目名新建一个命名空间，并在其中新建一个类 Student。
（3）用 Student 类来实现表格的架构。
（4）在类中封装属性。
（5）类内定义构造函数输入每一行信息。
（6）类内定义输出函数输出表头及每一行信息。
（7）类内定义析构函数（前面不要加修饰符）输出表中的内容。
（8）在主函数中通过为类新建对象，自动调用构造函数输入，对象无用时自动调用析构函数输出.
（9）学生信息登记表如项目一中任务一里的表 1-1 所示。

任务实施

第一步：打开 Visual Studio。
第二步：文件→新建 C#项目→源文件名: chap03_Example04_Student.cs。

第三步：在该文件中输入以下内容：

```
// chap03_Example04_Student.cs

//1. 导入系统命名空间
using System;
using System.Collections.Generic;
using System.Text;
using System.IO;

//2. 用项目名新建一个命名空间，并在其中新建一个类 Student
namespace chap03_Construct_04_CSharp2005
{

    //3. 用 Student 类来实现表格的架构:

    public class Student
    {
        //3.1 在类中封装属性
        private string sid;
        private string sname;
        private int sage;

        //3.2 类内定义构造函数输入每一行信息
        public Student()
        {
            Console.Write("请输入学号:");
            sid = Console.ReadLine();

            Console.Write("请输入姓名:");
            sname = Console.ReadLine();

            Console.Write("请输入年龄:");
            sage = Int32.Parse(Console.ReadLine());//将键盘输入的字符串转换为整型

            Console.WriteLine();
        }

        //3.3 类内定义输出函数输出表头及每一行信息

        public void putHead()
        {
            Console.WriteLine("以下对象是后构造的先析构、先构造的后析构");
            Console.WriteLine("--------------------");
            Console.WriteLine("sid" + "\t" + "sname" + "\t" + "sage");
            Console.WriteLine("--------------------");
        }

        //3.4 类内定义析构函数（前面不要加修饰符）输出表中的内容
         ~Student()
        {
            Console.WriteLine(sid + "\t" + sname + "\t" + sage);
            Console.WriteLine("--------------------");
        }

        //3.5 在主函数中通过为类新建对象自动调用构造函数输入，对象无用时自动调用析构函数输出
```

```
        public static void Main(string[] args)
        {
           Student [] s=new Student[2];//新建一个对象数组,用来存放两个引用 s[0]和 s[1]

          for(int i=0;i<2;i++)
          {
               Console.WriteLine("请输入第" + (i + 1) + "个学生的信息:");
                s[i] = new Student(); //为两个引用 s[0]和 s[1]实例化
          }

          s[0].putHead();

            //对象无用时在此自动调用析构函数输出
        }

    }

}
```


第四步：编译运行 C#项目，屏幕上显示结果如任务一中的图 3-2 所示。

任务小结

（1）类中封装的构造方法与析构方法在 C#中就称为构造函数与析构函数。

（2）构造函数名称与类名相同，如 Student()，析构函数名称也与类名相同，但前面要加 ~，如~Student()。

（3）构造函数与析构函数都无返回值，所以构造和析构函数前不能出现数据类型，包括 void。

（4）构造函数可以不带参数，这称为默认构造函数，也可带参数，析构函数不能带参数。

（5）构造函数只能在为类新建对象时自动调用，不可手动调用，析构函数既可在删除对象时或对象无用时自动调用，也可根据自己的需要手动调用。

（6）构造函数可以重载，析构函数不可重载。

相关知识与技能

1. C#中的构造函数和析构函数

C#中的构造函数和析构函数是类中比较特殊的两种成员函数，分别用来对对象进行初始化和回收对象资源。构造函数负责对象初始化，析构函数负责回收对象资源。对象的生命周期从构造函数开始，从析构函数结束。如果一个类含有构造函数，在实例化该类的对象时就会被调用。如果含有析构函数，则会在销毁对象时调用。构造函数的名字与类名相同，析构函数的名字也与类名相同，不过析构函数要在名字前加一个波浪号（ ~ ）。当退出含有该对象的成员时，析构函数会自动释放这个对象所占用的空间，所以说析构函数是自动调用的，不是程序员所控制的。

2. 构造函数的特点

（1）方法名与类名相同。

（2）没有返回类型。

（3）主要完成对象的初始化工作。

（4）分为无参构造函数和有参构造函数两种。

（5）刚开始系统会自动创建一个无参构造函数，但当创建好了一个有参构造函数后，系统就不再提供这个无参构造函数了。

（6）用来初始化新对象的数据成员。

（7）不带参数的构造函数称为“默认构造函数”。无论何时，只要使用 new 运算符实例化对象，并且不再为 new 提供任何参数，就会调用默认构造函数。

（8）重载构造函数的满足条件是：方法名相同，方法的参数类型、个数、顺序至少有一项不相同。

3. 析构函数的特点

（1）一个类中只能有一个析构函数。

（2）无法调用析构函数，其是被自动调用的。

任务拓展

（1）请说出 C#语言中构造函数的特点。

（2）请说出 C#语言 static 的特点。

（3）请说出 C#语言在新建对象数组上的特点。

（4）请说出 C#语言是如何释放无用对象的。

（5）请说出 C#语言在释放无用对象所占空间时的特点。

任务五　实现 Python 语言中的构造函数与析构函数

任务描述

上海御恒信息科技公司接到客户的一份订单，要求用 Python 语言中的构造函数输入/输出学生的信息登记表。公司刚招聘了一名程序员小张，软件开发部经理要求他尽快熟悉 Python 语言中的构造函数与析构函数，并将学生信息登记表用 Python 语言中的构造函数与析构函数的源代码编写出来，小张按照经理的要求开始做以下的任务分析。

任务分析

(1) 用 Student 类来实现表格的架构。

(2) 类内定义构造函数输入每一行信息。

(3) 类内定义输出函数输出表头。

(4) 类内定义析构函数输出表中的内容。

(5) 在主函数中通过为类新建对象自动调用构造函数输入，手动调用析构函数输出。

(6) 学生信息登记表如项目一中任务一中的表 1-1 所示。

任务实施

第一步：打开 Python。

第二步：文件→新建→文件:chap03_lx.py。

第三步：在该文件中输入以下内容：

```
#!/usr/bin/env python
#-*-coding:UTF-8-*-
import string
class Student(object):
    def __init__(self) :
        self.sid =input("请输入学号: ")
        print "请输入姓名: "
        self.sname=raw_input()
        self.sage =int(input("请输入年龄:"))
    def putHead(self):
        print("------------------------------------------------------------------")
        print("\tsid\tsname\tsage")
        print("------------------------------------------------------------------")
```

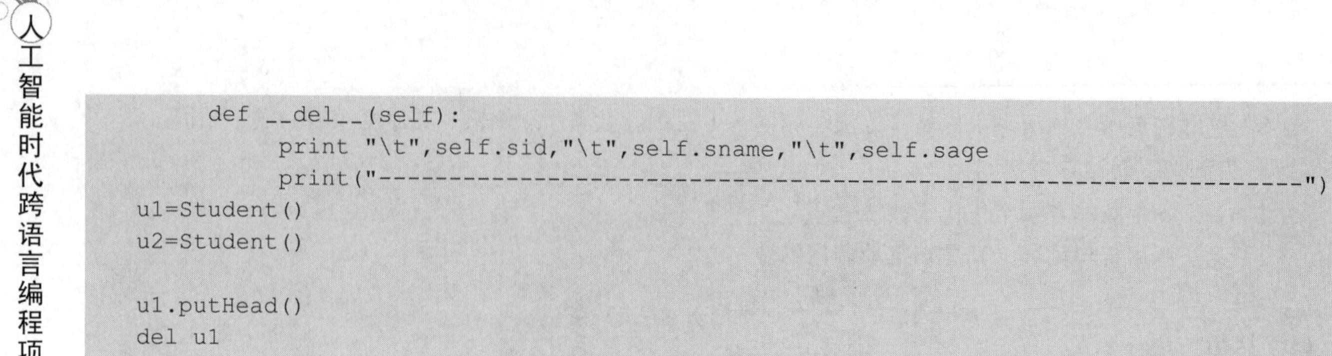

```
        def __del__(self):
              print "\t",self.sid,"\t",self.sname,"\t",self.sage
              print("-----------------------------------------------------------------")
u1=Student()
u2=Student()

u1.putHead()
del u1
del u2
#Chap03_lx.py
```

第四步：编译运行 Python 项日，屏幕上显示结果如任务一中的图 3-2 所示。

任务小结

（1）“__init__”构造函数具有初始化的作用，也就是当该类被实例化的时候就会执行该函数。

（2）“__del__”是析构函数，当使用 del 删除对象时，会调用其本身的析构函数。

相关知识与技能

Python 中的特殊方法，其中有两个，即构造函数和析构函数。如“__init__”这个构造函数，具有初始化的作用，也就是当该类被实例化的时候就会执行该函数。那么就可以把要先初始化的属性放到这个函数里面。如下程序：

```
 class test(object):
         def__init__(self):
                  print "AAAAAA"
         def__del__(self):
                  print "BBBBBB"
         def my(self):
                  print "cccccc"
obj=test   //这行输出“AAAAAA”
obj.my()   //这行输出“cccccc”
del obj     //这行输出“BBBBBB”
```

以上代码的“__del__”是一个析构函数，当使用 del 删除对象时，会调用其本身的析构函数，另外，当对象在某个作用域中调用完毕，在跳出其作用域的同时析构函数也会被调用一次，这样可以用来释放内存空间。

Python 中的析构函数举例：

```
#!/user/bin/python
#-*-coding:UTF-8-*-
from __future__ import print_function  # 兼容python2.x和python3.x的print语句
class Fruit(object):
    def__init__(self,color):# 初始化属性__color
        self.__color = color
        print(self.__color)
    def__del__(self):# 析构函数
        self.__color = ""
        print("free...")
    def grow(self):
        print("grow...")
if__name__=="__main__":
    color = "red"
    fruit = Fruit(color)
    fruit.grow()
```

Python 中，构造函数和析构函数同为类中默认存在的无初始内容函数（可写入内容），且都会在对象执行操作时调用。不同的是构造函数在创建对象后自动被调用，而析构函数在对象被销毁前（作为垃圾被收集）自动被调用。两者有异曲同工之妙。可以说构造函数和析构函数就相当于两个哨兵，创建对象时，构造函数告诉计算机，我要申请实例化对象所需的内存，销毁对象时，析构函数告诉计算机，这些内存可以被回收并释放了。

创建一个类并初始化构造函数__init__和析构函数__del__的内容，并且将析构函数放在最前定义，构造函数放在最后定义：

```
class Person:
    def __del__(self):
        print("这里是析构函数")
    def say(self):
        print("这里是自定义方法")
    def__init__(self):
        print("这里是构造函数")
per = Person()
per.say()
```

输出结果：

```
这里是构造函数
这里是自定义方法
这里是析构函数
```

结果显示最先被调用的是构造函数，其次是主动调用的自定义方法，最后是析构函数。而且构造函数和析构函数是自动被调用。

构造函数的作用。构造函数默认无初始内容，在 Python 的类中默认存在且无须用户调用，它的最大作用是在创建对象时进行初始化工作。如下所示，定义一个类（利用构造函数初始化属性）：

```
class Person:
    def say(self):
        print("Hello, I am %s, %d years old"% (self.name, self.age))
    def__init__(self, name, age):  #参数是 name 和 age，self 不需要传参
        self.name = name
        self.age = age
per1 = Person("Tom", 18)           #在创建对象时进行传参初始化
per1.say()
per2 = Person("Jerry", 16)
per2.say()
```

打印结果如下：

```
Hello, I am Tom, 18 years old
Hello, I am Jerry, 16 years old
```

在实例化类时，必须写上且写全构造函数中的参数（不包括 self），以此来进行属性的初始化。

注意：构造函数可以利用参数列表进行对象属性初始化，但是析构函数只能有一个默认的 self 参数，不能自定义其他参数。构造函数和析构函数是自动调用的，但是也可以主动调用：使用 className.__init__()。析构函数一般无须写入内容，因为 Python 有垃圾回收机制，不需要手动释放。

任务拓展

（1）请说出 Python 语言中构造函数的特点。

（2）请说出 Python 语言中析构函数的特点。

（3）请说出 Python 语言在新建对象数组上的特点。

（4）请说出 Python 语言在释放无用对象时所占空间时的特点。

项目三综合比较表

本项目所介绍的用构造函数与析构函数来实现 OOP 中类的相应功能，它们之间的区别如表 3-1 所示。

表 3-1 不同语言用构造函数与析构函数来实现 OOP 中类的相应功能的区别

各种语言使用构造的特点	C++	VB.NET	Java	C#	Python
构造名称	与类名相同	Public Sub New() End Sub	与类名相同	与类名相同	__init__()
有无返回值	无	无	无	无	无
可否带参数	可带可不带	可带可不带	可带可不带	可带可不带	可带可不带
可否重载	可以	可以	可以	可以	可以

调用	自动调用，在为类新建对象时自动调用，如：
	Student *s=new Student[2]
		自动调用，如：
		Dim s(1) As Student
		Dim i As Integer
		For i = 0 To 1 Step 1
		s(i) = New Student()
		Next i
			自动调用，如：
			Student [] s=new Student[2];
			for(int i=0;i<2;i++){
			s[i] = new Student();
			}
				自动调用，如：
				Student[] s=new Student[2];
				for(int i=0;i<2;i++){
				s[i] = new Student();
				}
					自动调用，在为类新建对象时自动调用，如：
					s1=Student()

析构名称	与类名相同，类名前加~	Protected Overrides Sub Finalize() End Sub	protected void finalize(){ }	与类名相同，类名前加~	__del__()
有无返回值	无	无	无	无	无
可否带参数	不可	不可	不可	不可	不可
可否重载	不可	不可	不可	不可	不可
调用	在对象无用时自动调用，如 delete [] s;，也可手动调	自动调用，也可手动调用	自动调用，也可手动调用 System.gc();	自动调用，也可手动调用	手动调用，对象名.del

项目综合实训

实现家庭管理系统中的构造函数与析构函数

项目描述

上海御恒信息科技公司接到一个订单，需要用 C++、VB.NET、Java、C#、Python 这 5 种不同的语言分别封装一个家庭管理系统中的用户登录表（FamilyUser），并使用 OOP 中的构造函数与析构函数。程序员小张根据以上要求进行相关封装的设计后，按照项目经理的要求开始做以下的任务分析。

项目分析

（1）根据要求，分析存储的主要数据如项目一的表 1-3 所示。

（2）设计数据库中表的实体关系图（ERD）如项目一的图 1-6 所示。

（3）设计类的结构如项目一的表 1-4 所示。

（4）键盘输入后显示的结果如项目二中的图 2-2 所示。

项目实施

第一步：根据要求，编写 C++代码如下。

```
// chap03_oop中的构造与析构_lx1_Cplusplus_Answer.cpp : 定义控制台应用程序的入口点

#include "stdafx.h"
#include "iostream"
using namespace std;

//1. 用类来实现学生表格的架构
class FamilyUser
{
  private:
     char u_id[10];//学号用数组来存放
     char u_name[20];//姓名用数组来存放
     char u_pwd[10];
     static int i;//在类中前向声明静态变量 i
  public:

//2. 在类中前向声明构造函数及析构函数与一般函数
     FamilyUser();
     ~FamilyUser();
     void puthead();

};

//3. 在类外为静态变量初始化
int FamilyUser::i=0;

//4. 类外定义构造函数输入每一行信息
FamilyUser::FamilyUser()
{

   cout << "请输入第" << i+1 << "个用户的信息:" << endl;
   cout << "请输入用户编号:";
   cin >> u_id;

   cout << "请输入用户名:";
   cin >> u_name;

   cout << "请输入密码:";
   cin >> u_pwd;

   cout << endl;

   i++; //每自动调用构造函数一次，i 的值在原来基础上加 1

}

//5. 类外定义输出函数输出表头及每一行信息
void FamilyUser::puthead()
{
   cout << "以下对象是后构造的先析构、先构造的后析构" << endl;
   cout << "------------------------" << endl;
   cout << "u_id" << "\t" << "u_name" << "\t" << "u_pwd" << "\n";
   cout << "------------------------" << endl;
}

//6. 类外定义析构函数来释放对象并输出每一行信息
```

```
FamilyUser::~FamilyUser()
{
  cout << u_id << "\t" << u_name << "\t" << u_pwd << "\n";
  cout << "-----------------------" << endl;
}

//7. 在主函数中为类新建对象，并自动调用构造函数输入、析构函数输出
int _tmain(int argc, _TCHAR* argv[])
{
  FamilyUser *fu=new FamilyUser[2];  //新建一个对象数组,用来存放两个对象 fu[0]和 fu[1]
  fu[0].puthcad();  //调用输出表头的函数
  delete [] fu;  //删除对象数组所占用的空间,自动调用析构函数，注意析构函数也可手动调用
  return 0;
}
```

第二步：根据要求，编写 VB.NET 代码如下。

```
'chap03_oop 中的构造与析构_VB2005_lx1.vb

'1. 导入系统命名空间
Imports System
Imports System.IO

'2. 用类来实现表格的架构

Public Class FamilyUser

    Private u_id As String
    Private u_name As String
    Private u_pwd As String

    '3. 在类中定义构造过程,初始化数据
    Public Sub New()
        Console.Write("请输入用户编号:")
        u_id = Console.ReadLine()

        Console.Write("请输入用户名:")
        u_name = Console.ReadLine()

        Console.Write("请输入密码:")
        u_pwd = Console.ReadLine()

        Console.WriteLine()
    End Sub

    '4. 在类中定义一般过程,输出表头信息
    Public Sub PutHead()
        Console.WriteLine("以下对象是后构造的先析构、先构造的后析构")
        Console.WriteLine("-------------------------")
        Console.WriteLine("u_id" + Chr(9) + "u_name" + Chr(9) + "u_pwd")
        Console.WriteLine("-------------------------")
    End Sub


    '5. 在类中定义析构过程来实现无用对象的释放,并输出前面输入的信息
    Protected Overrides Sub Finalize()
        Console.WriteLine(u_id + Chr(9) + u_name + Chr(9) + u_pwd)
```

```
        Console.WriteLine("-------------------------")
    End Sub

End Class

Module chap03_oop中的构造与析构_VB2005_lx1

    '6. 在主过程中为类新建对象，并用对象调用输入函数输入、输出函数输出
    Sub Main()

        Dim fu(1) As FamilyUser '新建一个对象数组,用来存放两个对象 fu[0]和 fu[1]
        Dim i As Integer

        For i = 0 To 1 Step 1
            Console.WriteLine("请输入第" + CStr(i + 1) + "个用户的信息:")
            fu(i) = New FamilyUser() '每循环一次，新建一个对象，并分配内存，再自动调用构造过程初始化
        Next i

        fu(0).PutHead() '调用一般过程，输出表头

        '当对象无用时，自动调用析构过程 Finalize(),从而实现内容的输出

    End Sub

End Module
```

第三步：根据要求，编写 Java 代码如下。

```
//FamilyUser.jsl

//1. 用工程名作为包名，将生成的类文件放入此包中
package chap03_oop中的构造与析构_lx1_JAVA_Answer;

//2. 导入 Java 的基本语言包和输入/输出包
//import java.lang.*;
import java.io.*;

//3. 用 FamilyUser 类来实现表格的架构

public class FamilyUser
{
   //3.1 在类中封装属性
   private String u_id;
   private String u_name;
   private String u_pwd;

   //3.2 将键盘输入放入输入流阅读器对象,再将输入流阅读器对象放入缓冲流阅读器对象
   BufferedReader br = new BufferedReader(new InputStreamReader(System.in));

   //3.3 类内定义构造方法实现输入每一行信息

   public FamilyUser() throws IOException  //此方法可以抛出输入/输出异常
   {
      System.out.print("请输入用户编号:");
      u_id = br.readLine();

      System.out.print("请输入用户名:");
```

```
        u_name = br.readLine();

        System.out.print("请输入密码:");
        u_pwd = br.readLine();

        System.out.println();
    }

    //3.4 类内定义输出方法输出表头及每一行信息

    public void putHead()
    {
        System.out.println("以下对象是后构造的先析构，先构造的后析构");
        System.out.println("------------------------");
        System.out.println("u_id" + "\t" + "u_name" + "\t" + "u_pwd");
        System.out.println("------------------------");
    }

    //3.5 类内定义析构方法实现数据的输出及无用对象的回收

    protected void finalize()
    {
        System.out.println(u_id + "\t" + u_name + "\t" + u_pwd);
        System.out.println("------------------------");

    }

    //3.6 在主函数中通过为类新建对象自动调用构造方法输入，自动调用析构方法输出
    public static void main(String[] args) throws IOException
    {


        FamilyUser[] fu = new FamilyUser[2];//新建一个对象数组,用来存放两个引用 fu[0]和 fu[1]

        for (int i = 0; i < 2; i++)
        {
            System.out.println("请输入第" + (i + 1) + "个用户的信息:");
            fu[i] = new FamilyUser(); //为两个引用 fu[0]和 fu[1]实例化
        }

        fu[0].putHead();


    }

}
```

第四步：根据要求，编写 C#代码如下。

```
//FamilyUser.cs

//1. 导入系统命名空间
using System;
using System.Collections.Generic;
using System.Text;
using System.IO;
```

```
//2. 用项目名新建一个命名空间,并在其中新建一个类 FamilyUser
namespace chap03_oop中的构造与析构_1x1_CSharp2005_Answer
{

    //3. 用 FamilyUser 类来实现表格的架构

    public class FamilyUser
    {
        //3.1 在类中封装属性
        private string u_id;
        private string u_name;
        private string u_pwd;

        //3.2 类内定义构造函数输入每一行信息

        public FamilyUser()
        {
            Console.Write("请输入用户编号:");
            u_id = Console.ReadLine();

            Console.Write("请输入用户名:");
            u_name = Console.ReadLine();

            Console.Write("请输入密码:");
            u_pwd =Console.ReadLine();

            Console.WriteLine();
        }

        //3.3 类内定义输出函数输出表头及每一行信息

        public void putHead()
        {
            Console.WriteLine("以下对象是后构造的先析构,先构造的后析构");
            Console.WriteLine("-----------------------");
            Console.WriteLine("u_id" + "\t" + "u_name" + "\t" + "u_pwd");
            Console.WriteLine("-----------------------");
        }

        //3.4 类内定义析构函数(前面不要加修饰符)输出表中的内容
         ~FamilyUser()
        {
            Console.WriteLine(u_id + "\t" + u_name + "\t" + u_pwd);
            Console.WriteLine("-----------------------");
        }

        //3.5 在主函数中通过为类新建对象自动调用构造函数输入,对象无用时自动调用析构函数输出
        public static void Main(string[] args)
        {
            FamilyUser[] fu=new FamilyUser[2];//新建一个对象数组,用来存放两个引用 fu[0]和 fu[1]

          for(int i=0;i<2;i++)
          {
                Console.WriteLine("请输入第" + (i + 1) + "个学生的信息:");
            fu[i] = new FamilyUser(); //为两个引用 fu[0]和 fu[1]实例化
          }
```

```
        fu[0].putHead();

          //对象无用时在此自动调用析构函数输出
      }

   }
}
```

第五步：根据要求，参照任务五的编码书写相应的 Python 代码（此处略）。

项目小结

（1）C++中运用构造函数与析构函数实现输入/输出用户登录表。

（2）VB.NET 中运用构造过程与析构过程实现输入/输出用户登录表。

（3）Java 中运用构造方法与析构方法实现输入/输出用户登录表。

（4）C#中运用构造函数与析构函数实现输入/输出用户登录表。

（5）Python 中运用构造函数与析构函数实现输入/输出用户登录表。

项目实训评价表

项 目	项目三 实现 OOP 中的构造函数与析构函数		评 价		
	学 习 目 标	评 价 项 目	3	2	1
职业能力	OOP 中的构造函数与析构函数	任务一 实现 C++语言中的构造函数与析构函数			
		任务二 实现 VB.NET 语言中的构造函数与析构函数			
		任务三 实现 Java 语言中的构造函数与析构函数			
		任务四 实现 C#语言中的构造函数与析构函数			
		任务五 实现 Python 语言中的构造函数与析构函数			
通用能力	动手能力				
	解决问题能力				
综合评价					

评价等级说明表

等 级	说 明
3	能高质、高效地完成此学习目标的全部内容，并能解决遇到的特殊问题
2	能高质、高效地完成此学习目标的全部内容
1	能圆满完成此学习目标的全部内容，不需任何帮助和指导

注：以上表格根据国家职业技能标准相关内容设定。

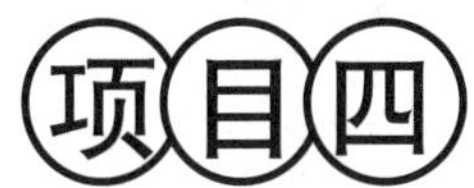

实现 OOP 中的属性过程

核心概念

实现OOP中的属性过程

C++中的属性过程、VB.NET 中的属性过程、Java 中的属性过程、C#中的属性过程、Python 中的属性过程。

项目描述

在项目 3 中我们学会了通过构造方法来自动初始化对象，通过析构方法在释放无用对象时输出对象的数据内容。使得数据的输入/输出的效率得到了有效提高，同时也使代码更加简练，结构更合理。那么有无将输入和输出封装在一起的方法呢？答案是肯定的，在 VB.net、C#、JAVA、Python 中就提供了属性过程这个概念来封装某一个属性的输入和输出，C++中没有这个概念，那么我们就自己设计相应的方法来封装不同属性的输入和输出，从而能让用户可以方便的调用相应的方法来实现自己的不同的输入输出需求。本项目主要介绍了如何通过属性过程来实现数据的输入和输出。

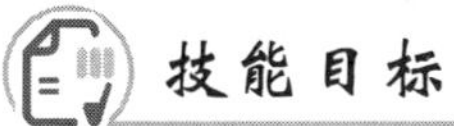

技能目标

用提出、分析、解决问题的方法来培养学生如何从 OOP 的一般函数转变为属性过程，通过多语言的比较，在解决问题的同时熟练掌握不同语言的语法。能掌握常用 5 种 OOP 编程语言的属性过程。

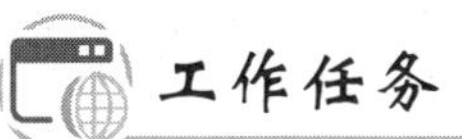

工作任务

实现 C++、VB.NET、Java、C#、Python 语言的属性过程。

任务一　实现 C++语言中的属性过程

任务描述

上海御恒信息科技公司接到客户的一份订单，要求用 C++语言中的属性过程存储学生的信息登记表。公司刚招聘了一名程序员小张，软件开发部经理要求他尽快熟悉 C++语言中的属性过程，并将学生信息登记表用 C++语言中的属性过程的源代码编写出来。小张按照经理的要求开始做以下的任务分析。

任务分析

（1）用类来实现表格的架构。

（2）在类中前向声明输入/输出函数。

（3）类外定义输入 ID 和输出 ID 的函数。

（4）类外定义输入 NAME 和输出 NAME 的函数。

（5）类外定义输入 AGE 和输出 AGE 的函数。

（6）类外定义输出函数输出表头及每一行信息。

（7）类外定义输出函数输出表格中的内容（在其中调用三个输出属性的函数分别输出）。

（8）在主函数中为类新建对象，用对象数组中的元素分别调用输入函数输入、输出函数输出。

（9）学生信息登记表如项目一中任务一中的表 1-1 所示。

任务实施

第一步：打开 Visual Studio。

第二步：文件→新建→C++项目→源文件名：chap04_Property_01_Cplusplus.cpp。

第三步：在该文件中输入以下内容：

```
// chap04_Property_01_Cplusplus.cpp : 定义控制台应用程序的入口点。
#include "stdafx.h"
#include "iostream"
#include "string"
using namespace std;
//1. 用类来实现学生表格的架构
class Student
{
  private:
     string sid;       //学号用字符串类来存放,string 类包含在头文件 string 中
     string sname;     //姓名用字符串类来存放
     int sage;
  public:
//2. 在类中前向声明输入/输出函数
     void setId(string id);
     string  putId();
     void setName(string name);
     string  putName();
     void setAge(int age);
     int putAge();
     void putHead();
     void putData();
};
//3. 类外定义输入 ID 的函数:
void Student::setId(string id)
{
  sid=id;
}
//4. 类外定义输出 ID 的函数:
string  Student::putId()
{
  return sid;
}
//5. 类外定义输入 NAME 的函数:
void Student::setName(string name)
{
  sname=name;
}
//6. 类外定义输出 NAME 的函数:
string Student::putName()
{
  return sname;
}
//7. 类外定义输入 AGE 的函数:
```

```
void Student::setAge(int age)
{
  sage=age;
}
//8. 类外定义输出 AGE 的函数:
int Student::putAge()
{
  return sage;
}
//9. 类外定义输出函数输出表头及每一行信息
void Student::putHead()
{
  cout << "--------------------" << endl;
  cout << "sid" << "\t" << "sname" << "\t" << "sage" << "\n";
  cout << "--------------------" << endl;
}
//10. 类外定义输出函数输出表格中的内容（在其中调用三个输出属性的函数分别输出）
void Student::putData()
{
  cout << putId() << "\t" << putName() << "\t" << putAge() << "\n";
  cout << "--------------------" << endl;
}
//11. 在主函数中为类新建对象，用对象数组中的元素分别调用输入函数输入、输出函数输出
int _tmain(int argc, _TCHAR* argv[])
{
  string id,name;          //声明局部变量用来存放通过键盘输入的信息
  int age;
  char c;
  int i=0;
  Student st;
  Student s[50];           //新建一个对象数组,用来存放最多个对象,s[0]至s[49]

  do
  {
    cout << endl << "请输入第" << i+1 << "个学生的信息:" << endl;
    cout << "请输入学号:";
    cin >> id;
    s[i].setId(id);        //将键盘输入的 id 存入对象 s[i]的 sid 中
    cout << "请输入姓名:";
    cin >> name;
    s[i].setName(name); //将键盘输入的 name 存入对象 s[i]的 sname 中
    cout << "请输入年龄:";
    cin >> age;
    s[i].setAge(age);      //将键盘输入的 age 存入对象 s[i]的 sage 中
    i++;
    cout << "\n 请问是否还要继续输入?(Y/N):";
    cin >> c;
  }while(c=='Y'||c=='y');
  st.putHead();            //调用输出表头的函数
  for(int a=0;a<i;a++)     //循环输出学生的基本信息
  {
    s[a].putData();
  }
  return 0;
}
```

第四步：编译运行项目，结果如图 4-1 所示。

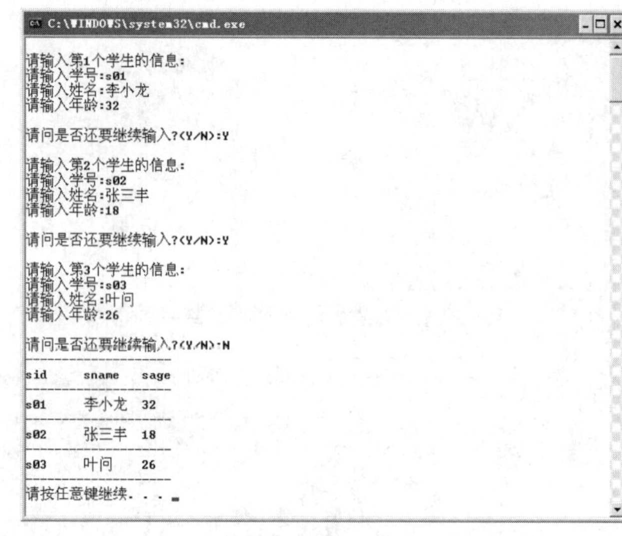

图 4-1　实现 C++语言中的属性过程

（1）通过包含头文件 string (#include "string")来使用其中的类 string 表示字符串。

（2）在 C++中，系统未定义属性过程，但可以自定义属性过程。

（3）用一组函数来分别输入/输出一个实例变量，例如，void void setId(string id)用来输入 sid； string putId()用来输出 sid。

（4）用 do...while(循环条件);实现循环调用输入函数输入信息。

（5）用 for 实现循环调用输出函数输出信息。

1. C++的 while 循环语句

while 语句实现“当型”循环，它的一般格式为：while (termination){body;}。

当布尔表达式(termination)的值为 true 时，循环执行大括号中语句，并且初始化部分和迭代部分是任选的。

while 语句首先计算终止条件，当条件满足时，才去执行循环中的语句。这是“当型”循环的特点。

2. C++的 do...while 语句编辑

do...while 语句实现“直到型”循环，它的一般格式为：do{body;}while (termination);。

do...while 语句首先执行循环体，然后计算终止条件，若结果为 true，则循环执行大括号中的语句，直到布尔表达式的结果为 false。与 while 语句不同的是，do...while 语句的循环体至少执行一次。这是“直到型”循环的特点。

3. for 语句

for 语句也用来实现“当型”循环，它的一般格式为 for (initialization;termination;iteration){body;}，for 语句执行时，首先执行初始化操作，然后判断终止条件是否满足，如果满足，则执行循环体中的语句，最后执行迭代部分。完成一次循环后，重新判断终止条件。可以在 for 语句的初始化部分声明一个变量，它的作用域为一个 for 语句。for 语句通常用来执行循环次数确定的情况（如对数组元素进行操作），也可以根据循环结束条件执行循环次数不确定的情况。在初始化部分和迭代部分可以使用逗号语句，来进行多个动作。逗号语句是用逗号分隔的语句序列。例如 for(i=0,j=10;i<j;i++,j--){body;}，初始化、终止以及迭代部分都可以为空语句()，三者均为空的时候，相当于一个无限循环，如 for(i=0;;i++){body;}。

4. 实现一个物体所拥有的属性类

考虑易用性、安全性及扩展性，可以通过一个宏或者函数来实现：

```
public int Width
{  set { SetValue(WidthProperty, value); }
   get { return (int)GetValue(WidthProperty) }
}
public int Height
{  set { SetValue(HeightProperty, value); }
   get { return (int)GetValue(HeightProperty) }
}
double getNumber()
{  return NumberProperty;}
void setNumber(double value)
```

```
{  NumberProperty=value;}
```

这样不会破坏类的封装特性吗？有什么好处吗？这样的方式可以在设置或者获取值时做一些额外的事情。例如：当调用 a.Width = 200 时，因为它内部是调用函数来更改这个值的，那么就可以判断这个值是否合法，也可以在这个值改变之后发送一个改变通知等。

任务拓展

（1）C++中的属性过程的声明与定义的格式是什么？

（2）C++中的属性过程的特点是什么？

（3）C++中如何新建对象数组？

（4）C++中如何实现固定循环？

任务二　实现 VB.NET 语言中的属性过程

任务描述

上海御恒信息科技公司接到客户的一份订单，要求用 VB.NET 语言中的属性过程存储学生的信息登记表。公司刚招聘了一名程序员小张，软件开发部经理要求他尽快熟悉 VB.NET 语言中的属性过程，并将学生信息登记表用 VB.NET 语言中的属性过程的源代码编写出来。小张按照经理的要求开始做以下的任务分析。

任务分析

（1）用类来实现学生表格的架构。

（2）在类中定义属性过程 MyID，包含输入/输出属性 sid。

（3）在类中定义属性过程 MyName，包含输入/输出属性 sname。

（4）在类中定义属性过程 MyAge，包含输入/输出属性 sage。

（5）在类中定义输出表头的过程。

（6）在类中定义输出属性 sid、sname、sage 的过程。

（7）在主过程中通过为类新建对象，用对象数组中的元素分别调用属性过程输出。

（8）学生信息登记表如项目一中任务一中的表 1-1 所示。

任务实施

第一步：打开 Visual Studio。

第二步：文件→新建 VB.NET 项目→源文件名为：chap04_Property_02_VBModule.vb。

第三步：在该文件中输入以下内容：

```
'chap04_Property_02_VBModule.vb ：定义控制台应用程序的入口点
Imports System
Imports System.IO

'1. 用类来实现学生表格的架构
Public Class Student

    Private sid As String      '学号用字符串类来表示,String 类包含在命名空间 System 中
    Private sname As String    '姓名用字符串类来表示
    Private sage As Integer    '年龄用整型类来表示

    '2. 在类中定义属性过程 MyID,包含输入/输出属性 sid
    Public Property MyID()
```

```
        Get
            Return sid
        End Get
        Set(ByVal value)
            sid = value
        End Set
    End Property
    '3. 在类中定义属性过程MyName,包含输入/输出属性sname
    Public Property MyName()
        Get
            Return sname
        End Get
        Set(ByVal value)
            sname = value
        End Set
    End Property
    '4. 在类中定义属性过程MyAge,包含输入/输出属性sage
    Public Property MyAge()
        Get
            Return sage
        End Get
        Set(ByVal value)
            sage = value
        End Set
    End Property

    '5. 在类中定义输出表头的过程
    Public Sub PutHead()
        Console.WriteLine("------------------------------")
        Console.WriteLine("sid" + Space(8) + "sname" + Space(8) + "sage")
        Console.WriteLine("------------------------------")
    End Sub
    '6. 在类中定义输出属性sid、sname、sage的过程
    Public Sub PutData()
        Console.WriteLine(sid + Space(8) + sname + Space(8) + CStr(sage))
        Console.WriteLine("------------------------------")
    End Sub

End Class
'7. 在主过程中通过为类新建对象,用对象数组中的元素分别调用属性过程输出
Module chap04_Property_02_VBModule

    Sub Main()
        Dim id As String, name As String '声明局部变量用来存放通过键盘输入的信息
        Dim age As Integer

        Dim c As String
        Dim i As Integer = 0
        Dim a As Integer

        Dim st As New Student()
        Dim s(49) As Student '新建一个对象数组,用来存放50个对象为s[0]至s[49]

        Do
            s(i) = New Student()
            Console.WriteLine(Chr(10) + "请输入第" + CStr(i + 1) + "个学生的信息:")
```

```
            Console.Write("请输入学号:")
            id = Console.ReadLine()
            s(i).MyID = id '将键盘输入的 id 存入对象 s[i]的 sid 中

            Console.Write("请输入姓名:")
            name = Console.ReadLine()
            s(i).MyName = name '将键盘输入的 name 存入对象 s[i]的 sname 中

            Console.Write("请输入年龄:")
            age = CInt(Console.ReadLine())
            s(i).MyAge = age '将键盘输入的 age 存入对象 s[i]的 sage 中
            i = i + 1
            Console.WriteLine(Chr(10) + "请问是否还要继续输入?(Y/N):")
            c = Console.ReadLine()
        Loop While c = "Y" Or c = "y"
        st.PutHead() '调用输出表头的函数
        For a = 0 To i - 1 Step 1 '循环输出学生的基本信息
            s(a).PutData()
        Next a
    End Sub
End Module
```

第四步：编译运行项目，屏幕上显示结果如上面任务一中的图 4-1 所示。

任务小结

（1）通过导入命名空间 System (Imports System)来使用其中的类 String 表示字符串。

（2）在 VBNET 中，系统定义了属性过程，所以无须自定义属性过程。

（3）系统定义属性过程的格式为：

```
Public Property 属性过程名()
        Get
            Return 属性
        End Get

        Set(ByVal value)
            属性 = value
        End Set
    End Property
```

（4）在 Get...End Get 中输出属性，在 Set....End Set 中输入属性。

（5）在主过程中用“对象名.属性过程名=值”来调用 Set。

（6）在主过程中用“对象名.属性过程名”来调用 Get。

（7）用 do...while(循环条件);实现循环调用属性过程输入信息。

（8）用 for...next 实现循环调用属性过程输出信息。

相关知识与技能

（1）在 VB.NET 中通过私有属性来访问公有属性，达到安全控制的目的； 通过私有属性来访问公有属性，还可以在赋值的时候做一些限制或者特殊的处理、计算，达到对私有属性更高一层的控制。某一个属性的值改变了，自动触发另外一个属性的值。不用在外部通过事件的代码来实现。

（2）Property 用于标识一个类成员为属性而不是方法。属性可以被获取，属性在被获取时利用 get 语句返回其值。属性可以被赋值，这个过程是由 set 语句完成的。这两个语句可以不同时存在。如果只有 get 而没有 set，那属性就是只读的。如果只有 set 而没有 get，那属性就是只写的。.

（3）属性的优点。主要是数据安全，因为假设 A 是个公有变量，在类的外部可以任意更改，为了防止因用户任意更改，可用属性 get、set 来限制其只读、只写或控制其最大或最小。其实，自定义变量已经默认实现了属性，只是简单的读写而已，我们定义的属性要在读写的基础上加上更多限制，很多东西都是为了数据安全而加入的，例如接口，接口中的方法必须（注意是必须，强制性的）要实现。

（4）VB.NET 中的属性过程定义实例如下：

```
Public Class Class1

    Private_Java As String
    Private_CSharp As String
    Private_VBNet As String
    Private_SQLServer As String

    Property Java() As String

        Get '获取属性的值
            Return_Java
        End Get

        Set(ByVal value As String) '设定属性的值
            _Java = value
        End Set

    End Property

    Property CSharp() As String

        Get '获取属性的值
            Return _CSharp
        End Get

        Set(ByVal value As String) '设定属性的值
            _CSharp = value
        End Set

    End Property

    Property VBNet() As String

        Get '获取属性的值
            Return _VBNet
        End Get

        Set(ByVal value As String) '设定属性的值
            _VBNet = value
        End Set

    End Property


    Property SQLServer() As String

        Get '获取属性的值
            Return _SQLServer
        End Get

        Set(ByVal value As String) '设定属性的值
```

```
        _SQLServer = value
      End Set

   End Property

 End Class
```

（5）VB.NET 中的属性过程使用实例如下：

```
Public Class Form1

    Private Sub Button1_Click(sender As Object, e As EventArgs) Handles Button1.Click

        Dim TestClass1 As New Class1

        TestClass1.SQLServer = TextBox1.Text
        TestClass1.Java = TextBox2.Text
        TestClass1.CSharp = TextBox3.Text
        TestClass1.VBNet = TextBox4.Text

        ListBox1.Items.Add("程序员: " & Me.TextBox5.Text)
        ListBox1.Items.Add("SqlServer 成绩: " & TestClass1.SQLServer)
        ListBox1.Items.Add("Java  成绩: " & TestClass1.Java)
        ListBox1.Items.Add("C# 成绩: " & TestClass1.CSharp)
        ListBox1.Items.Add("VBNET  成绩: " & TestClass1.VBNet)

     End Sub

End Class
```

任务拓展

（1）VB.NET 中的属性过程的声明与定义的格式是什么？

（2）VB.NET 中的 Get...End Get 是起什么作用的？

（3）VB.NET 中的 Set...End Set 是起什么作用的？

（4）VB.NET 中如何调用 Get 和 Set？

任务三　实现 Java 语言中的属性过程

任务描述

上海御恒信息科技公司接到客户的一份订单，要求用 Java 语言中的属性过程存储学生的信息登记表。公司刚招聘了一名程序员小张，软件开发部经理要求他尽快熟悉 Java 语言中的属性过程，并将学生信息登记表用 Java 语言中的属性过程的源代码编写出来。小张按照经理的要求开始做以下的任务分析。

任务分析

（1）用类来实现学生表格的架构。

（2）类外定义输入 ID 的方法。

（3）类外定义输出 ID 的方法。

（4）类外定义输入 NAME 的方法。

（5）类外定义输出 NAME 的方法。

（6）类外定义输入 AGE 的方法。

（7）类外定义输出 AGE 的方法。

（8）类外定义输出方法输出表头及每一行信息。

（9）类外定义输出方法输出表格中的内容（在其中调用三个输出属性的方法分别输出）。

（10）在主方法中为类新建对象，用对象数组中的元素分别调用输入方法输入、输出方法输出。

（11）学生信息登记表如项目一中任务一中的表 1-1 所示。

任务实施

第一步：打开 Eclipse。

第二步：文件→新建→Java 项目→源文件为：Student.java。

第三步：在该文件中输入以下内容：

```
//Student.java

package chap04_Property_03_JAVA;

import java.lang.*;
import java.io.*;

//1. 用类来实现学生表格的架构
public class Student
{
  private String sid;        //学号用字符串类来存放,string 类包含在头文件 string 中
  private String sname;      //姓名用字符串类来存放
  private int sage;

  //2. 类外定义输入 ID 的方法
  public void setId(String id)
  {
     sid=id;

  }
  //3. 类外定义输出 ID 的方法
  public String putId()
  {
     return sid;
  }

  //4. 类外定义输入 NAME 的方法
  public void setName(String name)
  {
     sname=name;

  }

  //5. 类外定义输出 NAME 的方法
  public String putName()
  {
     return sname;
  }

  //6. 类外定义输入 AGE 的方法
  public void setAge(int age)
  {
     sage=age;
```

```
    }

    //7. 类外定义输出 AGE 的方法
    public int putAge()
    {
        return sage;
    }

    //8. 类外定义输出方法输出表头及每一行信息
    public void putHead()
    {
        System.out.println("--------------------");
        System.out.println("sid" + "\t" + "sname" + "\t" + "sage");
        System.out.println("--------------------");
    }

    //9. 类外定义输出方法输出表格中的内容（在其中调用三个输出属性的方法分别输出）
    public void putData()
    {
        System.out.println(sid + "\t" + sname + "\t" + sage);
        System.out.println("--------------------");
    }

    //10. 在主方法中为类新建对象，用对象数组中的元素分别调用输入方法输入、输出方法输出
    public static void main(String[] args) throws IOException
    {
        String id,name;//声明局部变量用来存放通过键盘输入的信息
        int age;
        char c;
        int i=0;

        Student st = new Student(); ;

        Student [] s=new Student[50];//新建一个对象数组,用来存放最多 50 个对象,为 s[0]至 s[49]

        //11.将键盘输入放入输入流阅读器对象,再将输入流阅读器对象放入缓冲流阅读器对象
        BufferedReader br = new BufferedReader(new InputStreamReader(System.in));

        do
        {
            s[i] = new Student();        //实例化每一个对象
            System.out.println("\n 请输入第" +(i+1)+"个学生的信息:");

            System.out.print("请输入学号:");
            id = br.readLine();
            s[i].setId(id);              //将键盘输入的 id 存入对象 s[i]的 sid 中

            System.out.print("请输入姓名:");
            name = br.readLine();
            s[i].setName(name);          //将键盘输入的 name 存入对象 s[i]的 sname 中

            System.out.print("请输入年龄:");
            age = Integer.parseInt(br.readLine());
            s[i].setAge(age);            //将键盘输入的 age 存入对象 s[i]的 sage 中

            i++;
```

```
            System.out.print("\n请问是否还要继续输入?(Y/N):");
            c = (char)System.in.read();
            System.in.skip(2);
        }while(c=='Y'||c=='y');

        st.putHead();                    //调用输出表头的方法

        for(int a=0;a<i;a++)             //循环输出学生的基本信息
        {
            s[a].putData();
        }
    }
}
```

第四步：编译运行项目，屏幕上显示的结果如上面任务一中的图 4-1 所示。

任务小结

（1）通过导入包 java.lang (import java.lang.*)来使用其中的类 String 表示字符串。

（2）在 Java 中，系统并未定义属性过程，所以需要自己定义属性过程。

（3）用一组函数来分别输入/输出一个实例变量，例如：public void void setId(string id)用来输入 sid；public string putId()用来输出 sid。

（4）用 do...while(循环条件);实现循环调用输入函数输入信息。

（5）用 for 实现循环调用输出函数输出信息。

（6）用(char)System.in.read()和 System.in.skip(2)来输入一个字符。

（7）用 BufferedReader 的对象调用它的 readLine()方法来输入一行字符串。

（8）注意，在 Java 中，Student [] s=new Student[50];仅仅是新建了 50 个引用，一定要写一个循环，在其中为每个数组元素初始化：s[i]=new Student();。

相关知识与技能

（1）Java 中的属性过程又称为访问器方法，以下三个方法都是访问器方法，由于只返回实例域值，因此又称为域访问器。

```
public String getName(){
  return name;
}

public double getSalary(){
  return salary;
}

public LocalDate getHireDay(){
  return hireDay;
}
```

（2）从上例中可以看到单个 getter 方法，这是读访问器。

（3）在声明类的时候，通常将成员变量声明为 private，以防止直接访问成员变量而引起的恶意操作。但是，这并不是不允许访问，而是可以通过公共的接口进行间接的访问。所谓的公共接口，就是在类中定义的。

（4）各个私有成员变量相关的公共方法，用以提高安全级别。习惯上，称具有 private 访问权限的成员变量为属性，把与之对应的公共方法称为访问器，访问器根据功能区分为读访问器（getter）和写访问器（setter）。

（5）若某类中具有私有成员变量×××，与之对应的访问器为 set×××和 get×××。其中，读访问器的返回值类型与之对应的属性类型相同，无参数；写访问器返回值类型为 void，需要一个与对应属性类型相同的参数。

（6）访问器存在的意义是什么？在访问敏感数据的时候，会将数据设置为 private，然后又有专用的访问器供使用者使用，这样就提高了安全性。还有一个优点就是访问器中可以增加访问限制和写入限制，只要加上条件判断的语句，就会再次将程序的安全性提高。也就是说，执行了错误的检查，但是直接对域进行赋值是不会有检查过程的。

任务拓展

（1）Java 中的属性过程的声明与定义的格式是什么？

（2）Java 中如何实现对象的批量创建？

（3）Java 中如何用固定循环提高代码效率？

任务四 实现 C#语言中的属性过程

任务描述

上海御恒信息科技公司接到客户的一份订单，要求用 C#语言中的属性过程存储学生的信息登记表。公司刚招聘了一名程序员小张，软件开发部经理要求他尽快熟悉 C#语言中的属性过程，并将学生信息登记表用 C#语言中的属性过程的源代码编写出来。小张按照经理的要求开始做以下的任务分析。

任务分析

（1）用类来实现学生表格的架构。

（2）在类中定义属性过程 MyID，包含输入/输出属性 sid。

（3）在类中定义属性过程 MyName，包含输入/输出属性 sname。

（4）在类中定义属性过程 MyAge，包含输入/输出属性 sage。

（5）类外定义输出函数输出表头及每一行信息。

（6）类外定义输出函数输出表格中的内容（在其中调用三个输出域的函数分别输出）。

（7）在主函数中为类新建对象，用对象数组中的元素分别调用输入函数输入、输出函数输出。

（8）学生信息登记表如项目一中任务一中的表 1-1 所示。

任务实施

第一步：打开 Visual Studio。

第二步：文件→新建→C#项目→源文件名为：Student.cs。

第三步：在该文件中输入以下内容：

```
//Student.cs

using System;
using System.Collections.Generic;
using System.Text;

namespace chap04_Property_04_CSharp2005
{
    //1. 用类来实现学生表格的架构
    public class Student
    {
      private string sid;       //学号用字符串类来存放,string 类包含在命名空间 System 中
      private string sname;     //姓名用字符串类来存放
      private int sage;
```

```
//2. 在类中定义属性过程 MyID,包含输入/输出属性 sid
 public string MyID
 {
    get
    {
       return sid;
    }
    set
    {
       sid=value;
    }
 }
 //3. 在类中定义属性过程 MyName,包含输入/输出属性 sname
 public string MyName
 {
    get
    {
       return sname;
    }
    set
    {
       sname=value;
    }
 }

 //4. 在类中定义属性过程 MyAge,包含输入/输出属性 sage
 public int MyAge
 {
    get
    {
       return sage;
    }
    set
    {
       sage = value;
    }
 }

//5. 类外定义输出函数输出表头及每一行信息
public void PutHead()
{
   Console.WriteLine("--------------------");
   Console.WriteLine("sid" + "\t" + "sname" + "\t" + "sage");
   Console.WriteLine("--------------------");
}

//6. 类外定义输出函数输出表格中的内容（在其中调用三个输出域的函数分别输出）
public void PutData()
{
   Console.WriteLine(sid + "\t" + sname + "\t" + sage);
   Console.WriteLine("--------------------");
}

//7. 在主函数中通过为类新建对象,用对象数组中的元素分别调用输入函数输入、输出函数输出。
public static void Main(string[] args)
```

```
        {
            string id,name;             //声明局部变量用来存放通过键盘输入的信息
            int age;
            string c;
            int i=0;

            Student st = new Student();
            Student [] s=new Student[50];//新建一个对象数组,用来存放最多 50 个对象,为 s[0]至 s[49]

            do
            {
                s[i] = new Student();    //实例化每一个对象
                Console.WriteLine("\n请输入第" +(i+1)+"个学生的信息:");

                Console.Write("请输入学号:");
                id = Console.ReadLine();

                s[i].MyID=id;            //将键盘输入的 id 存入对象 s[i]的 sid 中

                Console.Write("请输入姓名:");
                  name = Console.ReadLine();

                s[i].MyName=name;        //将键盘输入的 name 存入对象 s[i]的 sname 中

                Console.Write("请输入年龄:");
                  age = Int32.Parse(Console.ReadLine());

                s[i].MyAge=age;          //将键盘输入的 age 存入对象 s[i]的 sage 中

                i++;
                Console.Write("\n请问是否还要继续输入?(Y/N):");
                c =Console.ReadLine();

            }while(c=="Y"||c=="y");

            st.PutHead();               //调用输出表头的函数

            for(int a=0;a<i;a++)        //循环输出学生的基本信息
            {
                s[a].PutData();
            }
        }
    }
}
```

第四步：编译运行项目，屏幕上显示的结果如上面任务一中的图 4-1 所示。

任务小结

（1）通过使用命名空间 System（using System;）来使用其中的类 string 表示字符串。

（2）在 C#中，系统定义了属性过程，所以无须自定义属性过程。

（3）系统定义属性过程的格式为：

```
public 数据类型 属性过程名()
{       get {   return 域     }
        set {   域 = value    }
}
```

（4）在 get{}中输出属性，在 set{}中输入属性。

（5）在主函数中用“对象名.属性过程名=值”来调用 set。

（6）在主函数中用“对象名.属性过程名”来调用 get。

（7）用 do...while(循环条件);实现循环调用属性过程输入信息。

（8）用 for 实现循环调用属性过程输出信息。

相关知识与技能

（1）C#中的属性过程的使用。

作用：在 OOP 中主要用来封装数据。

要求：一般采用 Pascal 命名法，数据类型要和字段一致，使用 public 修饰。

（2）属性的定义。

读取：属性通过 get 方法，返回私有字段的值。

赋值：属性通过 set 方法，借助于 value 给私有字段赋值。

本质：属性本身其实没有保存数据，而字段才是真正数据的存储单元。

```
private int courseId;
public int CourseId
{
  get{return courseId;}       //返回私有字段的值
  set{courseId=value;}        //通过 value 给私有字段赋值
}
```

（3）属性的特性：扩展业务逻辑。我们可以在 get 和 set 方法中添加业务逻辑。

```
private int courseId=0;
public int CourseId
{
  get{return courseId;}//返回私有字段的值
  set                  //在 get 和 set 方法中可添加任何我们需要的业务逻辑,从而有效避免非法数据
  {
    if(value<0)
      courseId=1000;
    else
     courseId=value;
  }
}
```

（4）属性的扩展：控制读写操作。我们可以根据需要设置只读属性。

```
//只读属性 1: 直接去掉 set 方法，可以在定义的时候初始化
     public string CourseName{ get; }=".NET 全栈开发课程";
//只读属性 2: 直接去掉 set 方法，并在 get 中添加业务逻辑
     public string CourseInfo{ get{return $ "课程名称:{CourseName}课程编号:{CourseId}"; }
```

（5）字段和属性的总结。

① 字段（成员变量）：

- 内容使用：字段主要是为类的内部数据交换使用，字段一般都是 private。
- 数据存储：字段只是用来存储数据，如果不是静态字段，生命周期和对象共存亡。
- 读写不限：可以给字段赋值，也可以获取字段的值（非常常用，readonly 除外）。

② 属性（字段封装）：

- 外部使用：属性一般是向外提供数据访问，属性是 public 修饰，用来对外表示对象的静态特征。
- 业务扩展：属性内部可以添加需要的业务逻辑，可以避免非法数据或完成其他相关任务。
- 读写控制：属性可以根据需要设置为只读属性，更好地体现面向对象的“封装特性”，也就是安全性。

③ 使用：

- 常规化使用：对象本身的“对外”数据保存，都是通过属性完成的，调用者都可以使用。
- 强制性使用：公有化字段，在很多时候是无法被解析的（比如 dgv、combox 的显示问题）。

（6）C#中的命名空间是 namespace，类似于 Java 中的 package（包），在 Java 中导入包用 import 而 C#中用 using。

（7）C#和 Java 都是从 main()函数入口的，但是 C#中的 main()函数的首字母必须大写，而且有 4 种写法。

（8）数据类型：Java 跟 C#基本都差不多，但是 Java 的 String 类型的首字母必须大写，而 C#中可以小写也可以大写；还有布尔型，Java 中是 boolean，C#中是 bool。

（9）输出：C#有三种方式输出，分别为 Console.WriteLine()、Console.WriteLine(要输出的值)、Console.WriteLine("格式字符串",变量列表)，前两种的用法与 Java 中的 System.out.println()方法的用法相同，第三种方式是根据占位符输出的，比 Java 更加方便。

（10）控制流语句：C#跟 Java 类似，但是 C#中的 switch 语句中，如果 case 后面有内容，必须要有 break；而 Java 可以没有 break。

（11）方法中传递的参数：两种语言都使用值传递与引用传递，C#的引用传递的关键字是 ref 与 out；ref 侧重于修改，out 侧重于输出。

（12）访问修饰符：C#中的访问修饰符与 Java 中的基本对应，但多出了一个 internal。C#有 5 种类型的可访问性,如下所示：

- public：成员可以从任何代码访问；
- protected：成员只能从派生类访问；
- internal：成员只能从同一程序集的内部访问；
- protected：成员只能从同一程序集内的派生类访问；
- private：成员只能在当前类的内部访问。

（13）由于 C#中不存在 final 关键字，如果想要某个类不再被派生，可以使用 sealed 关键字密封。

（14）集合：两种语言都有集合 ArrayList，还有通过键访问值的，Java 中是 HashMap，而 C# 中是 HashTable；C#比 Java 多泛型集合 List<T>与 Dictionary<K,V>，无须拆箱装箱,更安全。

（15）继承：Java 中用关键字 extends，C#只用“:”就行了。调用父类的构造方法，Java 用 super 关键字，而 C#用 base 关键字。

（16）多态：抽象类和抽象方法两种语言都用 abstract 关键字，Java 中另外一个类如果继承了它，直接重写此方法就可以；而 C#必须加上关键字 override 实现，C#还比 Java 多一种虚方法来实现多态。

（17）接口：都用关键字 interface 定义，Java 实现用关键字 implements；C#用“:”实现。在 C#中，接口内的所有方法默认都是公用方法。在 Java 中，方法声明可以带有 public 修饰符（即使这并非必要）,但在 C#中，显式地为接口的方法指定 public 修饰符是非法的。

（18）C# 中的 is 操作符与 Java 中的 instanceof 操作符一样，两者都可以用来测试某个对象的实例是否属于特定的类型。在 Java 中没有与 C#中的 as 等价的操作符。as 操作符与 is 操作符非常相似，但它更富有“进取心”：如果类型正确的话，as 操作符会尝试把被测试的对象引用转换成目标类型；否则它把变量引用设置成 null。

任务拓展

（1）C#中的属性过程的声明与定义的格式是什么？

（2）C#中如何利用属性控制读写操作？

（3）C#中如何在 get 和 set 方法中添加业务逻辑？

（4）C#中如何在主函数中使用属性过程？

任务五　实现 Python 语言中的属性过程

任务描述

上海御恒信息科技公司接到客户的一份订单，要求用 Python 语言中的属性过程存储学生的信息登记表。公司刚招聘了一名程序员小张，软件开发部经理要求他尽快熟悉 Python 语言中的属性过程，并将学生信息登记表用 Python 语言中的属性过程的源代码编写出来。小张按照经理的要求开始做以下的任务分析。

任务分析

（1）设置 Python 处于可运行模式，并设置编码为 UTF-8。

（2）定义一个 Student 类来实现表格的架构。

（3）学号、姓名用字符串类来存放。

（4）声明局部变量用来存放通过键盘输入的信息。

（5）实例化数组中的每一个对象，并用对象调用属性过程中的输入/输出。

（6）学生信息登记表如任务一中的表 4-1 所示。

任务实施

第一步：打开 Python 编辑器。

第二步：文件→新建→文件：chap04_lx.py

第三步：在该文件中输入以下内容：

```
#!/usr/bin/env python
#-*-coding:UTF-8-*-
import string

class Student(object):
    def __init__(self):
        self.__sid =""

    def getSid(self):
        return self.__sid

    def setSid(self, value):
        if isinstance(value, str):
            self.__sid = value
        else:
            print("error:不是字符串")

    #定义一个属性,当对这个 sid 设置值时调用 setSid,当获取值时调用 getSid
    sid = property(getSid, setSid)

s1=Student()
s1.sid = "s01"        # 调用 setSid 方法
print(s1.sid)         # 调用 getSid 方法

#Chap04_lx.py
```

第四步：按照以上代码段，结合任务四的代码，请自行修改后使其运行结果如上面任务一中的图 4-1 所示。

任务小结

（1）加上 Python 的头文件第一行（#! /usr/bin/env python），这个 py 就处于了可执行模式下（当然是针对 Linux 类的操作系统）。

（2）Python 的头文件第二行（# -*- coding: utf-8 -*-）是告诉 Python 解释器，应该以 UTF-8 编码来解释 py 文件，对于 Python 2.6/2.7，如果程序中包含中文字符，又没有这一行，运行将会报错. 但 Python 3.1 没有这行也会成功运行。

（3）在 Python 中，用 def__init__(self,sno,sname,sage)来定义输入函数。

（4）在 Python 中，用 def getSid(self)来定义输入属性值的函数。

（5）在 Python 中，用 def setSid(self, value)来定义输出属性值的函数。

（6）在类的封装下方，新建类 Student 的对象，然后用对象调用相关函数。

相关知识与技能

1. Python 与 Java 的属性过程

Getter()和 setter()在 Java 中被广泛使用。一个好的 Java 编程准则为：将所有属性设置为私有的，同时为属性写 getter()和 setter()函数以供外部使用。这样做的好处是属性的具体实现被隐藏，当未来需要修改时，只需要修改 getter()和 setter()即可，而不用修改代码中所有引用这个属性的地方。可能做的修改为：① 在获取或设置属性时打一条日志；② 设置属性时，对值进行检查；③ 设置发生时，修改设置的值；④ 获取属性时，动态地计算值。可谓是好处很多，getter()和 setter()为变量访问提供了灵活的方式。但 Python 中情况却不同，因为对象属性访问的机制不同。Java 中需要为变量写 getter()和 setter()的原因为：当我们写这样的表达式 person.name 来获取一个 person 对象的 name 属性时，这个表达式的意义是固定的，它就是获取这个属性，而不可能触发一个函数的调用。但对于 Python，这个表达式既可能是直接获取一个属性，也可能会调用一个函数。这取决 Person 类的实现方式。也就是说，Python 的对象属性访问的语法，天然就提供了 getter()和 setter()的功能。由于这个区别，我们没有必要在 Python 中为每个对象的属性写 getter()和 setter()。最开始时，总是将属性作为一个直接可访问的属性。当后续需要对这个属性的访问进行一些控制时，可以将其修改为函数触发式属性。在修改前后，调用这个对象属性的代码不用修改，因为还是使用相同的语法来访问这个属性。

2. @property 装饰器

可以使用@property 装饰器将一个直接访问的属性转变为函数触发式属性。如下所示，使用@property 前的代码为：

```
class Person:
    def __init__(self, name):
        self.name = name

person = Person("Tom")
print(person.name)
```

代码的输出为：

```
Tom
```

此时为直接访问 name 这个属性。当需要确保 name 是一个字符串时，可以使用 @property 装饰器将属性转变为一个函数调用，如下所示。

```
class Person:
    def __init__(self, name):
        self.name = name

    @property
    def name(self):
        print("get name called")
```

```
        return self._name

    @name.setter
    def name(self, name):
        print("set name called")
        if not isinstance(name, str):
            raise TypeError("Expected a string")
        self._name = name
person = Person("Tom")
print(person.name)
```

代码的输出为:

```
set name called
get name called
Tom
```

可以看出，在创建 Person 对象时（代码的倒数第二行），用于 set name 的函数被调用。这个函数会检查输入是否为一个字符串，如不是则 raise 一个 TypeError。在获取属性时（代码的最后一行），用于 get name 的函数被调用。在修改前后，使用 Person 类的代码完全相同。

3. Python 属性过程的使用时机

Python 中对象访问的语法既可能是直接访问这个属性，也可能是调用一个函数，这取决于类的实现方式。我们可以在不修改调用者代码的前提下，轻松切换这两种方式。可见，Python 原生就提供了添加额外 getter()和 setter()所带来的好处。因此没有必要一开始就为对象属性编写 getter()和 setter()函数，而是在需要时切换到函数调用式属性。

任务拓展

（1）Python 中的属性过程的声明与定义的格式是什么?
（2）Python 中的@propert 装饰器如何使用?
（3）Python 中使用属性过程的时机是?

项目四综合比较表

本项目所介绍的用属性过程来实现 OOP 中类的相应功能，它们之间的区别如表 4-1 所示。

表 4-1 实现 OOP 中类的相应功能的区别

比较项目	C++	VB.NET	Java	C#	Python
导入的系统文件	#include "string" 包含头文件	Imports System 导入命名空间	import java.lang.*; 导入包	using System; 使用命名空间	无
是否为系统定义	否（为自定义）	是	否（为自定义）	是	否

语法格式	Public void 输入方法名(String name)
	{
	sname=name;
	}
	Public String putName()
	{
	return sname;
	}
		Public Property 属性过程名()
		Get
		Return 属性
		End Get
		Set(ByVal value)
		属性 = value
		End Set
		End Property
			Public void 输入方法名(String name)
			{
			sname=name;
			}
			Public String putName()
			{
			return sname;
			}
				public 数据类型属性过程名()
				{ Get
				{
				return 域
				}
				Set {
				域 = value
				}
				}
					def 输入方法名:
					方法体;
					def get_score(self):
					return self.__score
					def set_score(self,score):
					self.__score=score

续表

比较项目	C++	VB.NET2005	Java	C#	Python
Get 与 Set 的作用	通过 setId()输入 sid，通过 putId()输出 sid、每个数据成员有两个成员函数，分别负责输入和输出	在 Get…End Get 中输出属性，在 Set…End Set 中输入属性	通过 setId()输入 sid，通过 putId()输出 sid，每个实例变量有两个实例方法，分别负责输入和输出	在 get{}中输出属性，在 set{}中输入属性	通过 setId()输入 sid，通过 putId()输出 sid，每个实例变量有两个实例方法，分别负责输入和输出
在主函数中的使用方法	用对象去调用输入和输出函数	在主函数中，用“对象名.属性过程名=值”来调用 set；在主函数中用“对象名.属性过程名”来调用 get	用对象去调用输入/输出实例方法	在主函数中，用“对象名.属性过程名=值”来调用 set，在主函数中，用“对象名.属性过程名”来调用 get	用对象去调用输入/输出实例方法 print(s.get_score()) s=Student('张三',59) s.set_score(60)

项目综合实训

实现家庭管理系统中的属性过程

项目描述

上海御恒信息科技公司接到一个订单，需要用 C++、VB.NET、Java、C#、Python 这 5 种不同的语言分别封装一个家庭管理系统中的用户登录表（FamilyUser），并使用 OOP 中的属性过程。程序员小张根据以上要求进行相关封装的设计后，按照项目经理的要求开始做以下的任务分析。

项目分析

（1）根据要求，分析存储的主要数据如项目一的表 1-3 所示。

（2）设计数据库中表的实体关系图（ERD）如项目一的图 1-6 所示。

（3）设计类的结构如项目一的表 1-4 所示。

（4）键盘输入后显示的结果如项目二中的图 2-2 所示。

项目实施

第一步：根据要求，编写 C++代码如下所示。

```
// chap04_oop 中的属性过程_1x1_Cplusplus_Answer.cpp : 定义控制台应用程序的入口点

#include "stdafx.h"
#include "iostream"
#include "string"
using namespace std;


//1. 用类来实现用户登录表格的架构
class Student
{
  private:
     string u_id;      //学号用字符串类来存放,string 类包含在头文件 string 中
     string u_name;    //姓名用字符串类来存放
     string u_pwd;

  public:
```

```
//2. 在类中前向声明输入/输出函数
     void setUid(string id);
     string  putUid();
     void setUname(string name);
     string  putUname();
     void setUpwd(string age);
     string putUpwd();
     void putHead();
     void putData();

};

//3. 类外定义输入 ID 的函数
void Student::setUid(string uid)
{
  u_id=uid;

}
//4. 类外定义输出 ID 的函数
string  Student::putUid()
{
  return u_id;
}

//5. 类外定义输入 NAME 的函数
void Student::setUname(string uname)
{
  u_name=uname;

}

//6. 类外定义输出 NAME 的函数
string Student::putUname()
{
  return u_name;
}

//7. 类外定义输入 AGE 的函数
void Student::setUpwd(string upwd)
{
  u_pwd=upwd;
}

//8. 类外定义输出 AGE 的函数
string Student::putUpwd()
{
  return u_pwd;
}

//9. 类外定义输出函数输出表头及每一行信息
void Student::putHead()
{
  cout << "-----------------------" << endl;
  cout << "u_id" << "\t" << "u_name" << "\t" << "u_pwd" << "\n";
  cout << "-----------------------" << endl;
}
```

```
//10. 类外定义输出函数输出表格中的内容（在其中调用三个输出属性的函数分别输出）
void Student::putData()
{
  cout << putUid() << "\t" << putUname() << "\t" << putUpwd() << "\n";
  cout << "------------------------" << endl;
}

//11. 在主函数中通过为类新建对象,用对象数组中的元素分别调用输入函数输入、输出函数输出
int _tmain(int argc, _TCHAR* argv[])
{
  string id,name;              //声明局部变量用来存放通过键盘输入的信息
  string pwd;
  char c;
  int i=0;

  Student st;

  Student s[50];               //新建一个对象数组,用来存放最多个对象为 s[0]至 s[49]

  do
  {
     cout << endl << "请输入第" << i+1 << "个用户的信息:" << endl;
     cout << "请输入用户编号:";
     cin >> id;
     s[i].setUid(id);          //将键盘输入的 id 存入对象 s[i]的 u_id 中

     cout << "请输入用户名:";
     cin >> name;
     s[i].setUname(name);      //将键盘输入的 name 存入对象 s[i]的 u_name 中

     cout << "请输入密码:";
     cin >> pwd;
     s[i].setUpwd(pwd);        //将键盘输入的 age 存入对象 s[i]的 u_pwd 中

     i++;
     cout << "\n请问是否还要继续输入?(Y/N):";
     cin >> c;
  }while(c=='Y'||c=='y');

  st.putHead();                //调用输出表头的函数

  for(int a=0;a<i;a++)         //循环输出学生的基本信息
  {
     s[a].putData();
  }

  return 0;

}
```

第二步：根据要求，编写 VB.NET 代码如下所示。

```
'chap04_Property_lx1_VB_answer_Module.vb : 定义控制台应用程序的入口点
Imports System
Imports System.IO
```

```
'1. 用类来实现用户登录表格的架构
Public Class Student

    Private u_id As String   '用户编号用字符串类来表示, String 类包含在命名空间 System 中
    Private u_name As String '用户名用字符串类来表示
    Private u_pwd As String  '密码用字符串类来表示

    '2. 在类中定义属性过程 MyUid,包含输入/输出属性 u_id
    Public Property MyUid()
        Get
            Return u_id
        End Get
        Set(ByVal value)
            u_id = value
        End Set
    End Property
    '3. 在类中定义属性过程 MyUname,包含输入/输出属性 u_name
    Public Property MyUname()
        Get
            Return u_name
        End Get
        Set(ByVal value)
            u_name = value
        End Set
    End Property
    '4. 在类中定义属性过程 MyUpwd,包含输入和输出属性 u_pwd
    Public Property MyUpwd()
        Get
            Return u_pwd
        End Get
        Set(ByVal value)
            u_pwd = value
        End Set
    End Property
    '5. 在类中定义输出表头的过程
    Public Sub PutHead()
        Console.WriteLine("------------------------")
        Console.WriteLine("u_id" + chr(9) + "u_name" + chr(9) + "u_pwd")
        Console.WriteLine("------------------------")
    End Sub
    '6. 在类中定义输出属性 u_id,u_name,u_pwd 的过程
    Public Sub PutData()
        Console.WriteLine(u_id + chr(9) + u_name + chr(9) + CStr(u_pwd))
        Console.WriteLine("-----------------------")
    End Sub

End Class
'7. 在主过程中通过为类新建对象, 用对象数组中的元素分别调用属性过程输出:
Module chap04_Property_lx1_VB_answer_Module

    Sub Main()
        Dim id As String, name As String '声明局部变量用来存放通过键盘输入的信息
        Dim pwd As String

        Dim c As String
        Dim i As Integer = 0
```

```
        Dim a As Integer

        Dim st As New Student()
        Dim s(49) As Student '新建一个对象数组,用来存放 50 个对象,为 s[0]至 s[49]

        Do
            s(i) = New Student()
            Console.WriteLine(Chr(10) + "请输入第" + CStr(i + 1) + "个用户登录的信息:")
            Console.Write("请输入用户编号:")
            id = Console.ReadLine()
            s(i).MyUid = id '将键盘输入的 id 存入对象 s[i]的 u_id 中

            Console.Write("请输入用户名:")
            name = Console.ReadLine()
            s(i).MyUname = name '将键盘输入的 name 存入对象 s[i]的 u_name 中

            Console.Write("请输入密码:")
            pwd = CInt(Console.ReadLine())
            s(i).MyUpwd = pwd '将键盘输入的 age 存入对象 s[i]的 u_pwd 中

            i = i + 1
            Console.Write(Chr(10) + "请问是否还要继续输入?(Y/N):")
            c = Console.ReadLine()
        Loop While c = "Y" Or c = "y"

        st.PutHead() '调用输出表头的函数

        For a = 0 To i - 1 Step 1 '循环输出用户登录的基本信息
            s(a).PutData()
        Next a

    End Sub
End Module
```

第三步：根据要求，编写 Java 代码如下所示。

```
//FamilyUser.jsl

package chap04_oop中的属性过程_lx1_JAVA_Answer;

//import java.lang.*;
import java.io.*;

//1. 用类来实现用户登录表格的架构
public class FamilyUser
{
   private String u_id;      //用户编号用字符串类来存放,String 类包含在系统包 java.lang 中
   private String u_name;    //用户名用字符串类来存放
   private String u_pwd;

   //2. 类外定义输入 ID 的方法
   public void setUid(String id)
   {
      u_id=id;

   }
   //3. 类外定义输出 ID 的方法
```

```
public String putUid()
{
   return u_id;
}

//4. 类外定义输入 NAME 的方法
public void setUname(String name)
{
   u_name=name;

}

//5. 类外定义输出 NAME 的方法
public String putUname()
{
   return u_name;
}

//6. 类外定义输入 AGE 的方法
public void setUpwd(String pwd)
{
   u_pwd=pwd;
}

//7._类外定义输出 AGE 的方法
public String putUpwd()
{
   return u_pwd;
}

//8. 类外定义输出方法输出表头及每一行信息
public void putHead()
{
   System.out.println("-----------------------");
   System.out.println("u_id" + "\t" + "u_name" + "\t" + "u_pwd");
   System.out.println("-----------------------");
}

//9. 类外定义输出方法输出表格中的内容(在其中调用三个输出属性的方法分别输出)
public void putData()
{
   System.out.println(u_id + "\t" + u_name + "\t" + u_pwd);
   System.out.println("-----------------------");
}

//10. 在主方法中为类新建对象,用对象数组中的元素分别调用输入方法输入、输出方法输出
public static void main(String[] args) throws IOException
{
   String id,name;//声明局部变量用来存放通过键盘输入的信息
   String pwd;
   char c;
   int i=0;

   FamilyUser fus = new FamilyUser();

   FamilyUser [] fu=new FamilyUser[50];//新建一个对象数组,用来存放最多 50 个对象,s[0]至 s[49]
```

```
        //将键盘输入放入输入流阅读器对象,再将输入流阅读器对象放入缓冲流阅读器对象
        BufferedReader br = new BufferedReader(new InputStreamReader(System.in));

        do
        {
           fu[i] = new FamilyUser();    //实例化每一个对象
           System.out.println("\n 请输入第" +(i+1)+"个用户的信息:");

           System.out.print("请输入用户编号:");
           id = br.readLine();
           fu[i].setUid(id);             //将键盘输入的 id 存入对象 fu[i]的 u_id 中

           System.out.print("请输入用户名:");
           name = br.readLine();
           fu[i].setUname(name);         //将键盘输入的 name 存入对象 fu[i]的 u_name 中

           System.out.print("请输入密码:");
           pwd = br.readLine();
           fu[i].setUpwd(pwd);           //将键盘输入的 pwd 存入对象 fu[i]的 u_pwd 中

           i++;
           System.out.print("\n 请问是否还要继续输入?(Y/N):");
           c = (char)System.in.read();
           System.in.skip(2);
        }while(c=='Y'||c=='y');

        fus.putHead();                   //调用输出表头的方法

        for(int a=0;a<i;a++)             //循环输出用户的基本信息
        {
           fu[a].putData();
        }
    }
}
```

第四步：根据要求，编写 C#代码如下所示。

```
//FamilyUser.cs

using System;
using System.Collections.Generic;
using System.Text;

namespace chap04_oop中的属性过程_lx1_CSharp_Answer
{
    //1. 用类来实现用户登录表格的架构
    public class FamilyUser
    {
       private string u_id;     //用户编号用字符串类来存放,string类包含在命名空间 Syfuem 中
       private string u_name;   //用户名用字符串类来存放
       private string u_pwd;

       //2. 在类中定义属性过程 MyUid,包含输入和输出属性 u_id

       public string MyUid
       {
```

```
        get
        {
           return u_id;
        }
        set
        {
           u_id = value;
        }
    }

    //3. 在类中定义属性过程MyUname,包含输入/输出属性u_name
    public string MyUname
    {
        get
        {
           return u_name;
        }
        set
        {
           u_name = value;
        }
    }
    //4. 在类中定义属性过程MyUpwd,包含输入和输出属性u_pwd
    public string MyUpwd
    {
        get
        {
           return u_pwd;
        }
        set
        {
           u_pwd = value;
        }
    }
    //5. 类外定义输出函数输出表头及每一行信息
    public void PutHead()
    {
        Console.WriteLine("-----------------------");
        Console.WriteLine("u_id" + "\t" + "u_name" + "\t" + "u_pwd");
        Console.WriteLine("-----------------------");
    }
    //6. 类外定义输出函数输出表格中的内容（在其中调用三个输出域的函数分别输出）
    public void PutData()
    {
        Console.WriteLine(u_id + "\t" + u_name + "\t" + u_pwd);
        Console.WriteLine("-----------------------");
    }
    //7. 在主函数中通过为类新建对象,用对象数组中的元素分别调用输入函数输入、输出函数输出
    public static void Main(string[] args)
    {
        string id, name, pwd;//声明局部变量用来存放通过键盘输入的信息
        string c;
        int i = 0;
        FamilyUser fus = new FamilyUser();
        FamilyUser[] fu = new FamilyUser[50];//新建一个对象数组,用来存放最多50个对象,s[0]至s[49]
```

```
            do
            {
                fu[i] = new FamilyUser(); //实例化每一个对象
                Console.WriteLine("\n请输入第" + (i + 1) + "个用户的信息:");

                Console.Write("请输入用户编号:");
                id = Console.ReadLine();
                fu[i].MyUid = id;           //将键盘输入的id存入对象s[i]的u_id中
                Console.Write("请输入用户名:");
                name = Console.ReadLine();
                fu[i].MyUname = name;       //将键盘输入的name存入对象s[i]的u_name中
                Console.Write("请输入密码:");
                pwd = Console.ReadLine();
                fu[i].MyUpwd = pwd;         //将键盘输入的pwd存入对象s[i]的u_pwd中
                i++;
                Console.Write("\n请问是否还要继续输入?(Y/N):");
                c = Console.ReadLine();
            } while (c == "Y" || c == "y");

            fus.PutHead();                  //调用输出表头的函数

            for (int a = 0; a < i; a++)     //循环输出用户的基本信息
            {
                fu[a].PutData();
            }
        }
    }
}
```

第五步：根据要求，参照以上第四步来编写 Python 代码，此处省略。

项目小结

（1）C++中的属性过程用多个 set()及 put()自定义函数来实现。

（2）VB.NET 中的属性过程用 Set…End Set 及 Get…End Get 来实现。

（3）Java 中的属性过程又称为访问器。

（4）C#中的属性过程用 set{ }及 get{ }来实现。

（5）Python 中的属性过程根据实际需要再编写。

项目实训评价表

项　目	项目四　实现 OOP 中的属性过程		评　价		
	学 习 目 标	评 价 项 目	3	2	1
职业能力	OOP 中的属性过程	任务一　实现 C++语言中的属性过程			
		任务二　实现 VB.NET 语言中的属性过程			
		任务三　实现 Java 语言中的属性过程			
		任务四　实现 C#语言中的属性过程			
		任务五　实现 Python 语言中的属性过程			
通用能力	动手能力				
	解决问题能力				
综合评价					

评价等级说明表

等　级	说　明
3	能高质、高效地完成此学习目标的全部内容，并能解决遇到的特殊问题
2	能高质、高效地完成此学习目标的全部内容
1	能圆满完成此学习目标的全部内容，不需任何帮助和指导

注：以上表格根据国家职业技能标准相关内容设定。

项目五　实现 OOP 中的主函数带参数

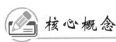

实现OOP中的主函数带参数

核心概念

C++、VB.NET、Java、C#、Python 中的主函数带参数。

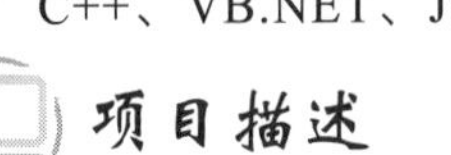

项目描述

我们在前面已经学会了多种初始化类中属性的方法：用公有一般方法初始化私有属性、用公有构造方法初始化私有属性、用公有属性过程来初始化私有属性。那么，是否还有其他的初始化的方法呢？答案是肯定的。

大家是否注意过主函数的参数，我们从来没有调用过主函数，因为主函数是整个程序的入口，都是主函数调用其他子函数的，还没有主函数被别人调用的，但是主函数是有形参的，那么我们什么时候给主函数传实参呢？

本项目主要介绍如何通过控制台窗口来将编译好的主程序在执行时传实参，将数据传入主函数的形参中，从而实现灵活控制程序的目的。

技能目标

用提出、分析、解决问题的方法来培养学生如何从 OOP 的一般函数转变为主函数带参数，通过多语言的比较，在解决问题的同时熟练掌握不同语言的语法。能掌握常用 5 种 OOP 编程语言的主函数带参数。

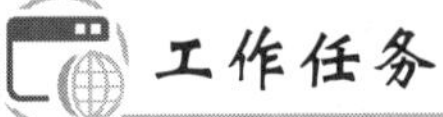

工作任务

实现 C++、VB.NET、Java、C#、Python 语言的主函数带参数。

任务一　实现 C++语言中的主函数带参数

任务描述

上海御恒信息科技公司接到客户的一份订单，要求用 C++语言中的主函数带参数存储学生的信息登记表。公司刚招聘了一名程序员小张，软件开发部经理要求他尽快熟悉 C++语言中的主函数带参数，并将学生信息登记表用 C++语言中的主函数带参数的源代码编写出来。小张按照经理的要求开始做以下的任务分析。

任务分析

（1）包含系统头文件。
（2）用类来实现表格的架构。
（3）在类中前向声明输入/输出函数。
（4）类外定义输入函数输入每一行信息。
（5）类外定义输出函数输出表头及每一行信息。
（6）在主函数中通过为类新建对象，并用对象调用输入函数输入、输出函数输出。

（7）学生信息登记表如表 5-1 所示：

表 5-1　学生信息登记表

sid	sname	sage
s01	张三丰	188

任务实施

第一步：打开 Visual Studio。

第二步：文件→新建→C++项目→源文件名为：Student.cpp。

第三步：在该文件中输入以下内容：

```
// Student.cpp : 定义控制台应用程序的入口点
//1. 包含系统头文件
#include "stdafx.h"
#include "iostream"
using namespace std;
//2. 用类来实现表格的架构
class Student
{
  private:
     char *sid;
     char *sname;
     char *sage;
  public:
//3. 在类中前向声明输入/输出函数
     void getdata(char *i,char *n,char *a);
     void puthead();
     void putdata();
};
//4. 类外定义输入函数输入每一行信息
void Student::getdata(char *i,char *n,char *a)
{
  sid=i;
  sname=n;
  sage=a;
}
//5. 类外定义输出函数输出表头及每一行信息
void Student::puthead()
{
  cout << "---------------------" << endl;
  cout << "sid" << "\t" << "sname" << "\t" << "sage" << "\n";
  cout << "---------------------" << endl;
}
void Student::putdata()
{
  cout << sid << "\t" << sname << "\t" << sage << "\n";
  cout << "---------------------" << endl;
}
//6. 在主函数中为类新建对象,并用对象调用输入函数输入、输出函数输出
int main(int argc,char *argv[])
{
  char *bh,*xm,*nl;
  Student s;
  if (argc==1)
  {
     cout << "您忘了为主函数传实参,请在控制台运行.exe 文件,并在其后跟实参!!!" << endl;
     bh="null";
     xm="null";
     nl="null";
```

```
    }else if(argc==2){
        cout << "您忘了为主函数传递姓名和年龄这两个实参了!!!" << endl;
        bh=argv[1];
        xm="null";
        nl="null";
    }else if(argc==3){
        cout << "您忘了为主函数传递年龄这个实参了!!!" << endl;
        bh=argv[1];
        xm=argv[2];
        nl="null";
    }else if(argc==4){
        cout << "您为主函数传递的参数个数是正确的!!!" << endl;
        bh=argv[1];
        xm=argv[2];
        nl=argv[3];
    }else{
        cout << "您输入的参数不符合要求,最多只能输入三个参数,请重新输入！！！" << endl;
        bh="null";
        xm="null";
        nl="null";
    }
    s.getdata(bh,xm,nl);
    s.puthead();
    s.putdata();
    return 0;
}
```

第四步：执行以上项目，分别用 5 种不同的参数得到以下运行结果，如图 5-1 所示：

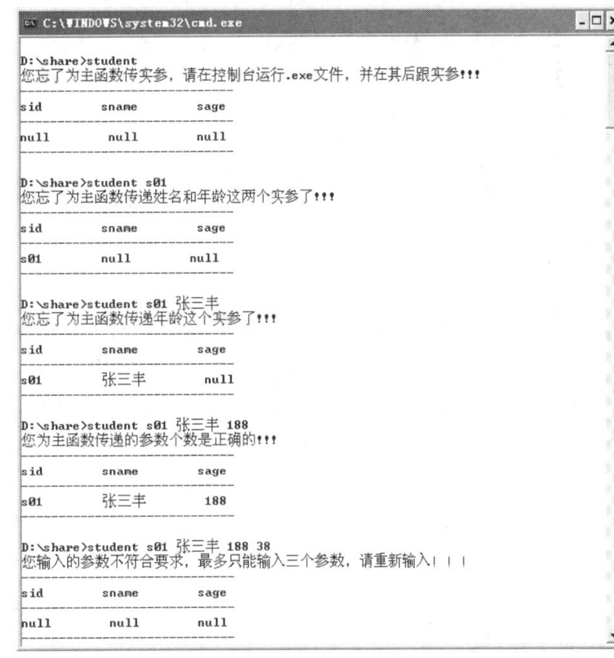

图 5-1 实现 C++语言中的主函数带参数

任务小结

（1）用类来实现表格的架构。

（2）在类中前向声明输入/输出函数。

（3）类外定义输入函数输入每一行信息。

（4）类外定义输出函数输出表头及每一行信息。

（5）在主函数中通过为类新建对象，并用对象调用输入函数输入、输出函数输出。

（6）主函数传实参的 5 种形式：

① 您忘了为主函数传实参，请在控制台运行.exe 文件，并在其后跟实参!!!

② 您忘了为主函数传递姓名和年龄这两个实参了!!!

③ 您忘了为主函数传递年龄这个实参了!!!

④ 您为主函数传递的参数个数是正确的!!!

⑤ 您输入的参数不符合要求，最多只能输入三个参数，请重新输入!!!

相关知识与技能

（1）在 C++中 main()中有两个形参，第一个形参 argc 是整型，它用来存放包括命令字在内的所有参数的个数；第二个形参 argv 是字符串指针数组，每一个数组元素都是字符串指针，它们分别指向一个字符串实参。

（2）在 C++中，字符串指针数组的第一个数组元素是 argv[0]，它用来存放命令字，第二个数组元素是 argv[1]，它用来存放第一个实参，第三个数组元素是 argv[2]，它用来存放第二个实参，第四个数组元素是 argv[3]，它用来存放第三个实参。

（3）在 C++中调试生成的主程序是 chap05_OOP_Main_para_01_Cplusplus.exe，将其改名为 student.exe。

（4）运行时传实参的命令是：student s01 张三丰 188。

（5）在以上的命令中：student 为命令字，它传给第一个形参 argv[0]，s01 为第一个实参，它传给第二个形参 argv[1]，“张三丰”为第二个实参，它传给第三个形参 argv[2]，188 为第三个实参，它传给第四个形参 argv[3]，argc 的值为 4。

（6）通过 argc 的值来判断传递参数的个数是否正确。

（7）在 C++中用 if 实现多条件分支的语法结构是：

```
if  (条件 1){
  语句 1; }
else if  (条件 2){
  语句 2; }
else if  (条件 n){
  语句 n; }
else{
  语句 n+1;}
```

（8）判断左右两边的值是否相等用"=="（两个等号）。

任务拓展

（1）C++中的主函数带参数的书写格式是什么？

（2）C++中的主函数带参数的特点是什么？

（3）C++中运行时传实参如何实现？

（4）C++中如何实现多条件分支结构？

任务二　实现 VB.NET 语言中的主函数带参数

任务描述

上海御恒信息科技公司接到客户的一份订单，要求用 VB.NET 语言中的主函数带参数存储学生的信息登记表。公司刚招聘了一名程序员小张，软件开发部经理要求他尽快熟悉 VB.NET 语言中的主函数带参数，并将学生信息登记表用 VB.NET 语言中的主函数带参数的源代码编写出来。小张按照经理的要求开始做以下的任务分析。

任务分析

(1) 导入系统命名空间。

(2) 用类来实现表格的架构。

(3) 在类中定义输入/输出过程。

(4) 在主过程中通过为类新建对象，并用对象调用输入过程输入、输出过程输出。

(5) 学生信息登记表如任务一中的表 5-1 所示。

任务实施

第一步：打开 Visual Studio。

第二步：文件→新建 VB.NET 项目→源文件名为: StuMod.vb。

第三步：在该文件中输入以下内容：

```
'StuMod.vb

'1. 导入系统命名空间
Imports System
Imports System.IO

'2. 用类来实现表格的架构

Public Class Student

    Private sid As String
    Private sname As String
    Private sage As String

    '3. 在类中定义输入/输出过程
    Public Sub GetData(ByVal i As String, ByVal n As String, ByVal a As String)
        sid = i
        sname = n
        sage = a
    End Sub

    Public Sub PutHead()
        Console.WriteLine("-----------------------------")
        Console.WriteLine("sid" + Space(8) + "sname" + Space(8) + "sage")
        Console.WriteLine("-----------------------------")
    End Sub

    Public Sub PutData()
        Console.WriteLine(sid + Space(8) + sname + Space(8) + CStr(sage))
        Console.WriteLine("-----------------------------")
    End Sub

End Class

Module StuMod

    '4. 在主过程中为类新建对象,并用对象调用输入函数输入、输出函数输出
    Sub Main(ByVal CmdArgs() As String)

        Dim bh As String, xm As String, nl As String
        Dim s As New Student

        If CmdArgs.Length = 0 Then
            Console.WriteLine("您忘了为主函数传实参,请在控制台运行.exe文件,并在其后跟实参!!!")
            bh = "null"
            xm = "null"
            nl = "null"

        ElseIf CmdArgs.Length = 1 Then
            Console.WriteLine("您忘了为主函数传递姓名和年龄这两个实参了!!!")
            bh = CmdArgs(0)
            xm = "null"
            nl = "null"

        ElseIf CmdArgs.Length = 2 Then
```

```
            Console.WriteLine("您忘了为主函数传递年龄这个实参了!!!")
            bh = CmdArgs(0)
            xm = CmdArgs(1)
            nl = "null"

        ElseIf CmdArgs.Length = 3 Then
            Console.WriteLine("您为主函数传递的参数个数是正确的!!!")
            bh = CmdArgs(0)
            xm = CmdArgs(1)
            nl = CmdArgs(2)

        Else
            Console.WriteLine("您输入的参数不符合要求,最多只能输入三个参数,请重新输入！！！")
            bh = "null"
            xm = "null"
            nl = "null"
        End If

        s.GetData(bh, xm, nl)
        s.PutHead()
        s.PutData()

    End Sub

End Module
```

第四步：编译运行项目，屏幕上显示结果如上面任务一中的图 5-1 所示。

任务小结

（1）用类来实现表格的架构。

（2）在类中前向声明输入/输出过程。

（3）类外定义输入过程输入每一行信息。

（4）类外定义输出过程输出表头及每一行信息。

（5）在主过程中为类新建对象，并用对象调用输入过程输入、输出过程输出。

（6）主过程传实参的 5 种形式：

① 您忘了为主过程传实参，请在控制台运行.exe 文件，并在其后跟实参!!!

② 您忘了为主过程传递姓名和年龄这两个实参了!!!

③ 您忘了为主过程传递年龄这个实参了!!!

④ 您为主过程传递的参数个数是正确的!!!

⑤ 您输入的参数不符合要求，最多只能输入三个参数，请重新输入!!!

相关知识与技能

（1）在 VB.NET 中 main()中有一个形参 CmdArgs，它是按值传递的字符串数组，用来存放所有的实参。

（2）在 VB.NET 中，字符串数组的第一个数组元素是 CmdArgs [0]，它用来存放第一个实参，第二个数组元素是 CmdArgsv[1]，它用来存放第二个实参，第三个数组元素是 CmdArgs [2]，它用来存放第三个实参。

（3）在 VB.NET 中调试生成的主程序是 chap05_OOP_Main_para_02_VBNET2005.exe，将其改名为 student.exe。

（4）运行时传实参的命令是：student s01 张三丰 188。

（5）在以上的命令中：s01 为第一个实参，它传给第一个形参 CmdArgs [0]，“张三丰”为第二个实参，它传给第二个形参 CmdArgs [1]，188 为第三个实参，它传给第三个形参 CmdArgs [2]。

（6）通过 CmdArgs.Length 的值来判断传递参数的个数是否正确。

（7）在 VB.NET 中用 If 实现多条件分支的语法结构是：

```
If  条件 1 Then
   语句 1
Elseif  条件 2 Then
   语句 2
Elseif  条件 n Then
   语句 n
Else
   语句 n+1
End If
```

（8）判断左右两边的值是否相等用"="（一个等号）。

任务拓展

（1）VB.NET 中的主函数带参数的书写格式是什么？

（2）VB.NET 中的主函数带参数的特点是什么？

（3）VB.NET 中运行时传实参如何实现？

（4）VB.NET 中如何实现多条件分支结构？

任务三 实现 Java 语言中的主函数带参数

任务描述

上海御恒信息科技公司接到客户的一份订单，要求用 Java 语言中的主函数带参数存储学生的信息登记表。公司刚招聘了一名程序员小张，软件开发部经理要求他尽快熟悉 Java 语言中的主函数带参数，并将学生信息登记表用 Java 语言中的主函数带参数的源代码编写出来。小张按照经理的要求开始做以下的任务分析。

任务分析

（1）用工程名作为包名，将生成的类文件放入此包中。

（2）导入 Java 的基本语言包和输入/输出包。

（3）用 Student 类来实现表格的架构。

（4）在类中封装属性。

（5）类内定义输入函数输入每一行信息。

（6）类内定义输出函数输出表头及每一行信息。

（7）在主函数中为类新建对象，并用对象调用输入函数输入、输出函数输出。

（8）学生信息登记表如任务一中的表 5-1 所示。

任务实施

第一步：打开 Eclipse。

第二步：文件→新建→JAVA 项目→源文件为:Student.java。

第三步：在该文件中输入以下内容：

```
//Student.java

//1. 用工程名作为包名，将生成的类文件放入此包中
package chap05_OOP_Main_para_03_JAVA;
//2. 导入 Java 的基本语言包和输入/输出包
```

```
//import java.lang.*;
import java.io.*;
//3. 用 Student 类来实现表格的架构
public class Student
{
  //3.1 在类中封装属性
  private String sid;
  private String sname;
  private String sage;

  //3.2 类内定义输入函数输入每一行信息
  public void getData(String i, String n, String a)
  {
    sid = i;
    sname = n;
    sage = a;
  }

  //3.3 类内定义输出函数输出表头及每一行信息

  public void putHead()
  {
    System.out.println("--------------------");
    System.out.println("sid" + "\t" + "sname" + "\t" + "sage");
    System.out.println("--------------------");
  }

  public void putData()
  {
    System.out.println(sid + "\t" + sname + "\t" + sage);
    System.out.println("--------------------");
  }

  //3.4 在主函数中为类新建对象,并用对象调用输入函数输入、输出函数输出
  public static void main(String[] args)
  {
    String  bh,xm,nl;
    Student s=new Student();
    if (args.length==0)
    {
      System.out.println("您忘了为主函数传实参,请在控制台运行.exe文件,并在其后跟实参!!!");
      bh="null";
      xm="null";
      nl="null";
    }else if(args.length==1){
      System.out.println("您忘了为主函数传递姓名和年龄这两个实参了!!!");
      bh=args[0];
      xm="null";
      nl="null";
    }else if(args.length==2){
      System.out.println("您忘了为主函数传递年龄这个实参了!!!");
      bh=args[0];
      xm=args[1];
      nl="null";
    }else if(args.length==3){
      System.out.println("您为主函数传递的参数个数是正确的!!!");
```

```
            bh=args[0];
            xm=args[1];
            nl=args[2];
        }else{

            System.out.println("您输入的参数不符合要求,最多只能输入三个参数,请重新输入!!!");
            bh="null";
            xm="null";
            nl="null";
        }
        s.getData(bh,xm,nl);
        s.putHead();
        s.putData();
    }
}
```

第四步：编译运行项目，屏幕上显示的结果如上面任务一中的图 5-1 所示。

任务小结

（1）用类来实现表格的架构。

（2）在类中前向声明输入/输出方法。

（3）类外定义输入方法输入每一行信息。

（4）类外定义输出方法输出表头及每一行信息。

（5）在主方法中通过为类新建对象，并用对象调用输入方法输入、输出方法输出。

（6）主方法传实参的五种形式：

① 您忘了为主方法传实参，请在控制台运行.exe 文件，并在其后跟实参!!!

② 您忘了为主方法传递姓名和年龄这两个实参了!!!

③ 您忘了为主方法传递年龄这个实参了!!!

④ 您为主方法传递的参数个数是正确的!!!

⑤ 您输入的参数不符合要求，最多只能输入三个参数，请重新输入!!!

相关知识与技能

（1）在 Java 中 main()中有一个形参 args，它是字符串数组，用来存放所有的实参。

（2）在 Java 中，字符串数组的第一个数组元素是 args [0]，它用来存放第一个实参，第二个数组元素是 args [1]，它用来存放第二个实参，第三个数组元素是 args [2]，它用来存放第三个实参。

（3）在 Java 中调试生成的主程序是 chap05_OOP_Main_para_03_JAVA，将其改名为 student.exe。

（4）运行时传实参的命令是：student s01 张三丰 188。

（5）在以上的命令中：s01 为第一个实参，它传给第一个形参 args [0]，“张三丰”为第二个实参，它传给第二个形参 args [1]，188 为第三个实参，它传给第三个形参 args [2]。

（6）通过 args.length 的值来判断传递参数的个数是否正确。

（7）在 Java 中用 if 实现多条件分支的语法结构是：

```
if （条件 1){   语句 1;}
else if  （条件 2){   语句 2;}
else if  （条件 n){   语句 n;}
else{   语句 n+1;}
```

（8）判断左右两边的值是否相等用"=="（两个等号）。

（9）Java 中 main()方法的 6 种声明形式：

第一种，最常规形式，public static void main(String[] args)。

第二种，方括号在形参后面，public static void main(String args[])。

第三种，可变长参数形式，三个点前后有无空格都可以，public static void main(String... args)。

第四到六种：将前三种中的 public 和 static 修饰符更换位置 static public void main(String[] args)：

```
static public void main(String args[]), static public void main(String... args)
```

任务拓展

（1）Java 中的主函数带参数的书写格式是什么？

（2）Java 中的主函数带参数的特点是什么？

（3）Java 中运行时传实参如何实现？

（4）Java 中如何实现多条件分支结构？

任务四 实现 C#语言中的主函数带参数

任务描述

上海御恒信息科技公司接到客户的一份订单，要求用 C#语言中的主函数带参数存储学生的信息登记表。公司刚招聘了一名程序员小张，软件开发部经理要求他尽快熟悉 C#语言中的主函数带参数，并将学生信息登记表用 C#语言中的主函数带参数的源代码编写出来。小张按照经理的要求开始做以下的任务分析。

任务分析

（1）导入系统命名空间。

（2）用项目名新建一个命名空间，并在其中新建一个类 Student。

（3）用 Student 类来实现表格的架构。

（4）在类中封装属性。

（5）类内定义输入函数输入每一行信息。

（6）类内定义输出函数输出表头及每一行信息。

（7）在主函数中为类新建对象，并用对象调用输入函数输入、输出函数输出。

（8）学生信息登记表如任务一中的表 5-1 所示。

任务实施

第一步：打开 Visual Studio。

第二步：文件→新建→C#项目→源文件名：Student.cs。

第三步：在该文件中输入以下内容：

```
//Student.cs
//1. 导入系统命名空间
using System;
using System.Collections.Generic;
using System.Text;
//2. 用项目名新建一个命名空间,并在其中新建一个类 Student
namespace chap05_OOP_Main_para_04_CSharp
{
    //3. 用 Student 类来实现表格的架构
    public class Student
    {
        //3.1 在类中封装属性
        private string sid;
        private string sname;
```

```
    private string sage;
    //3.2 类内定义输入函数输入每一行信息
    public void getData(string i, string n, string a)
    {
        sid = i;
        sname = n;
        sage = a;
    }
    //3.3 类内定义输出函数输出表头及每一行信息
    public void putHead()
    {
        Console.WriteLine("--------------------");
        Console.WriteLine("sid" + "\t" + "sname" + "\t" + "sage");
        Console.WriteLine("--------------------");
    }
    public void putData()
    {
        Console.WriteLine(sid + "\t" + sname + "\t" + sage);
        Console.WriteLine("--------------------");
    }
    //3.4 在主函数中为类新建对象,并用对象调用输入函数输入、输出函数输出
    public static void Main(string[] args)
    {
        String  bh,xm,nl;
      Student s=new Student();
      if (args.Length==0)
      {
         Console.WriteLine("您忘了为主函数传实参，请在控制台运行.exe文件，并在其后跟实参!!!");
         bh="null";
         xm="null";
         nl="null";
      }
       else if(args.Length==1){
         Console.WriteLine("您忘了为主函数传递姓名和年龄这两个实参了!!!");
         bh=args[0];
         xm="null";
         nl="null";
      }
       else if(args.Length==2){
         Console.WriteLine("您忘了为主函数传递年龄这个实参了!!!");
         bh=args[0];
         xm=args[1];
         nl="null";
      }
       else if(args.Length==3){
         Console.WriteLine("您为主函数传递的参数个数是正确的!!!");
         bh=args[0];
         xm=args[1];
         nl=args[2];
      }
       else
       {
           Console.WriteLine("您输入的参数不符合要求，最多只能输入三个参数，请重新输入！！！");
         bh="null";
         xm="null";
         nl="null";
```

```
            }
            s.getData(bh,xm,nl);
            s.putHead();
            s.putData();
              }
        }
}
```

第四步：编译运行项目，屏幕上显示的结果如上面任务一中的图 5-1 所示。

任务小结

（1）用类来实现表格的架构。

（2）在类中前向声明输入/输出函数。

（3）类外定义输入函数输入每一行信息。

（4）类外定义输出函数输出表头及每一行信息。

（5）在主函数中为类新建对象，并用对象调用输入函数输入、输出函数输出。

（6）主函数传实参的五种形式：

① 您忘了为主函数传实参，请在控制台运行.exe 文件，并在其后跟实参!!!

② 您忘了为主函数传递姓名和年龄这两个实参了!!!

③ 您忘了为主函数传递年龄这个实参了!!!

④ 您为主函数传递的参数个数是正确的!!!

⑤ 您输入的参数不符合要求，最多只能输入三个参数，请重新输入!!!

相关知识与技能

（1）在 C#中 main()中有一个形参 args，它是字符串数组，用来存放所有的实参。

（2）在 C#中，字符串数组的第一个数组元素是 args [0]，它用来存放第一个实参，第二个数组元素是 args [1]，它用来存放第二个实参，第三个数组元素是 args [2]，它用来存放第三个实参。

（3）在 C#中调试生成的主程序是 chap05_OOP_Main_para_04_CSharp，将其改名为 student.exe。

（4）运行时传实参的命令是：student s01 张三丰 188。

（5）在以上的命令中：s01 为第一个实参，它传给第一个形参 args [0]，“张三丰”为第二个实参，它传给第二个形参 args [1]，188 为第三个实参，它传给第三个形参 args [2]。

（6）通过 args.Length 的值来判断传递参数的个数是否正确。

（7）在 C#中用 if 实现多条件分支的语法结构是：

```
if (条件 1){   语句 1;}
else if (条件 2){   语句 2;}
else if (条件 n){
  语句 n;}
else{
  语句 n+1;}
```

（8）判断左右两边的值是否相等用"=="（两个等于号）。

任务拓展

（1）C#中的主函数带参数的书写格式是什么？

（2）C#中的主函数带参数的特点是什么？

（3）C#中运行时传实参如何实现？

（4）C#中如何实现多条件分支结构？

任务五　实现 Python 语言中的主函数带参数

任务描述

上海御恒信息科技公司接到客户的一份订单，要求用 Python 语言中的主函数带参数存储学生的信息登记表。公司刚招聘了一名程序员小张，软件开发部经理要求他尽快熟悉 Python 语言中的主函数带参数，并将学生信息登记表用 Python 语言中的主函数带参数的源代码编写出来。小张按照经理的要求开始做以下的任务分析。

任务分析

（1）设置 Python 处于可运行模式，并设置编码为 UTF-8。
（2）定义一个 Student 类来实现表格的架构。
（3）学号、姓名用字符串类来存放。
（4）声明局部变量用来存放通过键盘输入的信息。
（5）实例化数组中的每一个对象，并用对象调用主函数带参数中的输入/输出。
（6）学生信息登记表如任务一中的表 5-1 所示。

任务实施

第一步：打开 Python 编辑器。
第二步：文件→新建→文件: Student.py。
第三步：在该文件中输入以下内容：

```
import sys

#传入 3 个参数,具体操作根据个人情况
def main(argv):
    print(argv[1])
    print(argv[2])
    print(argv[3])
    if __name__ == "__main__":
        main(sys.argv)
#python main.py  1  张三丰  34
```

第四步：参照任务四的代码修改以上的 Student.py 代码，使得结果如任务一中的图 5-1 所示（源代码略）。

任务小结

（1）用类来实现表格的架构。
（2）在类中前向声明输入/输出函数。
（3）类外定义输入函数输入每一行信息。
（4）类外定义输出函数输出表头及每一行信息。
（5）在主函数中灵活运用 argv[1]、argv[2]、argv[3]等参数。
（6）在控制台为主函数传实参：python main.py 实参 1 实参 2 实参 3…。

相关知识与技能

在 Python 中写个带参主函数，这对于写个小工具很重要，其和 C++中的差不多，但更简单。

```
import sys
if __name__ == "__main__":
 if len(sys.argv) == 3:
```

```
print sys.argv[1]
print sys.argv[2]
print sys.argv[0]
```

这里的 sys.argv 和 C++中 char* argv[]使用方法一样。例如：python test.py A B，则先输出 A，再输出 B，最后输出：test.py。

任务拓展

（1）Python 中的主函数带参数的书写格式是什么？
（2）Python 中的主函数带参数的特点是什么？
（3）Python 中运行时传实参如何实现？
（4）Python 中如何实现多条件分支结构？

项目五综合比较表

本项目所介绍的用主函数带参数来实现 OOP 中类的相应功能，它们之间的区别如表 5-2 所示。

表 5-2 用主函数带参数来实现 OOP 中类的相应功能的比较

比较项目	C++	VB.NET	Java	C#	Python
主函数的形参个数	在 C++中，main()中有两个形参，第一个形参 argc 是整型，它用来存放包括命令字在内的所有参数的个数；第二个形参 argv 是字符串指针数组，每一个数组元素都是字符串指针，它们分别指向一个字符串实参	在 VB.NET 中，main()中有一个形参 CmdArgs，它是按值传递的字符串数组，用来存放所有的实参	在 Java 中，main()中有一个形参 args，它是字符串数组，用来存放所有的实参	在 C#中，main()中有一个形参 args，它是字符串数组，用来存放所有的实参	def main(argv): print(argv[1]) print(argv[2]) print(argv[3])
主函数中的每个具体的形参	在 C++中，字符串指针数组的第一个数组元素是 argv[0]，它用来存放命令字，第二个数组元素是 argv[1]，它用来存放第一个实参，第三个数组元素是 argv[2]，它用来存放第二个实参，第四个数组元素是 argv[3]，它用来存放第三个实参	在 VB.NET 中，字符串数组的第一个数组元素是 CmdArgs [0]，它用来存放第一个实参，第二个数组元素是 CmdArgsv[1]，它用来存放第二个实参，第三个数组元素是 CmdArgs [2]，它用来存放第三个实参	在 Java 中，字符串数组的第一个数组元素是 args [0]，它用来存放第一个实参，第二个数组元素是 args [1]，它用来存放第二个实参，第三个数组元素是 args [2]，它用来存放第三个实参	在 C#中，字符串数组的第一个数组元素是 args [0]，它用来存放第一个实参，第二个数组元素是 args [1]，它用来存放第二个实参，第三个数组元素是 args [2]，它用来存放第三个实参	argv[1] 第一个参数 argv[2] 第二个参数 argv[3] 第三个参数
调试生成的主程序	chap05_OOP_Main_para_01_Cplusplus.exe，将其改名为 student.exe	chap05_OOP_Main_para_02_VBNET2005.exe，将其改名为 student.exe	chap05_OOP_Main_para_03_JAVA，将其改名为 student.exe	chap05_OOP_Main_para_04_CSharp，将其改名为 student.exe	Student.py 编译成 Student.exe
运行时传实参的命令	student s01 张三丰 188	student s01 张三丰 188	student s01 张三丰 188	student s01 张三丰 188	student s01 张三丰 188
以上命令的解释	student 为命令字，它传给第一个形参 argv[0]，s01 为第一个实参，它传给第二个形参 argv[1]，"张三丰"为第二个实参，它传给第三个形参 argv[2]，188 为第三个实参，它传给第四个形参 argv[3]，argc 的值为 4，通过 argc 的值来判断传递参数的个数是否正确	s01 为第一个实参，它传给第一个形参 CmdArgs [0]，"张三丰"为第二个实参，它传给第二个形参 CmdArgs [1]，188 为第三个实参，它传给第三个形参 CmdArgs [2]，通过 CmdArgs.Length 的值来判断传递参数的个数是否正确	s01 为第一个实参，它传给第一个形参 args [0]，"张三丰"为第二个实参，它传给第二个形参 args [1]，188 为第三个实参，它传给第三个形参 args [2]，通过 args.length 的值来判断传递参数的个数是否正确	s01 为第一个实参，它传给第一个形参 args [0]，"张三丰"为第二个实参，它传给第二个形参 args [1]，188 为第三个实参，它传给第三个形参 args [2]，通过 args.Length 的值来判断传递参数的个数是否正确	s01 为第一个实参，它传给第一个形参 args [1]，张三丰为第二个实参，它传给第二个形参 args [2]，188 为第三个实参，它传给第三个形参 args [3]

续表

比较项目	C++	VB.NET	Java	C#	Python

用 if 实现多条件分支的语法结构是	if (条件 1)
	{
	语句 1;
	}
	else if (条件 2)
	{
	语句 2;
	}
	else if (条件 n)
	{
	语句 n;
	}
	else
	{
	语句 n+1;
	}
		If 条件 1 Then
		语句 1
		Elseif 条件 2 Then
		语句 2
		Elseif 条件 n Then
		语句 n
		Else
		语句 n+1
		End If
			if (条件 1)
			{
			语句 1;
			}
			else if (条件 2)
			{
			语句 2;
			}
			else if (条件 n)
			{
			语句 n;
			}
			else
			{
			语句 n+1;
			}
				if (条件 1)
				{
				语句 1;
				}
				else if (条件 2)
				{
				语句 2;
				}
				else if (条件 n)
				{
				语句 n;
				}
				else
				{
				语句 n+1;
				}
					if(条件 1):
					语句 1;
					elif(条件 2):
					语句 2;
					elif(条件 3):
					语句 3;
					else
					语句 4;

判断左右两边的值是否相等	用 "=="（两个等号）	用 "="（一个等号）	用 "=="（两个等号）	用"=="(两个等号）	

项目综合实训

实现家庭管理系统中的主函数带参数

项目描述

上海御恒信息科技公司接到一个订单，需要用 C++、VB.NET、Java、C#、Python 这 5 种不同的语言分别封装一个家庭管理系统中的用户登录表（FamilyUser)，并使用 OOP 中的主函数带参数。程序员小张根据以上要求进行相关封装的设计后，按照项目经理的要求开始做以下的任务分析。

项目分析

（1）根据要求，分析存储的主要数据如项目一的表 1-3 所示。

（2）设计数据库中表的实体关系图（ERD）如项目一的图 1-6 所示。

（3）设计类的结构如项目一的表 1-4 所示。

（4）键盘输入后显示的结果如图 5-2 所示。

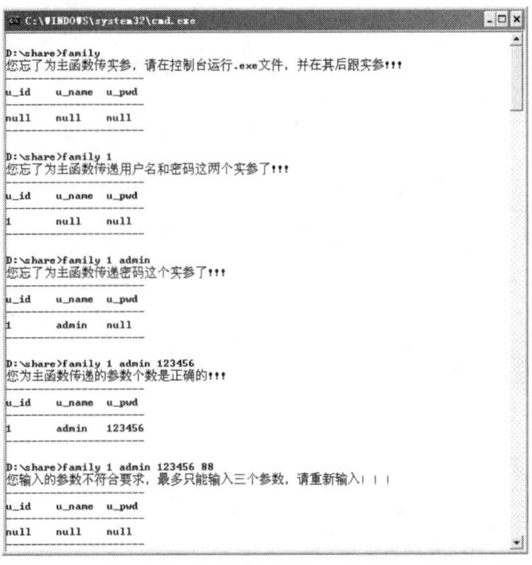

图 5-2 实现家庭管理系统中的主函数带参数

第一步：根据要求，编写C++代码如下所示。

```
// chap05_oop中主函数的参数_lx1_Cplusplus_Answer.cpp : 定义控制台应用程序的入口点

//1. 包含系统头文件
#include "stdafx.h"
#include "iostream"
using namespace std;


//2. 用类来实现表格的架构

class FamilyUser
{
  private:
     char *u_id;
     char *u_name;
     char *u_pwd;

  public:

//3. 在类中前向声明输入/输出函数
     void getdata(char *i,char *n,char *a);
     void puthead();
     void putdata();
};

//4. 类外定义输入函数输入每一行信息

void FamilyUser::getdata(char *i,char *n,char *a)
{
  u_id=i;
  u_name=n;
  u_pwd=a;
}

//5. 类外定义输出函数输出表头及每一行信息

void FamilyUser::puthead()
{
  cout << "----------------------" << endl;
  cout << "u_id" << "\t" << "u_name" << "\t" << "u_pwd" << "\n";
  cout << "----------------------" << endl;
}
void FamilyUser::putdata()
{

  cout << u_id << "\t" << u_name << "\t" << u_pwd << "\n";
  cout << "----------------------" << endl;

}

//6. 在主函数中通过为类新建对象,并用对象调用输入函数输入、输出函数输出
```

```
int main(int argc,char *argv[])
{
   char *id,*name,*pwd;
   FamilyUser fu;
   if (argc==1)
   {
      cout << "您忘了为主函数传实参,请在控制台运行.exe文件,并在其后跟实参!!!" << endl;
      id="null";
      name="null";
      pwd="null";
   }else if(argc==2){
      cout << "您忘了为主函数传递用户名和密码这两个实参了!!!" << endl;
      id=argv[1];
      name="null";
      pwd="null";
   }else if(argc==3){
      cout << "您忘了为主函数传递密码这个实参了!!!" << endl;
      id=argv[1];
      name=argv[2];
      pwd="null";
   }else if(argc==4){
      cout << "您为主函数传递的参数个数是正确的!!!" << endl;
      id=argv[1];
      name=argv[2];
      pwd=argv[3];
   }else{
      cout << "您输入的参数不符合要求,最多只能输入三个参数,请重新输入!!!" << endl;
      id="null";
      name="null";
      pwd="null";
   }

   fu.getdata(id,name,pwd);
   fu.puthead();
   fu.putdata();
   return 0;
}
```

第二步：根据要求，编写 VB.NET 代码如下所示。

```
'FamilyMod.vb

'1. 导入系统命名空间
Imports System
Imports System.IO

'2. 用类来实现表格的架构

Public Class FamilyUser

    Private u_id As String
    Private u_name As String
    Private u_pwd As String

    '3. 在类中定义输入输出过程
    Public Sub GetData(ByVal i As String, ByVal n As String, ByVal p As String)
        u_id = i
```

```
        u_name = n
        u_pwd = p
    End Sub

    Public Sub PutHead()
        Console.WriteLine("--------------------------------")
        Console.WriteLine("u_id" + Space(8) + "u_name" + Space(8) + "u_pwd")
        Console.WriteLine("--------------------------------")
    End Sub

    Public Sub PutData()
        Console.WriteLine(u_id + Space(8) + u_name + Space(8) + CStr(u_pwd))
        Console.WriteLine("--------------------------------")
    End Sub

End Class

Module FamilyMod

    '4. 在主过程中为类新建对象,并用对象调用输入函数输入、输出函数输出
    Sub Main(ByVal CmdArgs() As String)

        Dim id As String, name As String, pwd As String
        Dim fu As New FamilyUser

        If CmdArgs.Length = 0 Then
            Console.WriteLine("您忘了为主函数传实参,请在控制台运行.exe文件,并在其后跟实参!!!")
            id = "null"
            name = "null"
            pwd = "null"
        ElseIf CmdArgs.Length = 1 Then
            Console.WriteLine("您忘了为主函数传递用户名和密码这两个实参了!!!")
            id = CmdArgs(0)
            name = "null"
            pwd = "null"
        ElseIf CmdArgs.Length = 2 Then
            Console.WriteLine("您忘了为主函数传递密码这个实参了!!!")
            id = CmdArgs(0)
            name = CmdArgs(1)
            pwd = "null"
        ElseIf CmdArgs.Length = 3 Then
            Console.WriteLine("您为主函数传递的参数个数是正确的!!!")
            id = CmdArgs(0)
            name = CmdArgs(1)
            pwd = CmdArgs(2)
        Else
            Console.WriteLine("您输入的参数不符合要求,最多只能输入三个参数,请重新输入！！！")
            id = "null"
            name = "null"
            pwd = "null"
        End If

        fu.GetData(id, name, pwd)
        fu.PutHead()
        fu.PutData()
```

```
    End Sub

End Module
```

第三步：根据要求，编写 Java 代码如下所示。

```
//FamilyUser.jsl

//1. 用工程名作为包名,将生成的类文件放入此包中
package chap05_oop 中主函数的参数_lx1_JAVA_Answer;

//2. 导入 Java 的基本语言包和输入/输出包
//import java.lang.*;
import java.io.*;

//3. 用 FamilyUser 类来实现表格的架构


public class FamilyUser
{
   //3.1 在类中封装属性
   private String u_id;
   private String u_name;
   private String u_pwd;

   //3.2 类内定义输入函数输入每一行信息

   public void getData(String i, String n, String a)
   {
      u_id = i;
      u_name = n;
      u_pwd = a;
   }

   //3.3 类内定义输出函数输出表头及每一行信息

   public void putHead()
   {
      System.out.println("----------------------");
      System.out.println("u_id" + "\t" + "u_name" + "\t" + "u_pwd");
      System.out.println("----------------------");
   }

   public void putData()
   {
      System.out.println(u_id + "\t" + u_name + "\t" + u_pwd);
      System.out.println("----------------------");
   }

   //3.4 在主函数中通过为类新建对象,并用对象调用输入函数输入、输出函数输出
   public static void main(String[] args)
   {
      String bh, xm, nl;
      FamilyUser fu = new FamilyUser();
      if (args.length == 0)
      {
         System.out.println("您忘了为主函数传实参,请在控制台运行.exe 文件,并在其后跟实参!!!");
```

```
            bh = "null";
            xm = "null";
            nl = "null";
        }
        else if (args.length == 1)
        {
            System.out.println("您忘了为主函数传递用户名和密码这两个实参了!!!");
            bh = args[0];
            xm = "null";
            nl = "null";
        }
        else if (args.length == 2)
        {
            System.out.println("您忘了为主函数传递密码这个实参了!!!");
            bh = args[0];
            xm = args[1];
            nl = "null";
        }
        else if (args.length == 3)
        {
            System.out.println("您为主函数传递的参数个数是正确的!!!");
            bh = args[0];
            xm = args[1];
            nl = args[2];
        }
        else
        {
            System.out.println("您输入的参数不符合要求,最多只能输入三个参数,请重新输入！！！");
            bh = "null";
            xm = "null";
            nl = "null";
        }

        fu.getData(bh, xm, nl);
        fu.putHead();
        fu.putData();
    }

}
```

第四步：根据要求，编写 C#代码如下所示。

```
//FamilyUser.cs

//1. 导入系统命名空间
using System;
using System.Collections.Generic;
using System.Text;

//2. 用项目名新建一个命名空间,并在其中新建一个类 FamilyUser
namespace chap05_oop中主函数的参数_lxl_CSharp_Answer
{

    //3. 用 FamilyUser 类来实现表格的架构

    public class FamilyUser
    {
```

```
//3.1 在类中封装属性
private string u_id;
private string u_name;
private string u_pwd;
//3.2 类内定义输入函数输入每一行信息
public void getData(string i, string n, string p)
{
    u_id = i;
    u_name = n;
    u_pwd = p;
}
//3.3 类内定义输出函数输出表头及每一行信息
public void putHead()
{
    Console.WriteLine("----------------------");
    Console.WriteLine("u_id" + "\t" + "u_name" + "\t" + "u_pwd");
    Console.WriteLine("----------------------");
}
public void putData()
{
    Console.WriteLine(u_id + "\t" + u_name + "\t" + u_pwd);
    Console.WriteLine("----------------------");
}
//3.4 在主函数中为类新建对象,并用对象调用输入函数输入、输出函数输出
public static void Main(string[] args)
{
    String id, name, pwd;
    FamilyUser fu = new FamilyUser();
    if (args.Length == 0)
    {
        Console.WriteLine("您忘了为主函数传实参,请在控制台运行.exe文件,并在其后跟实参!!!");
        id = "null";
        name = "null";
        pwd = "null";
    }
    else if (args.Length == 1)
    {
        Console.WriteLine("您忘了为主函数传递用户名和密码这两个实参了!!!");
        id = args[0];
        name = "null";
        pwd = "null";
    }
    else if (args.Length == 2)
    {
        Console.WriteLine("您忘了为主函数传递密码这个实参了!!!");
        id = args[0];
        name = args[1];
        pwd = "null";
    }
    else if (args.Length == 3)
    {
        Console.WriteLine("您为主函数传递的参数个数是正确的!!!");
        id = args[0];
        name = args[1];
        pwd = args[2];
    }
```

```
            else
            {
                Console.WriteLine("您输入的参数不符合要求,最多只能输入三个参数,请重新输入!!!");
                id = "null";
                name = "null";
                pwd = "null";
            }

            fu.getData(id, name, pwd);
            fu.putHead();
            fu.putData();
        }
    }
}
```

第五步：根据要求，参照任务五的代码书写相应的 Python 代码（此处略）。

项目小结

（1）各种语言在使用主函数的参数上大致相同，但要注意细微的语法区别。

（2）注意各种语言主函数的参数的个数、数据类型及其所代表的实参。

（3）各种语言用 if 实现多条件分支的语法结构之间有细微的语法区别。

（4）各种语言判断左右两边的值是否相等语法上也有细微的差别。

（5）Python 中的主函数带参数与 C++中的类似。

项目实训评价表

项　目	项目五　实现 OOP 中的主函数带参数		评　价		
	学 习 目 标	评 价 项 目	3	2	1
职业能力	OOP 中的主函数带参数	任务一　实现 C++语言中的主函数带参数			
		任务二　实现 VB.NET 语言中的主函数带参数			
		任务三　实现 Java 语言中的主函数带参数			
		任务四　实现 C#语言中的主函数带参数			
		任务五　实现 Python 语言中的主函数带参数			
通用能力	动手能力				
	解决问题能力				
综合评价					

评价等级说明表

等　级	说　明
3	能高质、高效地完成此学习目标的全部内容，并能解决遇到的特殊问题
2	能高质、高效地完成此学习目标的全部内容
1	能圆满完成此学习目标的全部内容，不需任何帮助和指导

注：以上表格根据国家职业技能标准相关内容设定。

项目六

实现 OOP 中的异常处理

实现OOP中的异常处理

核心概念

C++、VB.NET、Java、C#、Python 语言中的异常处理。

项目描述

我们在前面已经学会了多种初始化类中属性的方法，同时我们也学会了用一般方法或析构方法来输出相关的属性。以上的输入/输出是假设程序正常运行时的情况，但一旦出现内存溢出、除零错误、数组下标越界等诸如此类的问题，该如何去解决？

程序中的错误一般分三类：第一类是语法错误，比如拼写错误等，这个在编译的时候就能发现,比较好判断；第二类是运行错误，比如内存溢出、除零错误、数组下标越界等错误，在语法上没有错误，算法上也没有错误，也就是说在编译时没有错误，但在运行时发生错误，这个就称为异常；第三类是算法错误，也就是说编译没有错误，运行时也没有错误，但是计算出的结果是错误的。

在本项目中就介绍一下如何在各种常用编程语言中进行异常处理，此外，我们也在程序中介绍一下如何实现算法（例如排序算法）。

技能目标

用提出、分析、解决问题的方法来培养学生如何用 OOP 的思维模式来处理程序中的错误，通过多语言的比较，在解决问题的同时熟练掌握不同语言的常用语法，并能掌握常用 5 种 OOP 编程语言的异常处理。

工作任务

实现 C++、VB.NET、Java、C#、Python 语言的异常处理。

任务一　实现 C++语言中的异常处理

任务描述

上海御恒信息科技公司接到客户的一份订单，要求用 C++语言中的异常处理存储学生的成绩登记表。公司刚招聘了一名程序员小张，软件开发部经理要求他尽快熟悉 C++语言中的异常处理，并将学生成绩登记表用 C++语言中的异常处理的源代码编写出来。小张按照经理的要求开始做以下的任务分析。

任务分析

（1）包含常用的头文件，其中包括常用的系统函数及相应的类。

（2）一定要包含处理异常的头文件（#include "exception"）。

（3）自定义一个类，从系统类 exception 继承，用构造函数输入异常消息，用一般函数输出消息。

（4）定义一个类，包括学生姓名，以及 C 语言、HTML、SQL 三门课成绩和平均分，还有静态变量 i。

(5)在类外为静态变量 i 实例化。

(6)在类外用子函数 input()实现循环控制输入每个学生的姓名及三门课成绩。

(7)在 input()函数中实现成绩的判断，如果成绩不在 0～100 之间，抛出相应的异常消息。

(8)在类外用子函数实现平均分的升序排列。

(9)在类外用子函数 output()实现排序前后的输出。

(10)主函数用来实现对象的新建以及排序前的输入/输出、排序、排序后的输出等函数的调用。

(11)学生成绩登记表如表 6-1 所示。

表 6-1　学生成绩登记表

姓　名	C 成绩	HTML 成绩	SQL 成绩	平　均　分
李小龙	98	72	83	
张三丰	82	93	68	
叶问	73	89	99	

任务实施

第一步：打开 Visual Studio。

第二步：文件→新建→C++项目→源文件名为: chap06_OOP_Exception_01_Cplusplus.cpp。

第三步：在该文件中输入以下内容：

```
// chap06_OOP_Exception_01_Cplusplus.cpp : 定义控制台应用程序的入口点

/*  1. 包含常用的头文件,其中包括常用的系统函数及相应的类 */
#include "stdafx.h"
#include "stdlib.h"
#include "iostream"
#include "string"
#include "math.h"
#include "fstream"
#include "exception"        //处理异常的头文件
using namespace std;
/*   2. 自定义一个类,从系统类 exception 继承,用构造输入异常消息,用一般方法输出消息*/
class MyException:public exception
{

private:
   char *mess;
public:
   MyException(char *m)
   {
      mess=m;
   }

   char * putMessage()
   {
      return mess;
   }
};
/*  3. 定义一个类,包括学生姓名,以及 C 语言、HTML、SQL 三门课成绩和平均分,还有静态变量 i  */

class StudentGrade
{
```

```
  public:
     char name[20];
     int cGrade;
     int htmlGrade;
     int sqlGrade;
     int avgGrade;
     static int i;

  public:
     void input(StudentGrade *stu);
     void paixu(StudentGrade *stud,int a);
     void output(StudentGrade *stu);

};

/* 4. 在类外为静态变量 i 实例化 */
int StudentGrade::i=0;


/* 5. 在类外用子函数 input()实现循环控制输入每个学生的姓名及三门课成绩,
     并在 input()函数中实现成绩的判断,如果成绩不在 0~100 之间,抛出相应的异常消息
*/

void StudentGrade::input(StudentGrade *stu)
{
   try
   {
      char ch;
      do
      {
         cout << "\n 请输入第" << i+1 <<"个学生成绩的信息:\n";

         cout << "\n 请输入学生姓名:";
         cin >> stu[i].name ;

         cout << "请输入 cGrade 成绩:";
         cin >> stu[i].cGrade;

         if(stu[i].cGrade<0 ||stu[i].cGrade>100)
         {
            MyException myex("c 的成绩必须在 0~100 之间，请重新输入!!!");
            throw myex;
         }

         cout << "请输入 html 成绩:";
         cin >> stu[i].htmlGrade;


         if(stu[i].htmlGrade<0 ||stu[i].htmlGrade>100)
         {
            MyException myex("html 的成绩必须在 0~100 之间,请重新输入!!!");
            throw myex;
         }

         cout << "请输入 sql 成绩:";
```

```
            cin >> stu[i].sqlGrade;

            if(stu[i].sqlGrade<0 ||stu[i].sqlGrade>100)
            {
               MyException myex("sql 的成绩必须在 0~100 之间,请重新输入!!!");
               throw myex;
            }
            i++;
            cout << "请问是否继续输入(y/n)?";
            cin >> ch;
         }while(ch=='y'||ch=='Y');
      }
      catch(MyException myex)
      {
         cout << "以上程序发生自定义异常: " << myex.putMessage()<< endl;
         exit(-1);//有异常的退出
      }
      catch(exception ex)
      {
         cout << "以上程序发生其他异常: " << ex.what() << endl;
         exit(-1);
      }
      catch(...)
      {
         cout << "以上程序发生未知异常! " << endl;
         exit(-1);
      }
}

/*  6. 在类外用子函数实现平均分的升序排列 */
void StudentGrade::paixu(StudentGrade *stud,int i)
{
      int a,b;
      StudentGrade temp;
      for(a=0;a<i-1;a++)
      {
         for(b=a+1;b<i;b++)
         {
            if(stud[b].avgGrade<stud[a].avgGrade)
            {
               temp=stud[b];
               stud[b]=stud[a];
               stud[a]=temp;
            }
         }
      }
}
/*  7. 在类外用子函数 output 实现排序前后的输出 */
void StudentGrade::output(StudentGrade *stu)
{
   cout << "\n************************TABLE************************\n";
   cout << "------------------------------------------------------------\n";
   cout << "\t 姓名" << "\tC 成绩" << "\tHTML 成绩" << "\tSQL 成绩" << "\t 平均分" << endl;
   cout << "------------------------------------------------------------\n";

   int c;
```

```
    for(c=0;c<StudentGrade.i;c++)
    {
        stu[c].avgGrade=(stu[c].cGrade+stu[c].htmlGrade+stu[c].sqlGrade)/3;
        cout << "\t" << stu[c].name << "\t" << stu[c].cGrade << "\t" << stu[c].htmlGrade
<< "\t\t" << stu[c].sqlGrade << "\t" << stu[c].avgGrade ;
        cout << "\n";
        cout << "------------------------------------------------------------\n";
    }
  }

  /*  8. 主函数用来实现对象的新建、排序前的输入/输出、调用排序函数、排序后的输出 */
  int main(int argc,char *argv[])
  {

    /*  <1>新建一个学生类的对象数组,可以存放多个学生对象 */
    StudentGrade stu[100];
    /*  <2>新建一个学生类的一般对象,用它可调用学生类中的成员函数 */
    StudentGrade obj;
    /* <3> 在排序前先调用输入函数,用循环控制输入每个学生的姓名及三门课成绩*/
    obj.input(stu);

    /* <4> 在排序前调用输出函数,用循环控制输出每个学生的姓名及三门课成绩*/
    cout << "\n 以下是排序前的学生成绩: \n" ;
    obj.output(stu);

    /* <5> 调用排序函数将学生对象数组及学生数目作为实参传给排序子函数 */
    obj.paixu(stu,StudentGrade.i);

    /* <6> 在排序后再调用输出函数,用循环控制输出每个学生的姓名及三门课成绩*/
    cout << "\n 以下是排序后的学生成绩: \n" ;
    obj.output(stu);

    return 0;

  }
```

第四步：调试并运行 C++项目，运行后键盘输入部分如图 6-1 所示。

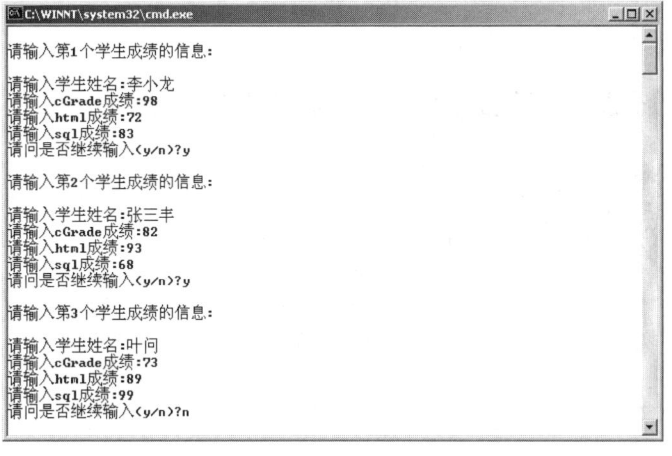

图 6-1　实现 C++语言中的异常处理（键盘输入部分）

第五步：在终止输入后，输出结果如图 6-2 所示。

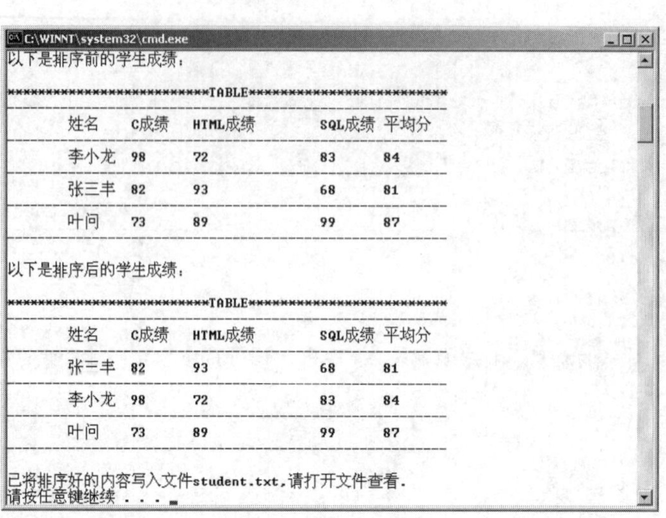

图 6-2 实现 C++语言中的异常处理（输出部分）

第六步：自定义异常测试 1 如图 6-3 所示。

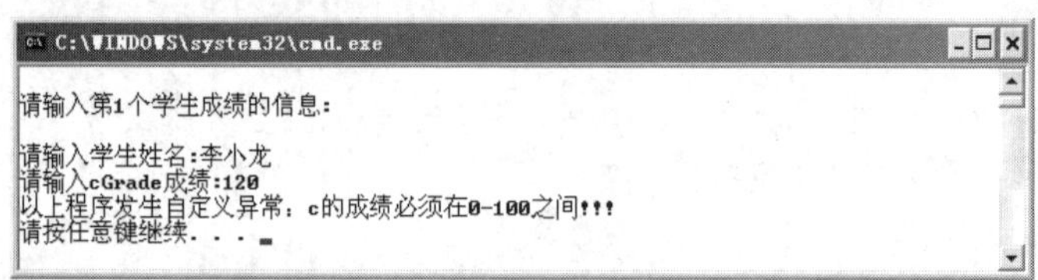

图 6-3 实现 C++语言中的异常处理（自定义异常测试 1）

第七步：自定义异常测试 2 如图 6-4 所示。

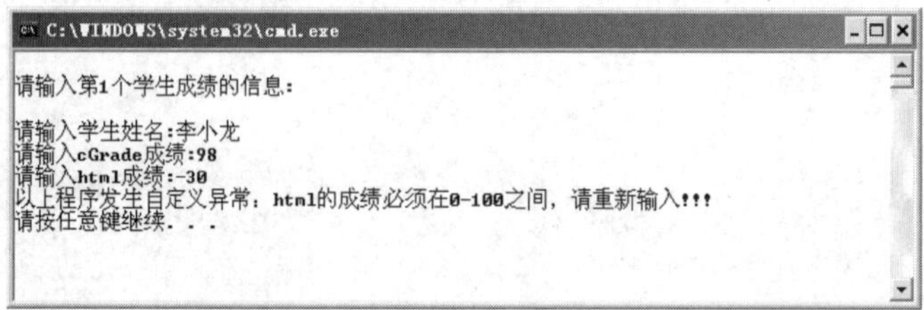

图 6-4 实现 C++语言中的异常处理（自定义异常测试 2）

第八步：自定义异常测试 3 如图 6-5 所示。

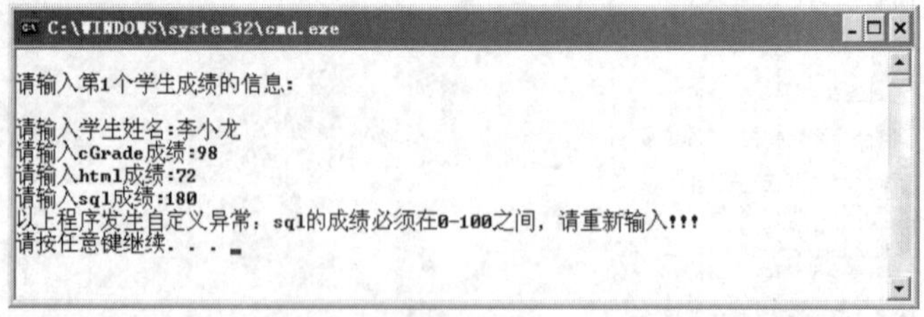

图 6-5 实现 C++语言中的异常处理（自定义异常测试 3）

任务小结

（1）一定要包含处理异常的头文件 #include "exception"。

（2）自定义一个类，从系统类 exception 继承，用构造输入异常消息，用一般方法输出消息。

```
class MyException:public exception
{
```

```
  private:
     char *mess;
  public:
     MyException(char *m)
     {
       mess=m;
  }

  char * putMessage()
  {
       return mess;
  }
};
```

（3）在输入方法内实现异常处理的架构，从而保证输入数据的准确性和有效性。

```
try
{
   if(stu[i].cGrade<0 ||stu[i].cGrade>100)
   {
       MyException myex("c的成绩必须在0-100之间,请重新输入!!!");
       throw myex;
 }
}
   catch(MyException myex)
   {
     cout << "以上程序发生自定义异常: " << myex.putMessage()<< endl;
   exit(-1);//有异常的退出
   }
  catch(exception ex)
  {
    cout << "以上程序发生其他异常: " << ex.what() << endl;
    exit(-1);
   }
   catch(...)
   {
    cout << "以上程序发生未知异常! " << endl;
    exit(-1);
   }
```

（4）在类外用子函数实现平均分的升序排列。

```
void StudentGrade::paixu(StudentGrade *stud,int i)
{
      int a,b;
      StudentGrade temp;
      for(a=0;a<i-1;a++)
      {
         for(b=a+1;b<i;b++)
         {
            if(stud[b].avgGrade<stud[a].avgGrade)
            {
               temp=stud[b];
               stud[b]=stud[a];
               stud[a]=temp;
            }
         }
      }
}
```

（5）为输入/输出及排序方法传递实参用对象数组名。

```
StudentGrade stu[100];
StudentGrade obj;
obj.input(stu);
obj.output(stu);
obj.paixu(stu,StudentGrade.i);
```

（6）输入/输出方法内的形参用指向对象的指针（指针指向对象数组的首地址）。

```
void StudentGrade::input(StudentGrade *stu)
{
   cin >> stu[i].name ;
}
```

（7）用静态变量 i 来控制第 i 个学生，并保证它的值在程序运行期间一直保留。

```
   static int i;                        //类中说明
   int StudentGrade::i=0;               //类外定义并初始化
   cin >> stu[i].name;                  //在方法中的数组中使用，用来控制数组的下标
   for(c=0;c<StudentGrade.i;c++)        //在循环中访问用"类名.静态变量名"
   {
      cout << "\t" << stu[c].name;
   }
```

（8）新建一个学生类的对象数组，可以存放最多 100 个学生对象。

（9）新建一个学生类的一般对象，用它可调用学生类中的过程。

（10）在排序前先调用输入过程，用循环控制输入每个学生的姓名及三门课成绩。

（11）在排序前调用输出过程，用循环控制输出每个学生的姓名及三门课成绩。

（12）调用排序过程，将学生对象数组及学生数目作为实参传给排序子函数。

（13）在排序后再调用输出过程，用循环控制输出每个学生的姓名及三门课成绩。

相关知识与技能

（1）异常是程序在执行期间产生的问题。C++ 异常是指在程序运行时发生的特殊情况，比如尝试除以零的操作。异常提供了一种转移程序控制权的方式。C++ 异常处理涉及三个关键字：try、catch、throw。throw: 当问题出现时，程序会抛出一个异常。这是通过使用 throw 关键字来完成的。catch: 在想要处理问题的地方，通过异常处理程序捕获异常。catch 关键字用于捕获异常。try: try 块中的代码标识将被激活的特定异常。它后面通常跟着一个或多个 catch 块。如果有一个块抛出一个异常，捕获异常的方法会使用 try 和 catch 关键字。try 块中放置可能抛出异常的代码，try 块中的代码被称为保护代码。使用 try...catch 语句的语法如下所示：

```
   try { // 保护代码 }
   catch( ExceptionName e1 ) { // catch 块 }
   catch( ExceptionName e2 ) { // catch 块 }
   catch( ExceptionName eN ) { // catch 块 }
```

如果 try 块在不同的情境下会抛出不同的异常，这个时候可以尝试罗列多个 catch 语句，用于捕获不同类型的异常。

（2）抛出异常。用户可以使用 throw 语句在代码块中的任何地方抛出异常。throw 语句的操作数可以是任意的表达式，表达式的结果的类型决定了抛出的异常的类型。以下是尝试除以零时抛出异常的实例：

```
   double division(int a, int b) { if( b == 0 ) { throw "Division by zero condition!"; }
return (a/b); }
```

（3）捕获异常。catch 块跟在 try 块后面，用于捕获异常。用户可以指定想要捕捉的异常类型，这是由 catch 关键字后的括号内的异常声明决定的。

```
   try { // 保护代码 }
   catch( ExceptionName e ) { // 处理 ExceptionName 异常的代码 }
```

上面的代码会捕获一个类型为 ExceptionName 的异常。如果想让 catch 块能够处理 try 块抛出的任何类型的异常，则必须在异常声明的括号内使用省略号，如下所示：

```
try { // 保护代码 }
catch(...) { // 能处理任何异常的代码 }
```

（4）C++ 标准的异常。C++ 提供了一系列标准的异常，定义在 <exception> 中，我们可以在程序中使用这些标准的异常。它们是以父子类层次结构组织起来的，以下是对常用异常类的说明：

- std::exception：该异常是所有标准 C++ 异常的父类。
- std::bad_exception：这在处理 C++ 程序中无法预期的异常时非常有用。
- std::logic_error：理论上可以通过读取代码来检测到的异常。
- std::invalid_argument：当使用了无效的参数时，会抛出该异常。
- std::length_error：当创建了太长的 std::string 时，会抛出该异常。
- std::out_of_range：该异常可以通过方法抛出，例如 std::vector 和 std::bitset<>::operator[]()。
- std::runtime_error：理论上不可以通过读取代码来检测到的异常。
- std::overflow_error：当发生溢出时，会抛出该异常。

（5）定义新的异常：可以通过继承和重载 exception 类来定义新的异常。

任务拓展

（1）C++中的异常处理的书写格式是什么样的？

（2）C++中如何从异常类（基类）继承？

（3）C++中如何在输入方法内实现异常处理的架构？

（4）C++中如何设计自定义异常？

任务二 实现 VB.NET 语言中的异常处理

任务描述

上海御恒信息科技公司接到客户的一份订单，要求用 VB.NET 语言中的异常处理存储学生的成绩登记表。公司刚招聘了一名程序员小张，软件开发部经理要求他尽快熟悉 VB.NET 语言中的异常处理，并将学生成绩登记表用 VB.NET 语言中的异常处理的源代码编写出来。小张按照经理的要求开始做以下的任务分析。

任务分析

(1) 导入常用的系统命名空间。

(2) 自定义一个类，从系统类 Exception 继承，用构造输入异常消息，用一般方法输出消息。

(3) 定义类包括学生姓名，以及 C 语言、HTML、SQL 三门课成绩和平均分，还有静态变量 i。

(4) 在类内用子过程 input 实现循环控制输入每个学生的姓名及三门课成绩。

(5) 在 input 过程中实现成绩的判断，如果成绩不在 0 ~ 100 之间，抛出相应的异常消息。

(6) 在类内用子过程实现平均分的升序排列。

(7) 在类内用子过程 Output 实现排序前后的输出。

(8) 主过程用来实现对象的新建、排序前的输入/输出、调用排序函数、排序后的输出。

(9) 学生成绩登记表如任务一中的表 6-1 所示。

任务实施

第一步：打开 Visual Studio。

第二步：文件→新建 VB.NET 项目→源文件名为：chap06_OOP_Exception_02_VBMOD.vb。

第三步：在该文件中输入以下内容：

```
'chap06_OOP_Exception_02_VBMOD.vb ：定义控制台应用程序的入口点

' 1. 导入常用的系统命名空间
Imports System
Imports System.IO

'  2. 自定义一个类,从系统类 Exception 继承,用构造输入异常消息,用一般方法输出消息
Public Class MyException

    Inherits Exception
    Private mess As String

    Public Sub New(ByVal m As String)
        mess = m
    End Sub

    Public Function PutMessage() As String
        Return mess
    End Function

End Class

 3. 定义类,包括姓名,以及 C、HTML、SQL 三门课成绩和平均分,还有静态变量 i
Public Class StudentGrade

    Private name As String
    Private cGrade As Integer
    Private htmlGrade As Integer
    Private sqlGrade As Integer
    Private avgGrade As Integer
    Public Shared i As Integer = 0

    ' 4. 在类内用子过程 input 实现循环控制输入每个学生的姓名及三门课成绩,
    '   并在 input 过程中实现成绩的判断,如果成绩不在 0~100 之间,抛出相应的异常消息

    Public Sub Input(ByRef stu() As StudentGrade)

        Try
            'ReDim stu(100)

            Dim ch As String
            Do
                stu(i) = New StudentGrade()
       Console.WriteLine(Chr(10) + "请输入第" + CStr(i + 1) + "个学生成绩的信息:" + Chr(10))

                Console.Write("请输入学生姓名:")
                stu(i).name = Console.ReadLine()

                Console.Write("请输入 cGrade 成绩:")
                stu(i).cGrade = Console.ReadLine()

                If stu(i).cGrade < 0 Or stu(i).cGrade > 100 Then
              Dim myex As New MyException("c 的成绩必须在 0-100 之间,请重新输入!!!")
```

```
            Throw myex
        End If

        Console.Write("请输入 html 成绩:")
        stu(i).htmlGrade = Console.ReadLine()

        If stu(i).htmlGrade < 0 Or stu(i).htmlGrade > 100 Then
    Dim myex As New MyException("html 的成绩必须在 0-100 之间,请重新输入!!!")
            Throw myex
        End If

        Console.Write("请输入 sql 成绩:")
        stu(i).sqlGrade = Console.ReadLine()

        If stu(i).sqlGrade < 0 Or stu(i).sqlGrade > 100 Then
     Dim myex As New MyException("sql 的成绩必须在 0-100 之间,请重新输入!!!")
            Throw myex
        End If

        i = i + 1

        Console.Write(Chr(10) + "请问是否继续输入 y/n ?")
        ch = Console.ReadLine()

    Loop While ch = "y" Or ch = "Y"

  Catch myex As MyException

    Console.WriteLine("以上程序发生自定义异常: " + myex.PutMessage)
    End  '退出应用程序

  Catch ex As Exception

    Console.WriteLine("以上程序发生其他异常: " + ex.Message)
    End
  End Try

End Sub

' 5. 在类内用子过程实现平均分的升序排列
Public Sub Paixu(ByRef stu() As StudentGrade, ByVal i As Integer)
  Dim a As Integer, b As Integer
  Dim temp As New StudentGrade
  For a = 0 To i - 2 Step 1
    For b = a + 1 To i - 1 Step 1
      If stu(b).avgGrade < stu(a).avgGrade Then
        temp = stu(b)
        stu(b) = stu(a)
        stu(a) = temp
      End If
    Next b
  Next a
End Sub

' 6. 在类内用子过程 Output 实现排序前后的输出
```

```
        Public Sub Output(ByRef stu() As StudentGrade)
            Console.WriteLine(Chr(10) + "***************TABLE********** *******" + Chr(10))
            Console.WriteLine("-----------------------------------------------" + Chr(10))
            Console.WriteLine(Chr(9) + "姓名" + Chr(9) + "C成绩" + Chr(9) + "HTML成绩" + Chr(9)
+ "SQL成绩" + Chr(9) + "平均分" + Chr(10))
            Console.WriteLine("-----------------------------------------------" + Chr(10))

            Dim c As Integer
            For c = 0 To StudentGrade.i - 1 Step 1
                stu(c).avgGrade = stu(c).cGrade + stu(c).htmlGrade + stu(c).sqlGrade / 3
                Console.WriteLine(Chr(9) & stu(c).name & Chr(9) & stu(c).cGrade & Chr(9) &
stu(c).htmlGrade & Chr(9) & Chr(9) & stu(c).sqlGrade & Chr(9) & stu(c).avgGrade)
                Console.WriteLine()
                Console.WriteLine("------------------------------------------- -" + Chr(10))
            Next c
        End Sub

    End Class

    Module chap06_OOP_Exception_02_VBMOD
        ' 7. 主函数用来实现对象的新建、排序前的输入输出、调用排序函数、排序后的输出
        Sub Main()
            ' <1> 新建一个学生类的对象数组,可以存放最多100个学生对象
            Dim stu(100) As StudentGrade

            ' <2> 新建一个学生类的一般对象,用它可调用学生类中的过程
            Dim obj As New StudentGrade()

            ' <3> 在排序前先调用输入过程,用循环控制输入每个学生的姓名及三门课成绩
            obj.Input(stu)

            ' <4> 在排序前调用输出过程,用循环控制输出每个学生的姓名及三门课成绩
            Console.WriteLine(Chr(10) & "以下是排序前的学生成绩: " & Chr(10))
            obj.Output(stu)

            ' <5> 调用排序过程, 将学生对象数组及学生数目作为实参传给排序子函数
            obj.Paixu(stu, StudentGrade.i)

            ' <6> 在排序后再调用输出过程,用循环控制输出每个学生的姓名及三门课成绩
            Console.WriteLine(Chr(10) + "以下是排序后的学生成绩: ")
            obj.Output(stu)
        End Sub

    End Module
```

第四步：编译运行项目，屏幕上显示的结果如任务一中的图 6-1 ~ 图 6-5 所示。

任务小结

（1）包含常用的系统命名空间 Imports System。

（2）自定义一个类，从系统类 Exception 继承，用构造输入异常消息，用函数过程输出消息。

```
    Public Class MyException
        Inherits Exception
        Private mess As String

        Public Sub New(ByVal m As String)
```

```
        mess = m
    End Sub

    Public Function PutMessage() As String
        Return mess
    End Function

End Class
```

（3）在输入过程内实现异常处理的架构，从而保证输入数据的准确性和有效性。

```
Try
  If stu(i).cGrade < 0 Or stu(i).cGrade > 100 Then
      Dim myex As New MyException("c的成绩必须在0-100之间,请重新输入!!!")
      Throw myex
  End If
Catch myex As MyException
  Console.WriteLine("以上程序发生自定义异常: " + myex.PutMessage)
  End '退出应用程序
Catch ex As Exception
  Console.WriteLine("以上程序发生其他异常: " + ex.Message)
  End
End Try
```

（4）在类内用子过程实现平均分的升序排列。

```
Public Sub Paixu(ByRef stu() As StudentGrade, ByVal i As Integer)

Dim a As Integer, b As Integer
        Dim temp As New StudentGrade
        For a = 0 To i - 2 Step 1
            For b = a + 1 To i - 1 Step 1
                If stu(b).avgGrade < stu(a).avgGrade Then
                    temp = stu(b)
                    stu(b) = stu(a)
                    stu(a) = temp
                End If
            Next b
        Next a
    End Sub
```

（5）为输入/输出及排序方法传递实参用对象数组名。

```
Dim stu(100) As StudentGrade
Dim obj As New StudentGrade()
obj.Input(stu);
obj.Output(stu);
obj.Paixu(stu,StudentGrade.i);
```

（6）输入/输出过程内的形参为对象数组（并在过程内为这个对象数组分配内存）。

```
Public Sub Input(ByRef stu() As StudentGrade)
   stu(i) = New StudentGrade()
   stu(i).name = Console.ReadLine()
End Sub
```

（7）用静态变量 i 来控制第 i 个学生，并保证它的值在程序运行期间一直保留。

```
Public Shared i As Integer = 0//类中定义并初始化
stu(i) = New StudentGrade()
stu(i).name = Console.ReadLine()
```

（8）新建一个学生类的对象数组，可以存放最多 100 个学生对象。

（9）新建一个学生类的一般对象，用它可调用学生类中的过程。
（10）在排序前先调用输入过程，用循环控制输入每个学生的姓名及三门课成绩。
（11）在排序前调用输出过程，用循环控制输出每个学生的姓名及三门课成绩。
（12）调用排序过程将学生对象数组及学生数目作为实参传给排序子函数。
（13）在排序后再调用输出过程，用循环控制输出每个学生的姓名及三门课成绩。

相关知识与技能

1. VB.NET 的异常处理概述

异常处理是.NET 平台重要的安全机制，它将错误代码的接收和处理进行了完美的分离，理清了编程者的思绪，也增强了代码的可读性，方便了维护者的阅读和理解，而且还提供了处理程序运行时出现的任何意外或异常情况的方法。在.NET 平台中异常处理使用 try、catch 和 finally 关键字来尝试可能未成功的操作、处理失败，以及在事后清理资源。与传统 VB 中的 On Error 语句相比，.NET 平台的异常处理机制更加灵活，而且使用更加方便。

2. 异常处理的三个语句块

.NET 平台中异常处理主要是由 try...catch...finally 三个语句块构成，try 块负责错误代码的捕获，catch 进行错误的处理，finally 负责错误处理后的后续工作，如释放对象、清理资源等工作。在语句块中，Try 和 Finally 语句块是必须运行的，但是 Catch 语句块不一定运行，如果 Try 块内的代码没有错误，没有抛出异常的话，Catch 语句块中的代码是不运行的，而是跳过 Catch 块直接运行 Finally 块中的清理工作。反之，如果遇到了异常，Catch 语句块中的处理工作就要进行。为什么要在 Finally 块中进行清理工作？简单的说，一个程序的异常会导致程序不能正常完成工作，而且在错误出现的地方跳出程序，直接执行 Catch 语句块中的代码，使得在程序运行时构建的对象资源不能释放，浪费了内存资源，同时也可能导致栈中数据存储的杂乱。所以，无论有没有出现异常，Finally 块中的代码是一定会运行的。

3. 异常处理的代码实例

```
    Private  Sub  FirstTryCatchButton_Click(ByVal  sender  As  System.Object,  ByVal  e  As
System.EventArgs) Handles FirstTryCatchButton.Click
        Dim sngAvg As Single
        sngAvg = GetAverage(0, 100)
    End Sub
    Private Function GetAverage(ByVal iItems As Integer, ByVal iTotal As Integer) As Single.
            Try
          Dim sngAverage As Single
                sngAverage = CSng(iTotal \ iItems)
                MessageBox.Show("Calculation successful")
          Return sngAverage
        Catch excGeneric As Exception
                MessageBox.Show("Calculation unsuccessful - exception caught")
          Return 0
        End Try
    End Function
```

4. 抛出异常

我们知道，在程序中出现异常会导致提前跳出程序，同样，抛出异常也是跳出程序代码，直接运行 Catch 块中的内容。抛出异常不仅可以应用在程序代码出现错误时，我们还可以使用抛出异常的机制来捕获一个过程或一个函数中出现异常值的情况，可以把这种方法看作是一个函数返回一个特殊值，通过上层函数来捕获程序中遇到异常的情况。VB.NET 使用 Throw 关键字在程序中抛出异常，让调用这个函数的上级调用函数进行处理。例如以下代码：

```
    Private Function GetAverage4(ByVal iItems As Integer, ByVal iTotal As Integer) As Single
```

```
        If iItems = 0 Then
            Dim excOurOwnException As New ArgumentException("Number of items cannot be zero")

            Throw excOurOwnException
        End If
End Function
```

任务拓展

（1）VB.NET 中的异常处理的书写格式是什么样的？

（2）VB.NET 中如何从异常类（基类）继承？

（3）VB.NET 中如何在输入方法内实现异常处理的架构？

（4）VB.NET 中如何设计自定义异常？

任务三　实现 Java 语言中的异常处理

任务描述

上海御恒信息科技公司接到客户的一份订单，要求用 Java 语言中的异常处理存储学生的成绩登记表。公司刚招聘了一名程序员小张，软件开发部经理要求他尽快熟悉 Java 语言中的异常处理，并将学生成绩登记表用 Java 语言中的异常处理的源代码编写出来。小张按照经理的要求开始做以下的任务分析。

任务分析

（1）用工程名新建自定义包。

（2）导入系统包，其中包括常用的类。

（3）自定义一个类，从系统类 exception 继承，用构造输入异常消息，用一般方法输出消息。

（4）定义类，包括学生姓名，以及 C 语言、HTML、SQL 三门课成绩和平均分，还有静态变量 i。

（5）在类内用实例方法 input 实现循环控制输入每个学生的姓名及三门课成绩。

（6）在 input()方法中实现成绩的判断，如果成绩不在 0～100 之间，抛出相应的异常消息。

（7）在类内用实例方法实现平均分的升序排列。

（8）在类内用实例方法 output()实现排序前后的输出。

（9）主方法用来实现对象的新建、排序前的输入/输出、调用排序方法、排序后的输出。

（10）学生成绩登记表如任务一中的表 6-1 所示。

任务实施

第一步：打开 Eclipse。

第二步：文件→新建→Java 项目→源文件为:Student.java。

第三步：在该文件中输入以下内容：

```
// 1. 用工程名 chap06_OOP_Exception_03_JAVA 新建自定义包
package chap06_OOP_Exception_03_JAVA;
// 2. 导入系统包，其中包括常用的类
import java.io.*;
//import java.lang.*;
// 3. 自定义一个类,从系统类 exception 继承,用构造输入异常消息,用一般方法输出消息
public class MyException extends Exception
{
  private String mess;
```

```
    public  MyException(String m)
    {
       mess=m;
    }

    String  putMessage()
    {
       return mess;
    }
}
 //4. 定义类包括学生姓名,以及C、HTML、SQL成绩和平均分,还有静态变量i
public class StudentGrade
{
    private String name;
    private int cGrade;
    private int htmlGrade;
    private int sqlGrade;
    private int avgGrade;
    private static int i=0;

    /* 5. 在类内用实例方法input实现循环控制输入每个学生的姓名及三门课成绩,
         并在input()方法中实现成绩的判断,如果成绩不在0~100之间,抛出相应的异常消息
    */
    BufferedReader br=new BufferedReader(new InputStreamReader(System.in));

    public void input(StudentGrade stu[]) throws IOException
    {
       try
       {
          char ch;
          do
          {
             stu[i] = new StudentGrade();
             System.out.print("\n请输入第" + (i+1) +"个学生成绩的信息:\n");

             System.out.print("\n请输入学生姓名:");
             stu[i].name=br.readLine();

             System.out.print("请输入cGrade成绩:");
             stu[i].cGrade=Integer.parseInt(br.readLine());

             if(stu[i].cGrade<0 ||stu[i].cGrade>100)
             {
                throw new MyException("c的成绩必须在0-100之间,请重新输入!!!");
             }

             System.out.print("请输入html成绩:");
             stu[i].htmlGrade=Integer.parseInt(br.readLine());


             if(stu[i].htmlGrade<0 ||stu[i].htmlGrade>100)
             {
                throw new MyException("html的成绩必须在0-100之间,请重新输入!!!");
             }

             System.out.print("请输入sql成绩:");
```

```
        stu[i].sqlGrade=Integer.parseInt(br.readLine());

        if(stu[i].sqlGrade<0 ||stu[i].sqlGrade>100)
        {
           throw new MyException("sql的成绩必须在0-100之间,请重新输入!!!");
        }

        i++;

        System.out.print("请问是否继续输入(y/n)?");
        ch = (char)System.in.read();
        System.in.skip(2);

      }while(ch=='y'||ch=='Y');

   }
   catch(MyException myex)
   {
      System.out.println("以上程序发生自定义异常: " + myex.putMessage());
      System.exit(-1);        //有异常的退出
   }
   catch(Exception ex)
   {
      System.out.println("以上程序发生其他异常: " + ex.getMessage() );
      System.exit(-1);        //有异常的退出
   }

}

/*  6. 在类内用实例方法实现平均分的升序排列  */

public  void paixu(StudentGrade stu[],int i)
{
   int a,b;
   StudentGrade temp;
   for(a=0;a<i-1;a++)
   {
      for(b=a+1;b<i;b++)
      {
         if(stu[b].avgGrade<stu[a].avgGrade)
         {
            temp=stu[b];
            stu[b]=stu[a];
            stu[a]=temp;
         }
      }
   }
}
/*  7. 在类内用实例方法 output()实现排序前后的输出  */

public void output(StudentGrade stu[])
{
   System.out.println("\n************************TABLE************************\n");
   System.out.println("-----------------------------------------------------\n");
   System.out.println("\t姓名" + "\tC成绩" + "\tHTML成绩" + "\tSQL成绩" + "\t平均分");
   System.out.println("-----------------------------------------------------\n");
```

```
        int c;
        for(c=0;c<StudentGrade.i;c++)
        {
            stu[c].avgGrade=(stu[c].cGrade+stu[c].htmlGrade+stu[c].sqlGrade)/3;
            System.out.println("\t" + stu[c].name + "\t" + stu[c].cGrade + "\t" +
stu[c].htmlGrade + "\t\t" + stu[c].sqlGrade + "\t" + stu[c].avgGrade);
            System.out.println();
            System.out.println("-------------------------------------------------------\n");
        }
    }
    /*  8. 主方法用来实现对象的新建、排序前的输入输出、调用排序方法、排序后的输出  */
    public static void main(String[] args) throws IOException
    {
        /*  <1> 新建一个学生类的对象数组,可以存放最多 100 个学生对象  */

        StudentGrade [] stu=new StudentGrade[100];

        /*  <2> 新建一个学生类的一般对象,用它可调用学生类中的成员函数  */
        StudentGrade obj = new StudentGrade();

        /* <3> 在排序前先调用输入方法,用循环控制输入每个学生的姓名及三门课成绩*/
        obj.input(stu);

        /* <4> 在排序前调用输出方法,用循环控制输出每个学生的姓名及三门课成绩*/
        System.out.println("\n 以下是排序前的学生成绩: \n");
        obj.output(stu);

        /* <5> 调用排序方法,将学生对象数组及学生数目作为实参传给排序子函数  */
        obj.paixu(stu, StudentGrade.i);

        /* <6> 在排序后再调用输出方法,用循环控制输出每个学生的姓名及三门课成绩*/
        System.out.println("\n 以下是排序后的学生成绩: \n");
        obj.output(stu);
    }
}
```

第四步：编译运行项目，屏幕上显示的结果如任务一中的图 6-1 ~ 图 6-5 所示。

任务小结

（1）导入系统包，其中包括常用的类 import java.lang.*;（此包也可不用导入，其默认导入）。

（2）自定义一个类，从系统类 Exception 继承，用构造输入异常消息，用实例方法输出消息。

```
public class MyException extends Exception
{
  private String mess;

  public  MyException(String m)
  {
     mess=m;
  }

  String  putMessage()
  {
     return mess;
  }
```

```
}
```

（3）在输入方法内实现异常处理的架构，从而保证输入数据的准确性和有效性。

```
try
{
  if(stu[i].cGrade<0 ||stu[i].cGrade>100)
      {
       throw new MyException("c 的成绩必须在 0-100 之间,请重新输入!!!");
      }
}
catch(MyException myex)
   {
      System.out.println("以上程序发生自定义异常: " + myex.putMessage());
      System.exit(-1);          //有异常的退出
   }
   catch(Exception ex)
   {
      System.out.println("以上程序发生其他异常: " + ex.getMessage() );
      System.exit(-1);          //有异常的退出
   }
```

（4）在类内用实例方法实现平均分的升序排列。

```
public  void paixu(StudentGrade stu[],int i)
   {
      int a,b;
      StudentGrade temp;
      for(a=0;a<i-1;a++)
      {
         for(b=a+1;b<i;b++)
         {


            if(stu[b].avgGrade<stu[a].avgGrade)
         {
            temp=stu[b];
            stu[b]=stu[a];
            stu[a]=temp;
            }
         }
      }
   }
```

（5）为输入/输出及排序方法传递实参用对象数组名。

```
StudentGrade [] stu=new StudentGrade[100];
StudentGrade obj = new StudentGrade();
obj.input(stu);
obj.output(stu);
obj.paixu(stu,StudentGrade.i);
```

（6）输入/输出方法内的形参用对象数组，并在方法内为对象数组实例化，如方法内有异常，要在方法后加 throws 子句。

```
BufferedReader br=new BufferedReader(new InputStreamReader(System.in));
public void input(StudentGrade stu[]) throws IOException
{
   stu[i] = new StudentGrade();
   stu[i].name=br.readLine();
}
```

（7）用静态变量 i 来控制第 i 个学生，并保证它的值在程序运行期间一直保留。

```
private static int i=0;                 //类内定义并初始化
stu[i].name=br.readLine();              //在方法中的数组中使用,用来控制数组的下标
for(c=0;c<StudentGrade.i;c++)           //在循环中访问用类名.静态变量名
{
System.out.println("\t" + stu[c].name )
}
```

（8）新建一个学生类的对象数组，可以存放最多 100 个学生对象。

（9）新建一个学生类的一般对象，用它可调用学生类中的实例方法。

（10）在排序前先调用输入过程，用循环控制输入每个学生的姓名及三门课成绩。

（11）在排序前调用输出方法，用循环控制输出每个学生的姓名及三门课成绩。

（12）调用排序方法将学生对象数组及学生数目作为实参传给排序子函数。

（13）在排序后再调用输出方法，用循环控制输出每个学生的姓名及三门课成绩。

相关知识与技能

（1）Java 异常处理概述。异常是程序中的一些错误，但并不是所有的错误都是异常，并且错误有时候是可以避免的。比如说，代码少了一个分号，那么运行出来结果是提示是错误 java.lang.Error；如果用 System.out.println(11/0)，那么是因为用 0 做了除数，会抛出 java.lang.ArithmeticException 的异常。异常发生的原因有很多，通常包含以下几大类：用户输入了非法数据、要打开的文件不存在、网络通信时连接中断，或者 JVM 内存溢出。这些异常有的是因为用户错误引起的，有的是程序错误引起的，还有其他一些是因为物理错误引起的。

（2）异常的类型。

① 检查性异常：最具代表的检查性异常是用户错误或问题引起的异常，这是程序员无法预见的。例如要打开一个不存在文件时，一个异常就发生了，这些异常在编译时不能被简单地忽略。

② 运行时异常：运行时异常是可能被程序员避免的异常。与检查性异常相反，运行时异常可以在编译时被忽略。

③ 错误：错误不是异常，而是脱离程序员控制的问题。错误在代码中通常被忽略。例如，当栈溢出时，一个错误就发生了，它们再编译也检查不到。

（3）Exception 类的层次。所有的异常类是从 java.lang.Exception 类继承的子类。Exception 类是 Throwable 类的子类。除了 Exception 类外，Throwable 还有一个子类 Error 。Java 程序通常不捕获错误。错误一般发生在严重故障时，它们在 Java 程序处理的范畴之外。Error 用来指示运行时环境发生的错误。例如，JVM 内存溢出。一般地，程序不会从错误中恢复。异常类有两个主要的子类：IOException 类和 RuntimeException 类。

（4）Java 内置异常类。Java 语言定义了一些异常类在 java.lang 标准包中。标准运行时异常类的子类是最常见的异常类。由于 java.lang 包是默认加载到所有的 Java 程序的，所以大部分从运行时异常类继承而来的异常都可以直接使用。Java 根据各个类库也定义了一些其他的异常，下面列出了 Java 的非检查性异常。

- ArithmeticException：出现异常运算条件时，抛出此异常。例如，一个整数除以零时，抛出此类的一个实例。
- ArrayIndexOutOfBoundsException：用非法索引访问数组时抛出的异常（如果索引为负或大于等于数组大小）。
- ClassCastException：当试图将对象强制转换为不是实例的子类时，抛出该异常。
- IndexOutOfBoundsException：指示某排序索引（例如对数组、字符串或向量的排序）超出范围时抛出。
- NullPointerException：当应用程序试图在需要对象的地方使用 null 时，抛出该异常。
- NumberFormatException：当应用程序试图将字符串转换成一种数值类型，但该字符串不能转换为适当格式时，抛出该异常。

- SecurityException：由安全管理器抛出的异常，指示存在安全侵犯。

还有一些是 Java 定义在 java.lang 包中的检查性异常类，如下所示：

- ClassNotFoundException：应用程序试图加载类时，找不到相应的类，抛出该异常。
- InterruptedException：一个线程被另一个线程中断，抛出该异常。

（5）异常方法。下面是 Throwable 类的主要方法:

- public String getMessage()：返回关于发生异常的详细信息。这个消息在 Throwable 类的构造函数中初始化了。
- public Throwable getCause()：返回一个 Throwable 对象代表异常原因。
- public String toString()：使用 getMessage()的结果返回类的串级名字。
- public void printStackTrace()：打印 toString()结果和栈层次到 System.err，即错误输出流。

（6）捕获异常。

使用 try 和 catch 关键字可以捕获异常。try...catch 代码块放在异常可能发生的地方。try...catch 代码块中的代码称为保护代码，使用 try/catch 的语法如下：

```
try{  // 程序代码}
catch(ExceptionName e1){  //Catch 块}
```

Catch 语句包含要捕获异常类型的声明。当保护代码块中发生一个异常时，try 后面的 catch 块就会被检查。如果发生的异常包含在 catch 块中，异常会被传递到该 catch 块，这和传递一个参数到方法是一样的。

（7）多重捕获块。一个 try 代码块后面跟随多个 catch 代码块的情况就叫多重捕获。多重捕获块的语法如下所示：

```
try{ // 程序代码 }
catch(异常类型 1 异常的变量名 1){ // 程序代码 }
catch(异常类型 2 异常的变量名 2){ // 程序代码 }
catch(异常类型 3 异常的变量名 3){ // 程序代码 }
```

上面的代码段包含了 3 个 catch 块。可以在 try 语句后面添加任意数量的 catch 块。如果保护代码中发生异常，异常被抛给第一个 catch 块。如果抛出异常的数据类型与 ExceptionType1 匹配，它在这里就会被捕获。如果不匹配，它会被传递给第二个 catch 块。如此，直到异常被捕获或者通过所有的 catch 块。

（8）throws/throw 关键字：如果一个方法没有捕获到一个检查性异常，那么该方法必须使用 throws 关键字来声明。throws 关键字放在方法签名的尾部。也可以使用 throw 关键字抛出一个异常，无论它是新实例化的还是刚捕获到的。

（9）一个方法可以声明抛出多个异常，多个异常之间用逗号隔开。

（10）finally 关键字：用来创建在 try 代码块后面执行的代码块。无论是否发生异常，finally 代码块中的代码总会被执行。在 finally 代码块中，可以运行清理类型等收尾善后性质的语句。finally 代码块出现在 catch 代码块最后，语法如下：

```
try{ // 程序代码 }
catch(异常类型 1 异常的变量名 1){ // 程序代码 }
catch(异常类型 2 异常的变量名 2){ // 程序代码 }
finally{ // 程序代码 }
```

注意下面事项：catch 不能独立于 try 存在。在 try/catch 后面添加 finally 块并非强制性要求的。try 代码后不能既没 catch 块也没 finally 块。Try、catch、finally 块之间不能添加任何代码。

（11）声明自定义异常：在 Java 中可以自定义异常。编写自己的异常类时需要注意，所有异常都必须是 Throwable 的子类。如果希望写一个检查性异常类，则需要继承 Exception 类。如果想写一个运行时异常类，那么需要继承 RuntimeException 类。可以像下面这样定义自己的异常类：class MyException extends

Exception{ }，只继承 Exception 类来创建的异常类是检查性异常类。InsufficientFundsException 类是用户定义的异常类，它继承自 Exception。一个异常类和其他任何类一样，包含有变量和方法。

（12）通用异常。在 Java 中定义了两种类型的异常和错误。

- JVM(Java 虚拟机）异常：由 JVM 抛出的异常或错误。例如 NullPointerException 类、ArrayIndexOutOfBoundsException 类、ClassCastException 类。
- 程序级异常：由程序或者 API 程序抛出的异常。例如 IllegalArgumentException 类、IllegalStateException 类。

任务拓展

（1）Java 中的异常处理的书写格式是什么样的？

（2）Java 中如何从异常类（基类）继承？

（3）Java 中如何在输入方法内实现异常处理的架构？

（4）Java 中如何设计自定义异常？

任务四　实现 C#语言中的异常处理

任务描述

上海御恒信息科技公司接到客户的一份订单，要求用 C#语言中的异常处理存储学生的成绩登记表。公司刚招聘了一名程序员小张，软件开发部经理要求他尽快熟悉 C#语言中的异常处理，并将学生成绩登记表用 C#语言中的异常处理的源代码编写出来。小张按照经理的要求开始做以下的任务分析。

任务分析

（1）使用系统命名空间，其中包括常用的类。

（2）用工程名新建自定义命名空间。

（3）自定义一个类，从系统类 exception 继承，用构造输入异常消息，用一般函数输出消息。

（4）定义类，包括学生姓名，以及 C 语言、HTML、SQL 三门课成绩和平均分，还有静态变量 i。

（5）在类内用实例函数 input 实现循环控制输入每个学生的姓名及三门课成绩。

（6）在 input()函数中实现成绩的判断，如果成绩不在 0 ~ 100 之间，抛出相应的异常消息。

（7）在类内用实例函数实现平均分的升序排列。

（8）在类内用实例函数 output()实现排序前后的输出。

（9）主函数用来实现对象的新建、排序前的输入/输出、调用排序函数、排序后的输出。

（10）学生成绩登记表如任务一中的表 6-1 所示。

任务实施

第一步：打开 Visual Studio。

第二步：文件→新建→C#项目→源文件名：Student.cs。

第三步：在该文件中输入以下内容：

```
//  1. 使用系统命名空间，其中包括常用的类
using System;
using System.IO;
using System.Collections.Generic;
using System.Text;
//  2. 用工程名 chap06_OOP_Exception_04_CSharp 新建自定义命名空间
namespace chap06_OOP_Exception_04_CSharp
{
```

```
//  3. 自定义一个类,从系统类 exception 继承,用构造输入异常消息,用一般函数输出消息
public class MyException:Exception
{
    protected string mess;
    public MyException(string m):base(m)
    {
    }
    string  putMessage()
    {
     return mess;
    }
}
//  4. 定义类,包括学生姓名,以及 C、HTML、SQL 成绩和平均分,还有静态变量 i
public class StudentGrade
{
  private string name;
  private int cGrade;
  private int htmlGrade;
  private int sqlGrade;
  private int avgGrade;
  private static int i=0;
  /* 5. 在类内用实例函数 input()实现循环控制输入每个学生的姓名及三门课成绩,
    并在 input()函数中实现成绩的判断,如果成绩不在 0--100 之间,抛出相应的异常消息
  */
  public void input(StudentGrade [] stu)
  {
     try
     {
        string ch;
        do
        {
           stu[i] = new StudentGrade();
           Console.Write("\n 请输入第" + (i+1) +"个学生成绩的信息:\n");

           Console.Write("\n 请输入学生姓名:");
           stu[i].name=Console.ReadLine();

           Console.Write("请输入 cGrade 成绩:");
           stu[i].cGrade=Int32.Parse(Console.ReadLine());

           if(stu[i].cGrade<0 ||stu[i].cGrade>100)
           {
              throw new MyException("c 的成绩必须在 0-100 之间,请重新输入!!!");
           }

           Console.Write("请输入 html 成绩:");
             stu[i].htmlGrade = Int32.Parse(Console.ReadLine());


           if(stu[i].htmlGrade<0 ||stu[i].htmlGrade>100)
           {
            throw new MyException("html 的成绩必须在 0-100 之间,请重新输入!!!");
           }

           Console.Write("请输入 sql 成绩:");
```

项目六 实现 OOP 中的异常处理

```
                stu[i].sqlGrade = Int32.Parse(Console.ReadLine());

            if(stu[i].sqlGrade<0 ||stu[i].sqlGrade>100)
            {
              throw new MyException("sql 的成绩必须在 0-100 之间,请重新输入!!!");
            }

            i++;

            Console.Write("请问是否继续输入(y/n)?");
            ch = Console.ReadLine();

        }while(ch=="y"||ch=="Y");
    }
    catch(MyException myex)
    {
        Console.WriteLine("以上程序发生自定义异常: " + myex.Message);
          System.Environment.Exit(-1);//有异常的退出
    }
    catch(Exception ex)
    {
        Console.WriteLine("以上程序发生其他异常: " + ex.Message);
          System.Environment.Exit(-1);//有异常的退出
    }
}

/*  6. 在类内用实例函数实现平均分的升序排列  */
public  void paixu(StudentGrade [] stu,int i)
{
    int a,b;
    StudentGrade temp;
    for(a=0;a<i-1;a++)
    {
        for(b=a+1;b<i;b++)
        {
            if(stu[b].avgGrade<stu[a].avgGrade)
            {
                temp=stu[b];
                stu[b]=stu[a];
                stu[a]=temp;
            }
        }
    }
}

/*  7. 在类内用实例函数 output()实现排序前后的输出  */
public void output(StudentGrade [] stu)
{
    Console.WriteLine("\n***********************TABLE***********************\n");
    Console.WriteLine("------------------------------------------------------\n");
   Console.WriteLine("\t 姓名" + "\tC 成绩" + "\tHTML 成绩" + "\tSQL 成绩" + "\t 平均分");
    Console.WriteLine("------------------------------------------------------\n");

    int c;
    for(c=0;c<StudentGrade.i;c++)
```

```
        {
            stu[c].avgGrade=(stu[c].cGrade+stu[c].htmlGrade+stu[c].sqlGrade)/3;
            Console.WriteLine("\t" + stu[c].name + "\t" + stu[c].cGrade + "\t" +
stu[c].htmlGrade + "\t\t" + stu[c].sqlGrade + "\t" + stu[c].avgGrade);
            Console.WriteLine();
            Console.WriteLine("--------------------------------------------------------------\n");
        }
    }

    /*  8. 主函数用来实现对象的新建,排序前的输入输出、调用排序函数、排序后的输出  */
    public static void Main(string[] args)
    {
        /*  <1> 新建一个学生类的对象数组,可以存放最多 100 个学生对象  */

        StudentGrade [] stu=new StudentGrade[100];

        /*  <2> 新建一个学生类的一般对象,用它可调用学生类中的成员函数  */
        StudentGrade obj = new StudentGrade();

        /* <3> 在排序前先调用输入函数,用循环控制输入每个学生的姓名及三门课成绩*/
        obj.input(stu);

        /* <4> 在排序前调用输出函数,用循环控制输出每个学生的姓名及三门课成绩*/
        Console.WriteLine("\n 以下是排序前的学生成绩: \n");
        obj.output(stu);

        /* <5> 调用排序函数将学生对象数组及学生数目作为实参传给排序子函数  */
        obj.paixu(stu, StudentGrade.i);

        /* <6> 在排序后再调用输出函数,用循环控制输出每个学生的姓名及三门课成绩*/
        Console.WriteLine("\n 以下是排序后的学生成绩: \n");
        obj.output(stu);
    }

  }

}
```

第四步：编译运行项目，屏幕上显示的结果如任务一中的图 6-1 ~ 图 6-5 所示。

任务小结

（1）导入系统命名空间，其中包括常用的类 using System。

（2）自定义一个类，从系统类 Exception 继承，用构造函数输入异常消息，用一般函数输出消息。

```
public class MyException:Exception
{
      protected string mess;

      public  MyException(string m):base(m)
  {

      }

      string  putMessage()
      {
```

```
            return mess;
        }

}
```

（3）在输入函数内实现异常处理的架构，从而保证输入数据的准确性和有效性。

```
try
{
  if(stu[i].cGrade<0 ||stu[i].cGrade>100)
      {
       throw new MyException("c的成绩必须在0-100之间,请重新输入!!!");
      }
}
catch(MyException myex)
   {
      Console.WriteLine("以上程序发生自定义异常: " + myex.Message);
     System.Environment.Exit(-1);//有异常的退出
   }
   catch(Exception ex)
   {
      Console.WriteLine("以上程序发生其他异常: " + ex.Message);
     System.Environment.Exit(-1);//有异常的退出
   }
```

（4）在类内用一般函数实现平均分的升序排列。

```
public void paixu(StudentGrade [] stu,int i)
{
         int a,b;
         StudentGrade temp;
         for(a=0;a<i-1;a++)
         {
            for(b=a+1;b<i;b++)
            {
               if(stu[b].avgGrade<stu[a].avgGrade)
               {
                  temp=stu[b];
                  stu[b]=stu[a];
                  stu[a]=temp;
               }
            }
         }
}
```

（5）为输入/输出及排序方法传递实参用对象数组名。

```
StudentGrade [] stu=new StudentGrade[100];
StudentGrade obj = new StudentGrade();
obj.input(stu);
obj.output(stu);
obj.paixu(stu,StudentGrade.i);
```

（6）输入/输出函数内的形参用对象数组，并在函数内为对象数组实例化。

```
public void input(StudentGrade [] stu)
{
   stu[i] = new StudentGrade();
   stu[i].name=Console.ReadLine();
}
```

（7）用静态变量 i 来控制第 i 个学生，并保证它的值在程序运行期间一直保留。

```
private static int i=0;                //类内定义并初始化
stu[i].name=Console.ReadLine();        //在方法中的数组中使用，用来控制数组的下标
for(c=0;c<StudentGrade.i;c++)          //在循环中访问用类名.静态变量名
{
Console.WriteLine("\t" + stu[c].name );
}
```

（8）新建一个学生类的对象数组，可以存放最多 100 个学生对象。

（9）新建一个学生类的一般对象，用它可调用学生类中的过程。

（10）在排序前先调用输入过程，用循环控制输入每个学生的姓名及三门课成绩。

（11）在排序前调用输出过程，用循环控制输出每个学生的姓名及三门课成绩。

（12）调用排序过程将学生对象数组及学生数目作为实参传给排序子函数。

（13）在排序后再调用输出过程，用循环控制输出每个学生的姓名及三门课成绩。

相关知识与技能

1. C# 异常处理概述

异常是在程序执行期间出现的问题。C# 中的异常是对程序运行时出现的特殊情况的一种响应，比如尝试除以零。异常提供了一种把程序控制权从某个部分转移到另一个部分的方式。C# 异常处理是建立在四个关键词之上的：try、catch、finally 和 throw。

- try：一个 try 块标识了一个将被激活的特定异常的代码块，后跟一个或多个 catch 块。
- catch：程序通过异常处理程序捕获异常。catch 关键字表示异常的捕获。
- finally：finally 块用于执行给定的语句，不管异常是否被抛出都会执行。例如，如果打开一个文件，不管是否出现异常文件都要被关闭。
- throw：当问题出现时，程序抛出一个异常。使用 throw 关键字来完成。

2. C# 异常处理的语法格式

假设一个块将出现异常，使用 try 和 catch 关键字捕获异常。try...catch 块内的代码为受保护的代码，使用 try...catch 语法如下所示：

```
try{   // 引起异常的语句}
catch( ExceptionName e1 ){    // 错误处理代码}
catch( ExceptionName e2 ){    // 错误处理代码}
catch( ExceptionName eN ){    // 错误处理代码}
finally{   // 要执行的语句}
```

可以列出多个 catch 语句捕获不同类型的异常，以防 try 块在不同的情况下生成多个异常。

3. C# 中的异常类

C# 异常是使用类来表示的。C# 中的异常类主要是直接或间接地派生于 System.Exception 类。System.ApplicationException 和 System.SystemException 类是派生于 System.Exception 类的异常类。System.ApplicationException 类支持由应用程序生成的异常。所以程序员定义的异常都应派生自该类。System.SystemException 类是所有预定义的系统异常的基类。下面列出了一些派生自 Sytem.SystemException 类的预定义的异常类：

- System.IO.IOException　处理 I/O 错误。
- System.IndexOutOfRangeException：处理当方法指向超出范围的数组索引时生成的错误。
- System.NullReferenceException：处理当依从一个空对象时生成的错误。
- System.DivideByZeroException：处理当除以零时生成的错误。
- System.OutOfMemoryException：处理空闲内存不足生成的错误。

4. 异常处理

C# 以 try 和 catch 块的形式提供了一种结构化的异常处理方案。使用这些块，把核心程序语句与错误处理语句分离开。这些错误处理块是使用 try、catch 和 finally 关键字实现的。

5. 创建用户自定义异常

用户也可以定义自己的异常。用户自定义的异常类是派生自 ApplicationException 类。

6. 抛出对象

如果异常是直接或间接派生自 System.Exception 类，用户可以抛出一个对象。用户可以在 catch 块中使用 throw 语句来抛出当前的对象，代码示例：

```
Catch(Exception e){   ...   Throw e}
```

任务拓展

（1）C#中的异常处理的书写格式是什么样的？
（2）C#中如何从异常类（基类）继承？
（3）C#中如何在输入方法内实现异常处理的架构？
（4）C#中如何设计自定义异常？

任务五　实现 Python 语言中的异常处理

任务描述

上海御恒信息科技公司接到客户的一份订单，要求用 Python 语言中的异常处理存储学生的成绩登记表。公司刚招聘了一名程序员小张，软件开发部经理要求他尽快熟悉 Python 语言中的异常处理，并将学生成绩登记表用 Python 语言中的异常处理的源代码编写出来。小张按照经理的要求开始做以下的任务分析。

任务分析

（1）设置 Python 处于可运行模式，并设置编码为 UTF-8。
（2）定义一个类 Student 类来实现表格的架构。
（3）自定义一个类，从系统类 exception 继承，用构造函数输入异常消息，用一般函数输出消息。
（4）定义一个类，包括学生姓名，以及 C 语言、HTML、SQL 三门课成绩及平均分，还有静态变量 i。
（5）在类内用实例函数 input()实现循环控制输入每个学生的姓名及三门课成绩。
（6）在 input()函数中实现成绩的判断，如果成绩不在 0～100 之间，抛出相应的异常消息。
（7）在类内用实例函数实现平均分的升序排列。
（8）在类内用实例函数 output()实现排序前后的输出。
（9）主函数用来实现对象的新建、排序前的输入/输出、调用排序函数、排序后的输出。
（10）学生成绩登记表如任务一中的表 6-1 所示。

任务实施

第一步：打开 Python 编辑器。
第二步：文件→新建→文件：chap06_lx.py。
第三步：在该文件中输入以下内容：

```
#coding=utf-8
class Student(object):
  def __init__(self,sno,sname,sage):
```

```
        self.sno=sno
        self.sname=sname
        self.sage=sage
    def getHead(self):
        print "----------------------"
        print "学号    姓名      年龄"
        print "----------------------"
    def putData(self):
        print self.sno," ",self.sname,"",self.sage
print "请输入第 1 个学生信息"
sno1=input("plsease input sno:")
sname1=input("plsease input sname:")
sage1=input("plsease input sage:")
s1=Student(sno1,sname1,sage1)

print "请输入第 2 个学生信息"
sno=input("plsease input sno:")
sname=input("plsease input sname:")
sage=input("plsease input sage:")
s2=Student(sno,sname,sage)
s1.getHead()
s1.putData()
print "----------------------"
s2.putData()
print "----------------------"
#class MyException(Exception):
```

第四步：参照任务 4 Java 的异常处理写法，完善上面程序，显示结果要与任务一中的图 6-1 ~ 图 6-5 一致。

任务小结

（1）新建一个学生类的对象数组，可以存放最多 100 个学生对象。

（2）新建一个学生类的一般对象，用它可调用学生类中的过程。

（3）在排序前先调用输入过程，用循环控制输入每个学生的姓名及三门课成绩。

（4）在排序前调用输出过程，用循环控制输出每个学生的姓名及三门课成绩。

（5）调用排序过程将学生对象数组及学生数目作为实参传给排序子函数。

（6）在排序后再调用输出过程，用循环控制输出每个学生的姓名及三门课成绩。

相关知识与技能

（1）Python 异常概述。一般情况下，在 Python 无法正常处理程序时就会发生一个异常。异常是 Python 对象，表示一个错误。当 Python 脚本发生异常时需要捕获处理它，否则程序会终止执行。捕捉异常可以使用 try…except 语句。try…except 语句用来检测 try 语句块中的错误，从而让 except 语句捕获异常信息并处理。如果不想在异常发生时结束程序，只需在 try 里捕获它。

（2）try 的工作原理是，当开始一个 try 语句后，Python 就在当前程序的上下文中作标记，这样当异常出现时就可以回到这里，try 子句先执行，接下来会发生什么依赖于执行时是否出现异常。如果当 try 后的语句执行时发生异常，Python 就跳回到 try 并执行第一个匹配该异常的 except 子句，异常处理完毕，控制流就通过整个 try 语句（除非在处理异常时又引发新的异常）。如果在 try 后的语句里发生了异常，却没有匹配的 except 子句，异常将被递交到上层的 try 子句，或者到程序的最上层（这样将结束程序，并打印默认的出错信息）。如果在 try 子句执行时没有发生异常，Python 将执行 else 语句后的语句（如果有 else 的话），然后控制流通过整个 try 语句。

（3）Python 标准异常包括如下常见类：

BaseException：所有异常的基类。

SystemExit：解释器请求退出。

Exception：常规错误的基类。

ArithmeticError：所有数值计算错误的基类。

FloatingPointError：浮点计算错误。

OverflowError：数值运算超出最大限制。

ZeroDivisionError：除（或取模）零（所有数据类型）。

AttributeError：对象没有这个属性。

EOFError：没有内置输入，到达 EOF 标记。

EnvironmentError：操作系统错误的基类。

IOError：输入/输出操作失败。

OSError：操作系统错误。

ImportError：导入模块/对象失败。

IndexError：序列中没有此索引（index）。

NameError：未声明/初始化对象（没有属性）。

（4）下面是简单的例子，它打开一个文件，在该文件中的内容写入内容，且并未发生异常：

```
#!/usr/bin/python# -*- coding: UTF-8 -*-
try:
    fh = open("testfile", "w")
    fh.write("这是一个测试文件，用于测试异常!!")except IOError:
    print "Error: 没有找到文件或读取文件失败"else:
    print "内容写入文件成功"
    fh.close()
```

以上程序输出结果：

```
$ python test.py 内容写入文件成功
$ cat testfile       # 查看写入的内容这是一个测试文件，用于测试异常!!
```

（5）实例，它打开一个文件，在该文件中的内容写入内容，但文件没有写入权限，发生了异常：

```
#!/usr/bin/python# -*- coding: UTF-8 -*-
try:
    fh = open("testfile", "w")
    fh.write("这是一个测试文件，用于测试异常!!")except IOError:
    print "Error: 没有找到文件或读取文件失败"else:
    print "内容写入文件成功"
    fh.close()
```

在执行代码前为了测试方便，可以先去掉 testfile 文件的写权限，命令如下：

```
chmod -w testfile
```

再执行以上代码输出结果为：

```
$ python test.py Error: 没有找到文件或读取文件失败
```

（6）可以不带任何异常类型使用 except，如下实例：

```
try:
    正常的操作
   ......................except:
    发生异常，执行这块代码
   ......................else:
    如果没有异常执行这块代码
```

以上方式 try...except 语句捕获所有发生的异常。但这不是一个很好的方式，我们不能通过该程序识别出具体的异常信息。因为它捕获所有的异常。

（7）使用 except 处理多种异常类型。也可以使用相同的 except 语句来处理多个异常信息，如下所示：

```
try:
    正常的操作
  ......................except(Exception1[, Exception2[,...ExceptionN]]]):
  发生以上多个异常中的一个，执行这块代码
  ......................else:
    如果没有异常执行这块代码
```

（8）try...finally 语句。try...finally 语句无论是否发生异常都将执行最后的代码。

```
try:<语句>finally:<语句>  #退出 try 时总会执行 raise
```

实例如下：

```
#!/usr/bin/python
# -*- coding: UTF-8 -*-
try:
    fh = open("testfile", "w")
    fh.write("这是一个测试文件，用于测试异常!!")finally:
    print "Error: 没有找到文件或读取文件失败"
```

如果打开的文件没有可写权限，输出如下所示：

```
$ python test.py Error: 没有找到文件或读取文件失败
```

当在 try 块中抛出一个异常，立即执行 finally 块代码。finally 块中的所有语句执行后，异常被再次触发，并执行 except 块代码。

任务拓展

（1）Python 中的异常处理的书写格式是什么样的？

（2）Python 中如何从异常类（基类）继承？

（3）Python 中如何在输入方法内实现异常处理的架构？

（4）Python 中如何设计自定义异常？

项目六综合比较表

本项目所介绍的用异常处理来实现 OOP 中类的相应功能，它们之间的区别如表 6-2 所示。

表 6-2　用异常处理来实现 OOP 中类的相应功能的比较

比较项目	C++	VB.NET	Java	C#
包含、导入头文件、包或命名空间	包含头文件 #include "exception"	导入常用的系统命名空间 Imports System	导入系统包，其中包括常用的类 import java.lang.*;(此包也可不用导入，它默认导入）	导入系统命名空间，其中包括常用的类 using System;

自定义类从系统异常类继承	class 自定义类
	public exception
	{
	}
	
		Public Class 自定义类
		Inherits Exception
		End Class
			public class 自定义类
			extends Exception
				public class 自定义类
				Exception
				{
				}

自定义异常类构造的写法	类名(char *m): exception(m)
	{
	}
		Public Sub New(ByVal m As String)
		MyBase.New(m)
		End Sub
			public 类名(String m)
			{
			super(m)
			}
				public 类名
				(string m):base(m)
				{
				}

续表

比较项目	C++	VB.NET	Java	C#

自定义异常类返回异常消息的方法	char * putMessage()
	{
	return mess;
	}
		Public Function PutMessage()
		As String
		Return mess
		End Function
			String putMessage()
			{
			return mess;
			}
				string putMessage()
				{
				return mess;
				}

在输入方法内实现异常处理的架构，从而保证输入数据的准确性和有效性	try
	{if(条件)
	{自定义异常类 对象名("异常消息");
	throw 异常类对象;}
	}
	catch(自定义异常类对象名)
	{cout << "以上程序发生自定义异常：" << 对象名.自定义方法（ ） << endl;
	exit(-1); }
	catch(exception 对象名)
	{cout << "以上程序发生其他异常： " << 对象名.what() << endl;
	exit(-1); }
	catch(...)
	{cout << "以上程序发生未知异常！ " << endl;
	exit(-1);}
		Try
		If 条件 Then
		Dim 对象名 As New 自定义异常类("异常消息")
		Throw 对象名
		End If
		Catch 引用名 As 自定义异常类 Console.WriteLine(" 以上程序发生自定义异常：" +对象名.自定义方法（ ））
		End '退出应用程序
		Catch 引用名 As Exception Console.WriteLine(" 以上程序发生其他异常：" + 引用名.Message)
		End
		End Try
			try
			{if(条件)
			{ throw new 自定义异常类("异常消息"); }}
			catch(自定义异常类引用名)
			{System.out. println
			("以上程序发生自定义异常："+引用名.自定义方法));
			System.exit(-1);//有异常的退出}
			catch(Exception 引用名)
			{System.out.println(" 以上程序发生其他异常 ： " + 引用名.getMessage());
			System.exit(-1);//有异常的退出}
				if(条件)
				{
				throw new 自定义异常类("异常消息"); }
				}
				catch(自定义异常类引用名)
				{Console.WriteLine(" 以上程序发生自定义异常： " +引用名.Message);
				System.Environment.Exit(-1); //有异常的退出}
				catch(Exception 引用名)
				{Console.WriteLine(" 以上程序发生其他异常： " +引用名.Message);
				System.Environment.Exit(-1); //有异常的退出}

用子函数实现平均分的升序排列	void StudentGrade::paixu (StudentGrade *stud,int i)
	{
	int a,b;
	StudentGrade temp;
	
	for(a=0;a<i-1;a++)
	{
	for(b=a+1;b<i;b++)
	{
	if(stud[b].
	avgGrade<stud[a].
	avgGrade)
	{
	temp=stud[b];
	stud[b]=stud[a];
	stud[a]=temp;
	}}
		Public Sub Paixu(ByRef stu() As StudentGrade, ByVal i As Integer)
		Dim a As Integer, b As Integer
		Dim temp As New StudentGrade
		
		For a = 0 To i - 2 Step 1
		For b = a + 1 To
		i - 1 Step 1
		If stu(b)
		avgGrade<stu(a).avgGrade Then
		
		temp = stu(b)
		stu(b) = stu(a)
		stu(a) = temp
		End If
		Next b
		Next a
		End Sub
			public void paixu (StudentGrade stu[],int i)
			{
			int a,b;
			StudentGrade temp;
			
			for(a=0;a<i-1;a++)
			{for(b=a+1;b<i;b++){
			if(stu[b].avgGrade<
			stu[a].avgGrade){
			temp=stu[b];
			stu[b]=stu[a];
			stu[a]=temp;
			}
			}
			}
			}
				public void paixu(StudentGrade [] stu,int i)
				{
				int a,b;
				StudentGrade temp;
				for(a=0;a<i-1;a++)
				{for(b=a+1;b<i;b++){
				if(stu[b].avgGrade<
				stu[a].avgGrade){
				temp=stu[b];
				stu[b]=stu[a];
				stu[a]=temp;
				}
				}
				}
				}

续表

比较项目	C++	VB.NET	Java	C#

为输入/输出及排序方法传递实参用对象数组名	StudentGrade stu[100];
	StudentGrade obj;
	obj.input(stu);
	obj.output(stu);
	obj.paixu(stu,
	StudentGrade.i);
		Dim stu(100) As StudentGrade
		Dim obj As New StudentGrade()
		obj.Input(stu);
		obj.Output(stu);
		obj.Paixu(stu,
		StudentGrade.i);
			StudentGrade [] stu=new StudentGrade
			[100];
			StudentGrade obj = new StudentGrade();
			obj.input(stu);
			obj.output(stu);
			obj.paixu(stu,StudentGrade.i);
				StudentGrade [] stu=new StudentGrade[100];
				StudentGrade obj = new StudentGrade();
				obj.input(stu);
				obj.output(stu);
				obj.paixu(stu,
				StudentGrade.i);

输入/输出方法内的形参用对象数组	void StudentGrade::
	input(StudentGrade *stu)
	{
	cin>> stu[i].name ;
	}
		Public Sub Input(ByRef stu() As StudentGrade)
		stu(i) = New StudentGrade()
		stu(i).name = Console
		.ReadLine()
		End Sub
			BufferedReader br=new BufferedReader (new Input StreamReader (System.in));
			public void input
			(StudentGrade stu[])
			throws IOException{
			stu[i] = new StudentGrade();
			stu[i].name=br.readLine(); }
				public void input(
				StudentGrade [] stu)
				{
				stu[i] = new StudentGrade();
				stu[i].name=Console.ReadLine();
				}

用静态变量 i 来控制第 i 个学生，并保证它的值在程序运行期间一直保留	static int i;//类中说明
	int StudentGrade::i=0;// 类外定义并初始化
	cin >> stu[i].name;//在方法中的数组中使用，用来控制数组的下标
	for(c=0;c< StudentGrade.i;
	c++)//在循环中访问用类名.静态变量名
	{
	cout << "\t" << stu[c].name;
	}
		Public Shared i As Integer = 0//类中定义并初始化
		stu(i) = New StudentGrade()
		stu(i).name = Console
		.ReadLine()
			private static int i=0;
			//类内定义并初始化
			stu[i].name=br.readLine
			();//在方法中的数组中使用，用来控制数组的下标
			for(c=0;c< StudentGrade.i;
			c++)//在循环中访问用类名.静态变量名
			{
			System.out.
			println("\t" + stu[c].name)
			}
				private static int i=0;//类内定义并初始化
				stu[i].name=
				Console.ReadLine();//在方法中的数组中使用，用来控制数组的下标
				for(c=0;c<StudentGrade.i;
				c++)//在循环中访问用类名.静态变量名
				{
				Console.
				WriteLine("\t" + stu[c].name);
				}

异常处理关键字	try catch throw	try catch throw finally	try catch throw finally throws	try catch throw finally

Python 特点单独书写如下。

Python	try 之后为可能发生异常的语句	except 之后为具体的异常类型	else 之后为未发生异常时的处理	finally 之后为无论如何最后一定要执行的语句。

项目综合实训

实现家庭管理系统中的异常处理

项目描述

上海御恒信息科技公司接到一个订单，需要用 C++、VB.NET、Java、C#、Python 这 5 种不同的语言分别封装一个家庭管理系统中的用户登录表（FamilyUser），并使用 OOP 中的异常处理。程序员小张根据以上要求进行相关封装的设计后，按照项目经理的要求开始做以下的任务分析。

项目分析

（1）根据要求，分析存储的主要数据如表 6-3 所示。

（2）按密码降序排列后的数据如表 6-4 所示。

表 6-3　用户信息表

u_id	u_name	u_pwd
1	admin	123456
2	peter	654321

表 6-4　按密码降序排列后的用户信息表

u_id	u_name	u_pwd
2	peter	654321
1	admin	123456

（3）设计数据库中表的实体关系图（ERD）如图 6-6 所示。

（4）设计类的结构如表 6-5 所示。

（5）键盘输入后显示的结果如图 6-7 所示。

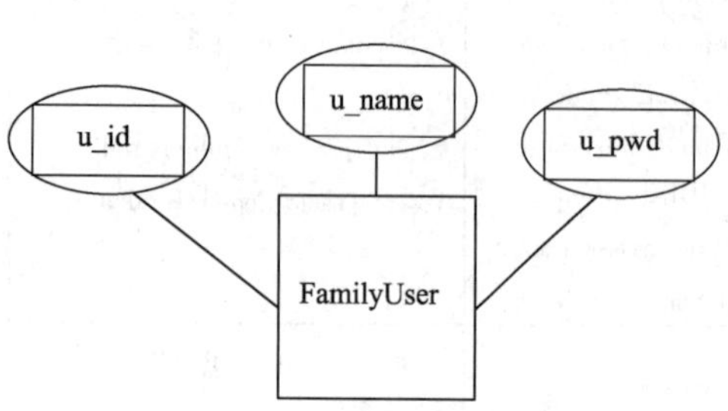

图 6-6　用户信息表 ERD

表 6-5　类的结构设计图

类名	属性名	方法名
FamilyUser	u_id	getData()
	u_name	putData()
	u_pwd	

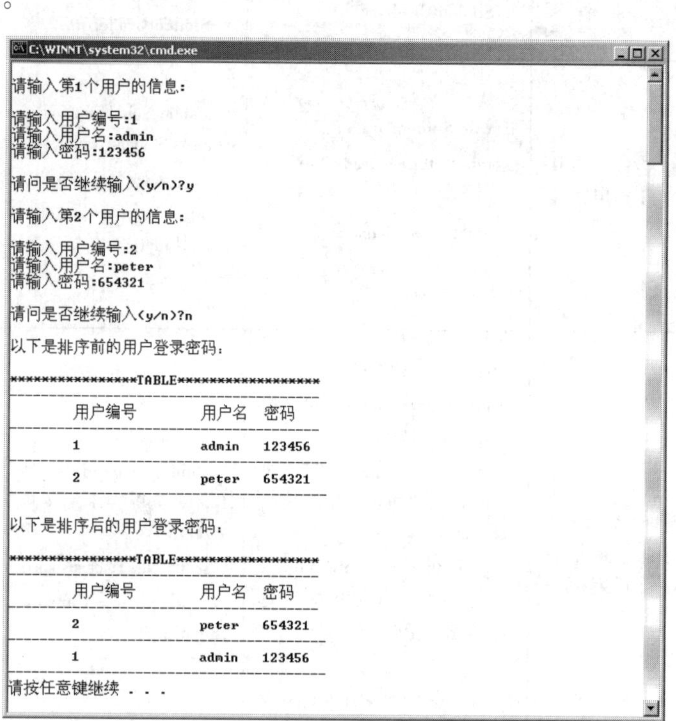

图 6-7　用户信息表键盘输入后正常排序结果

(6) 输入的密码如果不是 6 位整数，显示如下异常信息如图 6-8 所示。

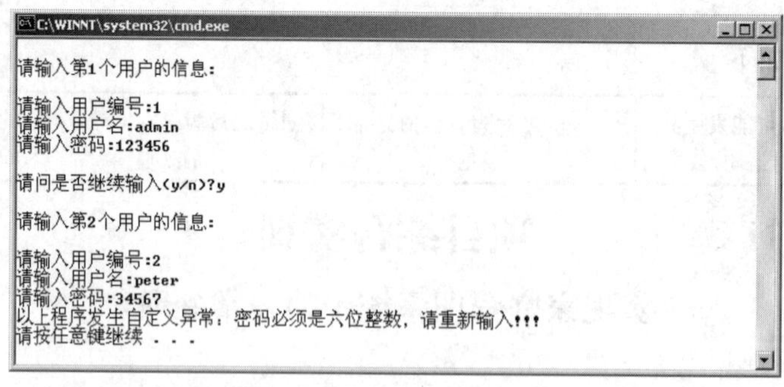

图 6-8　用户信息表键盘输入后异常结果

第一步：根据要求，编写 C++代码如下所示。

```
// chap06_oop 中的异常处理_1x1_Cplusplus_Answer.cpp : 定义控制台应用程序的入口点

/*  1. 包含常用的头文件，其中包括常用的系统函数及相应的类 */
#include "stdafx.h"
```

```
#include "stdlib.h"
#include "iostream"
#include "string"
#include "math.h"
#include "fstream"
#include "exception"  //处理异常的头文件
using namespace std;

/*   2. 自定义一个类,从系统类 exception 继承,用构造输入异常消息, 用一般方法输出消息*/
class MyException:public exception
{
  private:
     char *mess;
  public:
     MyException(char *m)
     {
        mess=m;
     }

     char * putMessage()
     {
        return mess;
     }
};

/*  3. 定义一个类,包括用户编号、用户名、密码及控制每个用户的静态变量 i */
class FamilyUser
{
  public:
     char u_id[20];
     char u_name[20];
     int u_pwd;
     static int i;
  public:
     void input(FamilyUser *fu);
     void paixu(FamilyUser *fu,int a);
     void output(FamilyUser *fu);
};

/* 4. 在类外为静态变量 i 实例化 */

int FamilyUser::i=0;


/* 5. 在类外用子函数 input()实现循环控制输入每个用户的用户编号、用户名、密码,
     并在 input()函数中实现密码的判断,如果密码不是六位整数,抛出相应的异常消息
*/
void FamilyUser::input(FamilyUser *fu)
{
  try
  {
     char ch;
     do
     {
        cout << "\n 请输入第" << i+1 <<"个用户的信息:\n";
```

```
        cout << "\n请输入用户编号:";
        cin >> fu[i].u_id ;

        cout << "请输入用户名:";
        cin >> fu[i].u_name;

        cout << "请输入密码:";
        cin >> fu[i].u_pwd;

        if(fu[i].u_pwd<100000 ||fu[i].u_pwd>999999)
        {
           MyException myex("密码必须是六位整数，请重新输入!!!");
           throw myex;
        }

        i++;

        cout << "\n请问是否继续输入(y/n)?";
        cin >> ch;

     }while(ch=='y'||ch=='Y');
   }
   catch(MyException myex)
   {
      cout << "以上程序发生自定义异常: " << myex.putMessage()<< endl;
      exit(-1);//有异常的退出
   }
   catch(exception ex)
   {
      cout << "以上程序发生其他异常: " << ex.what() << endl;
      exit(-1);
   }
   catch(...)
   {
      cout << "以上程序发生未知异常! " << endl;
      exit(-1);
   }
}

/*  6. 在类外用子函数实现密码的降序排列 */

void FamilyUser::paixu(FamilyUser *fu,int i)
{
     int a,b;
     FamilyUser temp;
     for(a=0;a<i-1;a++)
     {
        for(b=a+1;b<i;b++)
        {
           if(fu[b].u_pwd>fu[a].u_pwd)
           {
              temp=fu[b];
              fu[b]=fu[a];
              fu[a]=temp;
```

```
            }
        }
    }
}

/*  7. 在类外用子函数 output()实现排序前后的输出 */

void FamilyUser::output(FamilyUser *fu)
{
   cout << "\n***************TABLE*****************\n";
   cout << "----------------------------------------\n";
   cout << "\t 用户编号" << "\t 用户名" << "\t 密码" << endl;
   cout << "----------------------------------------\n";


   int c;
   for(c=0;c<FamilyUser.i;c++)
   {
      cout << "\t" << fu[c].u_id << "\t\t" << fu[c].u_name << "\t" << fu[c].u_pwd;
      cout << "\n";
      cout << "----------------------------------------\n";
   }
}

/*  8. 主函数用来实现对象的新建、排序前的输入输出、调用排序函数、排序后的输出 */
int main(int argc,char *argv[])
{
   /*  <1> 新建一个用户登录类的对象数组,可以存放最多个用户 */

   FamilyUser fu[100];

   /*  <2> 新建一个用户登录类的一般对象,用它可调用用户登录类中的成员函数 */
   FamilyUser obj;

   /* <3> 在排序前先调用输入函数,用循环控制输入每个用户的信息*/
   obj.input(fu);

   /* <4> 在排序前调用输出函数,用循环控制输出每个用户的信息*/
   cout << "\n 以下是排序前的用户登录密码: \n" ;
   obj.output(fu);


   /* <5> 调用排序函数, 将用户登录对象数组及用户登录数目作为实参传给排序子函数 */
   obj.paixu(fu,FamilyUser.i);

   /* <6> 在排序后再调用输出函数,用循环控制输出每个用户的信息*/
   cout << "\n 以下是排序后的用户登录密码: \n" ;
   obj.output(fu);

   return 0;
}
```

第二步：根据要求，编写 VB.NET 代码如下所示。

```
'chap06_oop 中的异常处理_lx1_VB_AnswerMod.vb : 定义控制台应用程序的入口点。

'  1. 导入常用的系统命名空间
```

```
Imports System
Imports System.IO

'  2. 自定义一个类，从系统类 Exception 继承,用构造输入异常消息,用一般方法输出消息
Public Class MyException

    Inherits Exception
    Private mess As String

    Public Sub New(ByVal m As String)
        mess = m
    End Sub

    Public Function PutMessage() As String
        Return mess
    End Function

End Class

' 3. 定义一个类,包括用户编号、用户名、密码这 3 个成员，还有静态变量 i

Public Class FamilyUser

    Private u_id As String
    Private u_name As String
    Private u_pwd As Integer

    Public Shared i As Integer = 0

    ' 4. 在类内用子过程 input()实现循环控制输入每个用户的每个用户的用户编号、用户名、密码,
    '    并在 input()过程中实现密码的判断,如果密码不是 6 位整数,抛出相应的异常消息

    Public Sub Input(ByRef fu() As FamilyUser)

        Try

            Dim ch As String
            Do
                fu(i) = New FamilyUser()
                Console.WriteLine(Chr(10) + "请输入第" + CStr(i + 1) + "个用户的信息:" + Chr(10))

                Console.Write("请输入用户编号:")
                fu(i).u_id = Console.ReadLine()

                Console.Write("请输入用户名:")
                fu(i).u_name = Console.ReadLine()

                Console.Write("请输入密码:")
                fu(i).u_pwd = Int32.Parse(Console.ReadLine())

                If fu(i).u_pwd < 100000 Or fu(i).u_pwd > 999999 Then
                    Dim myex As New MyException("密码必须为六位整数,请重新输入!!!")
                    Throw myex
                End If
```

```
            i = i + 1

            Console.Write(Chr(10) + "请问是否继续输入 y/n ?")
            ch = Console.ReadLine()

        Loop While ch = "y" Or ch = "Y"

    Catch myex As MyException

        Console.WriteLine("以上程序发生自定义异常: " + myex.PutMessage)
        End  '退出应用程序

    Catch ex As Exception

        Console.WriteLine("以上程序发生其他异常: " + ex.Message)
        End
    End Try

End Sub

' 5. 在类内用子过程实现密码的降序排列
Public Sub Paixu(ByRef fu() As FamilyUser, ByVal i As Integer)
    Dim a As Integer, b As Integer
    Dim temp As New FamilyUser
    For a = 0 To i - 2 Step 1
        For b = a + 1 To i - 1 Step 1
            If fu(b).u_pwd > fu(a).u_pwd Then
                temp = fu(b)
                fu(b) = fu(a)
                fu(a) = temp
            End If
        Next b
    Next a
End Sub

' 6. 在类内用子过程 Output()实现排序前后的输出

Public Sub Output(ByRef fu() As FamilyUser)
    Console.WriteLine(Chr(10) + "****************TABLE****************" + Chr(10))
    Console.WriteLine("--------------------------------------" + Chr(10))
    Console.WriteLine("用户编号" + Chr(9) + "用户名" + Chr(9) + "密码" + Chr(10))
    Console.WriteLine("--------------------------------------" + Chr(10))

    Dim c As Integer
    For c = 0 To FamilyUser.i - 1 Step 1
        Console.WriteLine(Chr(9) & fu(c).u_id & Chr(9) & fu(c).u_name & Chr(9) &
fu(c).u_pwd)
        Console.WriteLine()
        Console.WriteLine("--------------------------------------" + Chr(10))
    Next c
End Sub

End Class

Module chap06_oop中的异常处理_1x1_VB_AnswerMod
```

```
    ' 7. 主函数用来实现对象的新建、排序前的输入/输出、调用排序函数、排序后的输出
    Sub Main()

        ' <1> 新建一个用户登录类的对象数组,可以存放最多 100 个用户

        Dim fu(100) As FamilyUser

        ' <2> 新建一个用户登录的一般对象,用它可调用用户登录类中的过程
        Dim obj As New FamilyUser()

        ' <3> 在排序前先调用输入过程,用循环控制输入每个用户的信息
        obj.Input(fu)

        ' <4> 在排序前调用输出过程,用循环控制输出每个用户的信息
        Console.WriteLine(Chr(10) & "以下是排序前的用户: " & Chr(10))
        obj.Output(fu)

        ' <5> 调用排序过程,将用户登录对象数组及用户登录数目作为实参传给排序子函数
        obj.Paixu(fu, FamilyUser.i)

        ' <6> 在排序后再调用输出过程,用循环控制输出每个每个用户的信息
        Console.WriteLine(Chr(10) + "以下是排序后的用户: ")
        obj.Output(fu)
    End Sub

End Module
```

第三步：根据要求，编写 Java 代码如下所示。

```
//FamilyUser.jsl

//  1. 用工程名 chap06_oop 中的异常处理_lx1_JAVA_Answer 新建自定义包
package chap06_oop 中的异常处理_lx1_JAVA_Answer;

//  2. 导入系统包,其中包括常用的类
import java.io.*;
//import java.lang.*;

//  3. 自定义一个类,从系统类 exception 继承,用构造输入异常消息,用一般实例方法输出消息
public class MyException extends Exception
{
   private String mess;

   public   MyException(String m)
   {
      mess=m;
   }

   String  putMessage()
   {
      return mess;
   }

}

//  4. 定义一个类，包括用户编号、用户名、密码这 3 个成员,还有静态变量 i
```

```
public class FamilyUser
{
  private String u_id;
  private String u_name;
  private int u_pwd;

  private static int i=0;

  /* 5. 在类内用实例方法 input()实现循环控制输入每个用户的每个用户的用户编号、用户名、密码,
      并在 input()实例方法中实现密码的判断,如果密码不是 6 位整数,抛出相应的异常消息
  */
  BufferedReader br=new BufferedReader(new InputStreamReader(System.in));

  public void input(FamilyUser fu[]) throws IOException
  {
    try
    {
      char ch;
      do
      {
        fu[i] = new FamilyUser();
        System.out.print("\n请输入第" + (i+1) +"个用户的信息:\n");

        System.out.print("\n请输入用户编号:");
        fu[i].u_id=br.readLine();

        System.out.print("请输入用户名:");
        fu[i].u_name=br.readLine();

        System.out.print("请输入密码:");
        fu[i].u_pwd=Integer.parseInt(br.readLine());

        if (fu[i].u_pwd < 100000 || fu[i].u_pwd > 999999)
        {
          throw new MyException("密码必须为六位整数,请重新输入!!!");
        }

        i++;

        System.out.print("\n请问是否继续输入(y/n)?");
        ch = (char)System.in.read();
        System.in.skip(2);

      }while(ch=='y'||ch=='Y');

    }
    catch(MyException myex)
    {
      System.out.println("以上程序发生自定义异常: " + myex.putMessage());
      System.exit(-1);//有异常的退出
    }
    catch(Exception ex)
    {
      System.out.println("以上程序发生其他异常: " + ex.getMessage() );
```

```
        System.exit(-1);//有异常的退出
    }

}

/*  6. 在类内用实例方法实现密码的降序排列  */

public  void paixu(FamilyUser fu[],int i)
{
    int a,b;
    FamilyUser temp;
    for(a=0;a<i-1;a++)
    {
        for(b=a+1;b<i;b++)
        {
            if(fu[b].u_pwd>fu[a].u_pwd)
            {
                temp=fu[b];
                fu[b]=fu[a];
                fu[a]=temp;
            }
        }
    }
}

/*  7. 在类内用实例方法output()实现排序前后的输出  */

public void output(FamilyUser fu[])
{
    System.out.println("\n***************TABLE***************\n");
    System.out.println("-----------------------------------\n");
    System.out.println("\t用户编号" + "\用户名" + "\t密码" );
    System.out.println("-----------------------------------");

    int c;
    for(c=0;c<FamilyUser.i;c++){
        System.out.println("\t" + fu[c].u_id + "\t" + fu[c].u_name + "\t" + fu[c].u_pwd );
        System.out.println();
        System.out.println("-----------------------------------\n");
    }
}

/*  8. 主实例方法用来实现对象的新建、排序前的输入/输出、调用排序实例方法,排序后的输出  */
public static void main(String[] args) throws IOException
{
    /*  <1> 新建一个用户登录类的对象数组,可以存放最多100个用户  */

    FamilyUser [] fu=new FamilyUser[100];

    /*  <2> 新建一个用户登录的一般对象,用它可调用用户登录类中的实例方法  */
    FamilyUser obj = new FamilyUser();

    /* <3> 在排序前先调用输入实例方法,用循环控制输入每个用户的信息*/
    obj.input(fu);
```

```
        /* <4> 在排序前调用输出实例方法,用循环控制输出每个用户的信息*/
        System.out.println("\n以下是排序前的用户: \n");
        obj.output(fu);

        /* <5> 调用排序实例方法,将用户登录对象数组及用户登录数目作为实参传给排序子函数  */
        obj.paixu(fu, FamilyUser.i);

        /* <6> 在排序后再调用输出实例方法,用循环控制输出每个每个用户的信息*/
        System.out.println("\n以下是排序后的用户: \n");
        obj.output(fu);
    }

}
```

第四步：根据要求，编写 C#代码如下所示。

```
//FamilyUser.cs

//1. 导入系统命名空间,其中命名空间包括常用的类
using System;
using System.Collections.Generic;
using System.Text;

//2. 用工程名 chap06_oop 中的异常处理_lx1_Csharp_Answer 新建自定义命名空间
namespace chap06_oop 中的异常处理_lx1_Csharp_Answer
{

    //  3. 自定义一个类,从系统类 exception 继承,用构造输入异常消息,用一般函数输出消息
    public class MyException : Exception
    {
        private string mess;

        public  MyException(string m)
        {
            mess=m;
        }

        public string  putMessage()
        {
            return mess;
        }

    }

    //  4. 定义一个类,命名空间括用户编号、用户名、密码这 3 个成员,还有静态变量 i
    public class FamilyUser
    {
        private string u_id;
        private string u_name;
        private int u_pwd;
        private static int i=0;

        /* 5. 在类内用函数 input()实现循环控制输入每个用户的用户编号、用户名、密码,
              并在 input()函数中实现密码的判断,如果密码不是 6 位整数,抛出相应的异常消息
        */

        public void input(FamilyUser [] fu)
```

```
{
    try
    {
        string ch;
        do
        {
            fu[i] = new FamilyUser();
            Console.Write("\n请输入第" + (i+1) +"个用户的信息:\n");

            Console.Write("\n请输入用户编号:");
            fu[i].u_id=Console.ReadLine();

            Console.Write("请输入用户名:");
            fu[i].u_name=Console.ReadLine();

            Console.Write("请输入密码:");
            fu[i].u_pwd=Int32.Parse(Console.ReadLine());

            if (fu[i].u_pwd<100000 || fu[i].u_pwd>999999)
            {
                throw new MyException("密码必须为六位整数，请重新输入!!!");
            }

            i++;

            Console.Write("\n请问是否继续输入(y/n)?");
            ch = Console.ReadLine();

        }while(ch=="y"||ch=="Y");

    }
    catch(MyException myex)
    {
        Console.WriteLine("以上程序发生自定义异常: " + myex.putMessage());
        System.Environment.Exit(-1);//有异常的退出
    }
    catch(Exception ex)
    {
        Console.WriteLine("以上程序发生其他异常: " + ex.Message);
        System.Environment.Exit(-1);//有异常的退出
    }

}

/*  6. 在类内用函数实现密码的降序排列  */
public  void paixu(FamilyUser [] fu,int i)
{
    int a,b;
    FamilyUser temp;
    for(a=0;a<i-1;a++)
    {
        for(b=a+1;b<i;b++)
        {
            if(fu[b].u_pwd>fu[a].u_pwd)
            {
                temp=fu[b];
```

```
                fu[b]=fu[a];
                fu[a]=temp;
            }
        }
    }
}

/*  7. 在类内用实例函数 output()实现排序前后的输出  */

public void output(FamilyUser [] fu)
{
    Console.WriteLine("\n**************TABLE**************\n");
    Console.WriteLine("-----------------------------------\n");
    Console.WriteLine("用户编号" + "\t 用户名" + "\t 密码" );
    Console.WriteLine("-----------------------------------");

    int c;

    for(c=0;c<FamilyUser.i;c++){
        Console.WriteLine("\t" + fu[c].u_id + "\t" + fu[c].u_name + "\t" +
fu[c].u_pwd );
        Console.WriteLine();
        Console.WriteLine("-----------------------------------\n");
    }
}

/*  8. 主函数用来实现对象的新建、排序前的输入输出、调用排序函数、排序后的输出  */
public static void Main(string[] args)
{
    /*  <1> 新建一个用户登录类的对象数组,可以存放最多 100 个用户  */

    FamilyUser [] fu=new FamilyUser[100];

    /*  <2> 新建一个用户登录的一般对象,用它可调用用户登录类中的函数  */
    FamilyUser obj = new FamilyUser();

    /* <3> 在排序前先调用输入函数,用循环控制输入每个用户的信息*/
    obj.input(fu);
    /* <4> 在排序前调用输出函数,用循环控制输出每个用户的信息*/
    Console.WriteLine("\n 以下是排序前的用户: \n");
    obj.output(fu);
    /* <5> 调用排序函数,将用户登录对象数组及用户登录数目作为实参传给排序子函数  */
    obj.paixu(fu, FamilyUser.i);
    /* <6> 在排序后再调用输出函数,用循环控制输出每个用户的信息*/
    Console.WriteLine("\n 以下是排序后的用户: \n");
    obj.output(fu);
}
}
}
```

第五步：根据要求，编写 Python 代码，参照以上第三步的 Java 代码（此处代码省略）。

项目小结

（1）通过以上 5 种语言的比较，了解自定义异常处理类之间的区别。

（2）5 种语言之间的 try...catch 架构基本相似，有个别不同。

（3）5 种语言之间用 throw 抛出异常基本一致。

（4）5 种语言异常之间在关键字上有些不同。

（5）5 种语言在排序算法上格式上基本相同。

项目实训评价表

	项目六　实现 OOP 中的异常处理		评价		
	学习目标	评价项目	3	2	1
职业能力	OOP 中的异常处理	任务一　实现 C++语言中的异常处理			
		任务二　现 VB.NET 语言中的异常处理			
		任务三　实现 Java 语言中的异常处理			
		任务四　实现 C#语言中的异常处理			
		任务五　实现 Python 语言中的异常处理			
通用能力	动手能力				
	解决问题能力				
综合评价					

评价等级说明表

等　级	说　明
3	能高质、高效地完成此学习目标的全部内容，并能解决遇到的特殊问题
2	能高质、高效地完成此学习目标的全部内容
1	能圆满完成此学习目标的全部内容，不需任何帮助和指导

注：以上表格根据国家职业技能标准相关内容设定。

项目七 实现 OOP 中的单继承

核心概念

实现OOP中的单继承

C++、VB.NET、Java、C#、Python 语言中的单继承。

项目描述

在 OOP 中，继承是一个重要的特征。单继承即一个子类只能拥有一个父类，子类可以继承父类所有的属性和方法，也可以对继承的方法进行重写。

本项目从日常生活中最常用的存储数据的表格开始，引入表格在 C++，VB.NET，Java、C#、Python 语言中是如何表示的，再学习这 5 种语言在 OOP 的单继承中是如何实现代码重用和提高编程效率的。

技能目标

用提出、分析、解决问题的思路来培养学生进行 OOP 的单继承编程，同时考虑通过多语言的比较来熟练掌握不同语言的语法。能掌握常用 5 种 OOP 编程语言中的单继承的基本语法。

工作任务

实现 C++、VB.NET、Java、C#、Python 语言的单继承。

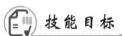

任务一 实现 C++语言中的单继承

任务描述

上海御恒信息科技公司接到客户的一份订单，要求用 C++中的单继承来存储学生的信息登记表。公司刚招聘了一名程序员小张，软件开发部经理要求他尽快熟悉 C++中的单继承。并将学生信息登记表用 C++中的单继承的源代码编写出来，小张按照经理的要求开始做以下的任务分析。

任务分析

（1）用 Person 类来实现表格的架构（其中 Person 为基类）。

（2）用 Student 类来实现表格的架构（其中 Student 为派生类，并从基类 Person 继承）。

（3）用 Teacher 类来实现表格的架构（其中 Teacher 为派生类，并从基类 Person 继承）。

（4）为基类 Person 和派生类 Student、Teacher 类分别新建对象并用对象调用各自方法实现相应功能。

（5）学生信息登记表如项目一中任务一里的表 1-1 所示。

任务实施

第一步：打开 Visual Studio。

第二步：文件→新建→C++项目。

第三步：在源文件 Person.h 中输入以下内容：

```
//Person.h

//  1. 包含系统输入/输出头文件及标准输入/输出命名空间
#include "iostream"
using namespace std;

//  2. 用 Person 类来实现表格的架构（其中 Person 为基类）
class Person
{
    //2.1  在类中封装保护数据成员和私有数据成员
  private:
    int superfunc;
  protected:
    char id[10];
    char name[20];

    char *pid;
    char *pname;
  public:
    //2.2  类内定义公共的一般函数（输入私有数据成员）
    void getData(char *i, char *n)
    {
      pid = i;
      pname = n;
    }
    //2.3  类内定义公共的默认构造函数
    Person()
    {

    }
    //2.4  类内定义公共的带多个参数的构造函数
     Person(char *i, char *n)
     {
        pid = i;
        pname = n;
     }
    //2.5  类内定义公共的一般函数（从键盘上输入个域）
    void getBaseConsoleVar1()
     {
        cout << "请输入编号:";
        cin >> id;

        cout << "请输入姓名:";
        cin >> name;

     }
    void getBaseConsoleVar2()
    {
      cout << "请输入具备超能力的数量:";
      cin >> superfunc;

    }
    //2.6  类内定义公共的个输入函数,分别为个数据成员输入
    void getId(char *i)
    {
```

```
    pid = i;
  }
  void getName(char *n)
  {
    pname = n;
  }
  void getSuperfunc(int p)
  {
    superfunc = p;
  }
  //2.7  类内定义输出函数输出表头
  void putHead()
  {
    cout << "--------------------------" << endl;
    cout << "id" << "\t" << "name" << "\t" << "superfunc" << endl;
    cout << "---------------------------" << endl;
  }
  //2.8  类内定义两个输出函数分别输出数据成员
  void putData11()
  {
    cout << "id=" << id;
    cout << "name=" << name;
  }
  void putData12()
  {
    cout << "superfunc=" << superfunc;
  }
  //2.9  类内定义一个输出函数分别输出数据成员
  void putAll1()
  {
    cout << "" << putID() << "\t" << putName() << "\t" << putSUPERFUNC() << endl;
    cout << "---------------------------" << endl;
  }
  //2.10  类内定义个输出函数分别返回个数据成员
  char * putID()
  {
    return id;
  }
  char * putName()
  {
    return name;
  }
  int putSUPERFUNC()
  {
    return superfunc;
  }
  //2.11  类内定义一个输出函数分别输出数据成员
  void putAll2()
  {
    cout << "" << id << "\t" << name << "\t" << superfunc << endl;
    cout << "---------------------------" << endl;
  }
  //2.12  类内定义一个输出函数分别输出数据成员
  void putAll3()
  {
    cout << "id=" << id << "\n" <<
```

```
                "name=" << name << "\n" <<
                "superfunc=" << superfunc << "\n";
    }
    //2.13  类内定义自动垃圾回收函数输出每一行信息(调用一般函数)
    /*
    ~Person()
    {
       putHead();
       cout << "" << putID() << "\t" << putName() << "\t" << putSUPERFUNC() << endl;
       cout << "--------------------------" << endl;
    }
    */
};
```

第四步:在源文件 Student.h 中输入以下内容:

```
//Student.h
//  1. 包含系统输入/输出头文件及标准输入输出命名空间
#include "iostream"
using namespace std;
//  2. 用 Student 类来实现表格的架构(其中 Student 为派生类并从基类 Person 继承)
class Student:public Person
{
     //2.1  在类中封装私有数据成员
  private:
     double score;
  public:
     //2.2  类内定义公共的默认构造函数(先调用基类的构造函数)
     Student():Person()
     {  }
     //2.3  类内定义公共的带多个参数的构造函数(先调用基类的构造函数,再输入私有数据成员)
     Student(char * i, char * n,double m):Person(i,n)
     {
        score = m;
     }
     //2.4  类内定义公共的一般函数(从键盘上输入个域)
     void getScore()
     {
        cout << "请输入总分:";
        cin >> score;
     }
     //2.5  类内定义输出函数输出表头
     void putHead()
     {
        cout << endl;
        cout << "----------------------" << endl;
        cout << "id" << "\t" << "name" << "\t" << "score" << endl ;
        cout << "----------------------" << endl;
     }
     //2.6  类内定义输出函数分别返回数据成员
     double putScore()
     {
        return score;
     }
     //2.7  类内定义输出函数输出每一行信息
     void putAll1()
     {
```

```
        cout << "" << putID() << "\t" << putName() << "\t" << putScore() << endl;
        cout << "-----------------------" << endl;
    }
};
```

第五步：在源文件 Teacher.h 中输入以下内容：

```
//Teacher.h
//  1. 包含系统输入/输出头文件及标准输入输出命名空间
#include "iostream"
using namespace std;

//  2. 用 Teacher 类来实现表格的架构（其中 Teacher 为派生类并从基类 Person 继承）
class Teacher:public Person
{
    //2.1 在类中封装私有数据成员
  private:
    int art_num;
  public:

    //2.2 类内定义公共的默认构造函数（先调用基类的构造函数）
    Teacher():Person()
    {

    }
    //2.3 类内定义公共的带多个参数的构造函数（先调用基类的构造函数,再输入私有数据成员）
    Teacher(char * i, char * n,int a):Person(i,n)
    {
        art_num = a;
    }
    //2.4 类内定义公共的一般函数（从键盘上输入个域）
    void getScore()
    {
        cout << "请输入发表论文的数量:";
        cin >> art_num;
    }
    //2.5 类内定义公共的个实例函数,分别为各数据成员输入/输出
    void setArtnum(int n)
    {
        art_num=n;
    }
    int getArtnum()
    {
        return art_num;
    }
    //2.6 类内定义输出函数输出表头
    void putHead()
    {
        cout << endl;
        cout << "-----------------------" << endl;
        cout << "ID" << "\t" << "NAME" << "\t" <<  "ARTNUM" << endl;
        cout << "-----------------------" << endl;
    }
    //2.7 类内定义只读属性输出每一行信息
    void  putAll1()
    {
        cout << "" << id << "\t" << name << "\t" << getArtnum()
```

```
                << "\n" << "------------------------" << endl;
    }
};
```

第六步：在源文件 chap07_oop 中的单继承_01_Cplusplus.cpp 中输入以下内容：

```
//chap07_oop 中的单继承_01_Cplusplus.cpp
//  1. 包含系统输入/输出头文件及标准输入/输出命名空间
#include "stdafx.h"
#include "iostream"
#include "Person.h"
#include "Student.h"
#include "Teacher.h"
using namespace std;

//  2. 新建一个包含整个程序的入口函数 main()
int _tmain(int argc, _TCHAR* argv[])
{
  //2.1 为基类 Person 新建一个对象数组,用来存放两个对象 p[0]和 p[1]
  Person p[2];

  //2.2 用循环实例化每一个数组元素,并同时传递实参
  for (int i = 0; i < 2; i++)
  {
     cout << "\n 请输入第" << i + 1 << "个人的信息:" << "\n";
     p[i].getBaseConsoleVar1();
     p[i].getBaseConsoleVar2();

  }

  //2.3 调用 Person 对象的输出表头的实例函数
  p[0].putHead();

  //2.4 调用 Person 对象的输出数据的实例函数
  for (int i = 0; i < 2; i++)
  {
     p[i].putAll1();
  }

  //2.5 为派生类 Student 新建一个对象数组,用来存放两个对象 s[0]和 s[1]
  Student s[2];

  //2.6 用循环实例化每一个数组元素,并同时传递实参
  for (int i = 0; i < 2; i++)
  {
     cout << "\n 请输入第" << i + 1 << "个学生的信息:" << "\n";
     s[i].getBaseConsoleVar1();
     s[i].getScore();
  }

//2.7 调用 Student 对象的输出表头的实例函数

  s[0].putHead();

//2.8 调用 Student 对象的输出数据的实例函数

for (int i = 0; i < 2; i++)
```

```
    {
       s[i].putAll1();
    }

//2.9 为派生类 Teacher 新建一个对象数组,用来存放两个对象 t[0]和 t[1]
    Teacher t[2];

//2.10 用循环实例化每一个数组元素,并同时传递实参
    for (int i = 0; i < 2; i++)
    {
       cout << "\n 请输入第" << i + 1 << "个教师的信息:" << "\n";
       t[i].getBaseConsoleVar1();
       t[i].getScore();
    }

//2.11 调用 Teacher 对象的输出表头的实例函数
    t[0].putHead();

    //2.12 调用 Teacher 对象的只读属性输出信息
    for (int i = 0; i < 2; i++)
    {
       t[i].putAll1();
    }
    return 0;
}
```

第七步:执行源代码,运行结果分别如图 7-1 ~ 图 7-3 所示。

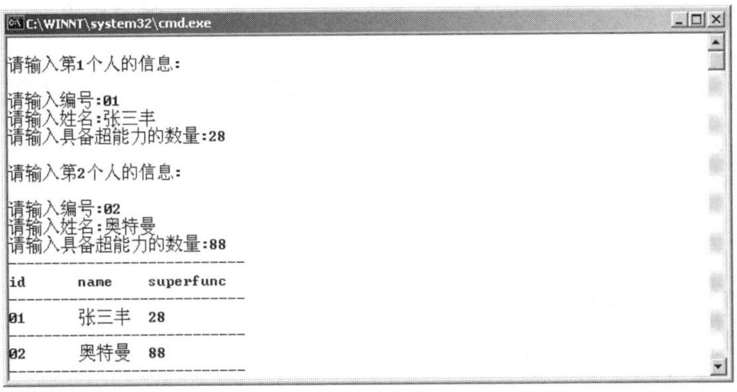

```
C:\WINNT\system32\cmd.exe

请输入第1个人的信息:

请输入编号:01
请输入姓名:张三丰
请输入具备超能力的数量:28

请输入第2个人的信息:

请输入编号:02
请输入姓名:奥特曼
请输入具备超能力的数量:88
------------------------------------
id       name     superfunc
------------------------------------
01       张三丰   28
------------------------------------
02       奥特曼   88
------------------------------------
```

图 7-1　实现 C++语言中的单继承(基类 Person 部分)

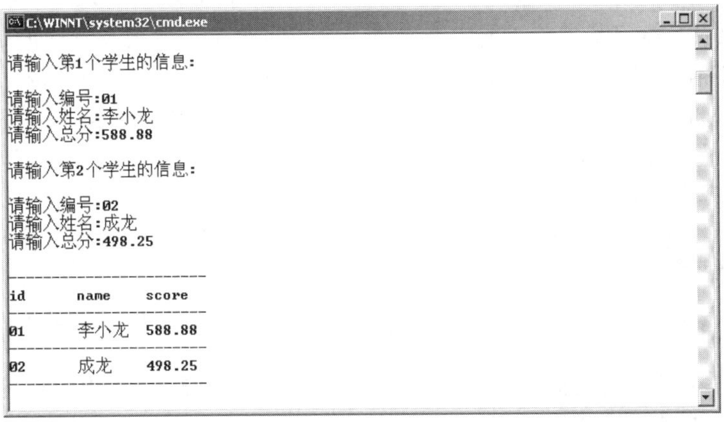

```
C:\WINNT\system32\cmd.exe

请输入第1个学生的信息:

请输入编号:01
请输入姓名:李小龙
请输入总分:588.88

请输入第2个学生的信息:

请输入编号:02
请输入姓名:成龙
请输入总分:498.25

------------------------------------
id       name     score
------------------------------------
01       李小龙   588.88
------------------------------------
02       成龙     498.25
------------------------------------
```

图 7-2　实现 C++语言中的单继承(派生类 Student 部分)

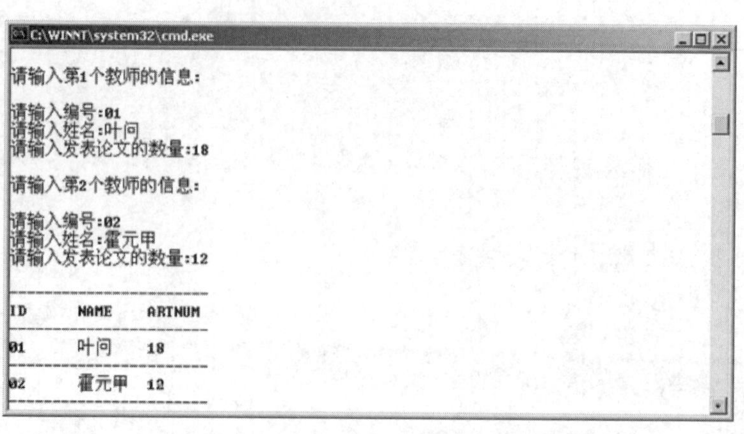

图 7-3　实现 C++语言中的单继承（派生类 Teacher 部分）

任务小结

（1）包含系统输入/输出头文件及标准输入/输出命名空间。

（2）用 Person 类来实现表格的架构（其中 Person 为基类）。

（3）在基类（Person）中封装保护数据成员和私有数据成员，定义公共的一般函数（输入私有数据成员）、公共的默认构造函数、公共的带多个参数的构造函数、公共的一般函数（从键盘上输入个域）、公共的输入函数，分别为数据成员输入；类内定义输出函数输出表头及各数据成员。

（4）用派生类 Student 类来实现表格的架构（Student 的基类是 Person），类内定义公共的默认构造函数（先调用基类的构造函数），类内定义公共的带多个参数的构造函数（先调用基类的构造函数，再输入私有数据成员）。

（5）用派生类 Teacher 类来实现表格的架构（Teacher 的基类是 Person），类内定义公共的默认构造函数（先调用基类的构造函数），类内定义公共的带多个参数的构造函数（先调用基类的构造函数，再输入私有数据成员）。

（6）新建包含程序入口的函数 main()，在其中分别为三个类新建对象，并用对象分别实现各自的功能。

相关知识与技能

（1）C++ 继承概述。面向对象程序设计中最重要的一个概念是继承。继承允许我们依据另一个类来定义一个类，这使得创建和维护一个应用程序变得更容易。这样做，也达到了重用代码功能和提高执行效率的效果。当创建一个类时，不需要重新编写新的数据成员和成员函数，只需指定新建的类继承了一个已有的类的成员即可。这个已有的类称为基类，新建的类称为派生类。继承代表了 is a 关系。例如，哺乳动物是动物，狗是哺乳动物，因此，狗是动物。

（2）基类和派生类。一个类可以派生自多个类，它可以从多个基类继承数据和函数。定义一个派生类，我们使用一个类派生列表来指定基类。类派生列表以一个或多个基类命名，形式如下：class derived-class: access-specifier base-class，其中，访问修饰符 access-specifier 是 public、protected 或 private 其中的一个，base-class 是之前定义过的某个类的名称。如果未使用访问修饰符 access-specifier，则默认为 private。

（3）访问控制和继承。派生类可以访问基类中所有的非私有成员。因此基类成员如果不想被派生类的成员函数访问，则应在基类中声明为 private。我们可以根据访问权限总结出不同的访问类型，如下所示：

访问	public	protected	private
同一个类	yes	yes	yes
派生类	yes	yes	no
外部的类	yes	no	no

（4）一个派生类继承了所有的基类方法，但下列情况除外：基类的构造函数、析构函数和拷贝构造函数、基类的重载运算符、基类的友元函数。

（5）继承类型。当一个类派生自基类，该基类可以被继承为 public、protected 或 private 几种类型。继承类型是通过上面讲解的访问修饰符 access-specifier 来指定的。几乎不使用 protected 或 private 继承，通常使用 public 继承。当使用不同类型的继承时，遵循以下几个规则：

- 公有继承（public）：当一个类派生自公有基类时，基类的公有成员也是派生类的公有成员，基类的保护成员也是派生类的保护成员，基类的私有成员不能直接被派生类访问，但是可以通过调用基类的公有和保护成员来访问。
- 保护继承（protected）：当一个类派生自保护基类时，基类的公有和保护成员将成为派生类的保护成员。
- 私有继承（private）：当一个类派生自私有基类时，基类的公有和保护成员将成为派生类的私有成员。

任务拓展

（1）C++中单继承的特性是什么？

（2）C++中基类与派生类的区别是什么？

（3）C++中如何分别实现基类与派生类的相应功能？

任务二　实现 VB.NET 语言中的单继承

任务描述

上海御恒信息科技公司接到客户的一份订单，要求用 VB.NET 语言的单继承存储学生的信息登记表。公司刚招聘了一名程序员小张，软件开发部经理要求他尽快熟悉 VB.NET 语言的单继承，并将学生信息登记表用 VB.NET 语言的单继承源代码编写出来。小张按照经理的要求开始做以下的任务分析。

任务分析

（1）用 Person 类来实现表格的架构（其中 Person 为基类）。

（2）用 Student 类来实现表格的架构（其中 Student 为派生类，并从基类 Person 继承）。

（3）用 Teacher 类来实现表格的架构（其中 Teacher 为派生类，并从基类 Person 继承）。

（4）为基类 Person 和派生类 Student、Teacher 类分别新建对象，并用对象调用各自方法实现相应功能。

（5）学生信息登记表如项目一中任务一中的表 1-1 所示。

任务实施

第一步：打开 Visual Studio。

第二步：文件→新建→VB.NET 项目。

第三步：在源文件 Person.vb 中输入以下内容：

```
'Person.vb
' 1. 使用系统命名空间,其中包括常用的类
Imports System
Imports System.IO

' 2. 用 Person 类来实现表格的架构(其中 Person 为基类)
Public Class Person
    '2.1 在类中封装保护属性和私有属性
    Protected id As String
    Protected name As String
    Private superfunc As Integer

    '2.2 类内定义公共的通用过程(输入私有属性)
    Public Sub GetData(ByVal i As String, ByVal n As String)
```

```
        id = i
        name = n
    End Sub

    '2.3 类内定义公共的默认构造过程
    Public Sub New()
        id = "00"
        name = "unknown"
    End Sub

    '2.4 类内定义公共的带多个参数的构造过程
    Public Sub New(ByVal i As String, ByVal n As String)
        id = i
        name = n
    End Sub
    '2.5 类内定义公共的通用过程（从键盘上输入 3 个属性）
    Public Sub GetBaseConsoleVar1()
        Console.Write("请输入编号:")
        id = Console.ReadLine()

        Console.Write("请输入姓名:")
        name = Console.ReadLine()
    End Sub
    Public Sub GetBaseConsoleVar2()
        Console.Write("请输入具备超能力的数量:")
        superfunc = CInt(Console.ReadLine())
    End Sub
    Public Sub GetBaseConsoleAtt1()
        Console.Write("请输入编号:")
        ID = Console.ReadLine()

        Console.Write("请输入姓名:")
        NAME = Console.ReadLine()
    End Sub
    Public Sub GetBaseConsoleAtt2()
        Console.Write("请输入具备超能力的数量:")
        superfunc = CInt(Console.ReadLine())
    End Sub
    '2.6 类内定义公共的 3 个属性,分别为 3 个属性输入/输出
    Public Property MyID() As String
        Get
            Return id
        End Get
        Set(ByVal value As String)
            id = value
        End Set
    End Property

    Public Property MyName() As String
        Get
            Return name
        End Get
        Set(ByVal value As String)
            name = value
        End Set
    End Property
```

```
Public Property MySuperFunc() As Integer
    Get
        Return superfunc
    End Get
    Set(ByVal value As Integer)
        superfunc = value
    End Set
End Property

'2.7 类内定义公共的3个输入通用过程,分别为3个属性输入
Public Sub GetId(ByVal i As String)
    id = i
End Sub
Public Sub GetName(ByVal n As String)
    name = n
End Sub
Public Sub GetSuperfunc(ByVal p As Integer)
    superfunc = p
End Sub
'2.8 类内定义输出通用过程输出表头
Public Sub PutHead()
    Console.WriteLine("---------------------------")
    Console.WriteLine("id" + Chr(9) + "name" + Chr(9) + "superfunc")
    Console.WriteLine("---------------------------")
End Sub
'2.9 类内定义两个输出通用过程分别输出3个属性
Public Sub PutData11()
    Console.WriteLine("id=" + id)
    Console.WriteLine("name=" + name)
End Sub
Public Sub PutData12()
    Console.WriteLine("superfunc=" + CStr(superfunc))
End Sub
'2.10 类内定义一个输出通用过程分别输出3个属性
Public Sub PutData2()
    Console.WriteLine("" + PutID() + Chr(9) + PutName() + Chr(9) + CStr(PutSUPERFUNC()))
    Console.WriteLine("---------------------------")
End Sub
'2.11 类内定义3个输出函数过程分别返回3个属性
Public Function PutID() As String
    Return id
End Function
Public Function PutName() As String
    Return name
End Function
Public Function PutSUPERFUNC() As Integer
    Return superfunc
End Function
'2.12 类内定义只读属性过程输出每一行信息(调用一般过程)
Public ReadOnly Property PUTALL1() As String
    Get
        Return ("" + PutID() + Chr(9) + PutName() + Chr(9) + CStr(PutSUPERFUNC()) + _
                Chr(13) + Chr(10) + "---------------------------")
    End Get
End Property
```

```
    '2.13 类内定义只读属性过程输出每一行信息（调用属性）
    Public ReadOnly Property PUTALL2() As String
        Get
            Return ("id=" + id + Chr(13) + Chr(10) + _
                   "name=" + name + Chr(13) + Chr(10) + _
                   "superfunc=" + CStr(superfunc) + Chr(13) + Chr(10))
        End Get
    End Property
    '2.14 类内定义只读属性过程输出每一行信息（调用属性）
    Public ReadOnly Property PUTALL31() As String
        Get
            Return ("" + id + Chr(9) + name _
                    + Chr(13) + Chr(10) + "---------------------------")
        End Get
    End Property
    Public ReadOnly Property PUTALL32() As String
        Get

            Return ("" + CStr(superfunc) _
                    + Chr(13) + Chr(10) + "---------------------------")
        End Get
    End Property
    '2.15 类内定义析构过程输出每一行信息（调用一般过程）
    'Protected Overrides Sub Finalize()
    '    PutHead()
    '    Console.WriteLine("" + PutID() + Chr(9) + PutName() + Chr(9) + CStr(PutSUPERFUNC()))
    '    Console.WriteLine("---------------------------")
    'End Sub
End Class
```

第四步：在源文件 Student.vb 中输入以下内容：

```
'Student.vb
'  1. 使用系统命名空间,其中包括常用的类

Imports System
Imports System.IO

'  2. 用 Student 类来实现表格的架构（其中 Student 为派生类并从基类 Person 继承）

Public Class Student
    Inherits Person
    '2.1 在类中封装私有属性
    Private score As Double
    '2.2 类内定义公共的默认构造过程（先调用基类的构造过程）
    Public Sub New()
        MyBase.New()
    End Sub
    '2.3 类内定义公共的带多个参数的构造过程（先调用基类的构造过程,再输入私有属性）
    Public Sub New(ByVal i As String, ByVal n As String, ByVal m As Double)
        MyBase.New(i, n)
        score = m
    End Sub
    '2.4 类内定义输出通用过程输出表头
    Public Overloads Sub PutHead()
        Console.WriteLine()
        Console.WriteLine("----------------------")
        Console.WriteLine("id" + Chr(9) + "name" + Chr(9) + "score")
```

```
        Console.WriteLine("------------------------")
    End Sub

    '2.5 类内定义输出通用函数分别返回 1 个属性
    Public Function PutScore() As Double
        Return score
    End Function

    '2.6 类内定义输出通用过程输出每一行信息
    Public Overloads Sub PutData2()
        Console.WriteLine("" + PutID() + Chr(9) + PutName() + Chr(9) + CStr(PutScore()))
        Console.WriteLine("------------------------")
    End Sub
End Class
```

第五步：在源文件 Teacher.vb 中输入以下内容：

```
'Teacher.vb
'  1. 使用系统命名空间,其中包括常用的类

Imports System
Imports System.IO

'  2. 用 Teacher 类来实现表格的架构(其中 Teacher 为派生类并从基类 Person 继承)
Public Class Teacher
    Inherits Person
    '2.1 在类中封装私有属性
    Private art_num As Integer
    '2.2 类内定义公共的 1 个属性过程,分别为 1 个属性输入/输出
    Public Property ARTNUM() As Integer
        Get
            Return art_num
        End Get
        Set(ByVal value As Integer)
            art_num = value
        End Set
    End Property
    '2.3 类内定义输出通用过程输出表头
    Public Overloads Sub PutHead()
        Console.WriteLine()
        Console.WriteLine("------------------------")
        Console.WriteLine("ID" + Chr(9) + "NAME" + Chr(9) + "ARTNUM")
        Console.WriteLine("------------------------")
    End Sub
    '2.4 类内定义只读属性过程输出每一行信息
    Public ReadOnly Property PUTALL() As String
        Get
            Return ("" + id + Chr(9) + name + Chr(9) + CStr(ARTNUM) _
                  + Chr(13) + Chr(10) + "------------------------")
        End Get
    End Property
End Class
```

第六步：在源文件 Mddule1.vb 中输入以下内容：

```
'  1. 使用系统命名空间，其中包括常用的类

Imports System
Imports System.IO
```

```
' 2. 新建一个主类包含整个程序的入口过程Main()
Module Module1
    Sub Main()
        '2.1 为基类Person新建一个对象数组,用来存放两个对象p(0)和p(1)
        Dim p(1) As Person
        Dim i As Integer
        '2.2 用循环实例化每一个数组元素,并同时传递实参
        For i = 0 To p.Length - 1 Step 1
            Console.WriteLine(Chr(13) + Chr(10) + "请输入第" + CStr(i + 1) + "个人的信息:"
+ Chr(13) + Chr(10))
            p(i) = New Person() '调用Person类的构造过程
            p(i).GetBaseConsoleVar1()
            p(i).GetBaseConsoleVar2()
        Next i
        '2.3 调用Person对象的输出表头的通用过程
        p(0).PutHead()
        '2.4 调用Person对象的输出数据的通用过程
        For i = 0 To p.Length - 1 Step 1
            p(i).PutData2()
        Next

        '2.5 为派生类Student新建一个对象数组,用来存放两个对象s(0)和s(1)
        Dim s(1) As Student
        Dim id As String, name As String
        Dim score As Double

        '2.6 用循环实例化每一个数组元素,并同时传递实参
        For i = 0 To s.Length - 1 Step 1
            Console.WriteLine(Chr(13) + Chr(10) + "请输入第" + CStr(i + 1) + "个学生的信息:"
+ Chr(13) + Chr(10))
            Console.Write("请输入编号:")
            id = Console.ReadLine()
            Console.Write("请输入姓名:")
            name = Console.ReadLine()
            Console.Write("请输入总分:")
            score = CDbl(Console.ReadLine())
            s(i) = New Student(id, name, score) '调用Student类的构造过程
        Next

        '2.7 调用Student对象的输出表头的通用过程
        s(0).PutHead()
        '2.8 调用Student对象的输出数据的通用过程
        For i = 0 To s.Length - 1 Step 1
            s(i).PutData2()
        Next

        '2.9 为派生类Teacher新建一个对象数组,用来存放两个对象t(0)和t(1)
        Dim t(1) As Teacher

        '2.10 用循环实例化每一个数组元素,并同时为相应的属性过程传递实参
        For i = 0 To s.Length - 1 Step 1
            Console.WriteLine(Chr(13) + Chr(10) + "请输入第" + CStr(i + 1) + "个教师的信息:"
+ Chr(13) + Chr(10))
            t(i) = New Teacher()
            Console.Write("请输入编号:")
```

```
            t(i).MyID = Console.ReadLine()
            Console.Write("请输入姓名:")
            t(i).MyName = Console.ReadLine()
            Console.Write("请输入发表论文的数量:")
            t(i).ARTNUM = CInt(Console.ReadLine())
        Next
        '2.11 调用 Teacher 对象的输出表头的通用过程
        t(0).PutHead()
        '2.12 调用 Teacher 对象的只读属性输出信息
        For i = 0 To s.Length - 1 Step 1
            Console.WriteLine(t(i).PUTALL)
        Next
    End Sub
End Module
```

第七步：执行 VB.NET 项目，运行结果分别如任务一中的图 7-1 ~ 图 7-3 所示。

任务小结

（1）包含系统输入/输出头文件及标准输入/输出命名空间。

（2）用 Person 类来实现表格的架构（其中 Person 为基类）。

（3）在基类（Person）中封装保护数据成员和私有数据成员，定义公共的一般函数（输入私有数据成员）、公共的默认构造函数、公共的带多个参数的构造函数、公共的一般函数（从键盘上输入个域）、公共的输入函数，分别为各数据成员输入；类内定义输出函数输出表头及各数据成员。

（4）用派生类 Student 类来实现表格的架构（Student 的基类是 Person），类内定义公共的默认构造函数（先调用基类的构造函数），类内定义公共的带多个参数的构造函数（先调用基类的构造函数，再输入私有数据成员）。

（5）用派生类 Teacher 类来实现表格的架构（Teacher 的基类是 Person），类内定义公共的默认构造函数（先调用基类的构造函数），类内定义公共的带多个参数的构造函数（先调用基类的构造函数，再输入私有数据成员）。

（6）新建包含程序入口的函数 main()，在其中分别为三个类新建对象，并用对象分别实现各自的功能。

相关知识与技能

1. VB 的单继承

- Inherits。Inherits 语句指明了当前的类从哪个类继承。Inherits 关键字只用在类和接口中。
- NotInheritable。NotInheritable 修饰符禁止用作基类。
- MustInherit。MustInherit 修饰符指明不能建立当前类的实例，这个类只能被继承。

2. 继承中常见关键字以及术语的说明

- 重写。在派生类中用 Overrides 重新编写有 Overridable 标识的基类的方法或属性。
- 重载。Overloads，用同样的名称，用不同的参数列表来创建多个方法和属性，在调用时就可以适应不同参数类型的要求。
- 隐藏。用派生类的名称代替基类的名称，并非让该名称消失。Shadows 方式适用于任何元素类型，亦可声明成任何元素类型。隐藏时在派生类中用 private 来修饰，它的子类就会继承它基类的成员。

3. VB.NET 基类成员访问修饰符

Friend，只在当前项目中可用；private 只在本类中可用；protected 在本类和本类的派生类中可用的成员；protected friend 在当前项目和本类的派生类中可用；public 类以外的代码也可以访问，默认值为 public。

4. 其他修饰符

- Overridable。Overridable 修饰符，允许类的一个属性或方法可以被 Override。
- Overrides。Overrides 修饰符，Override 基类的一个属性或方法。

- NotOverridable。NotOverridable 修饰符（缺省），禁止类的一个属性或方法被 Override。
- MustOverride。MustOverride 修饰符，需要继承的类 Override 的属性或方法。当使用 MustOverride 要害词的时候，方法的定义只包括 Sub， Function 和 Property 语句。类中带有 MustOverride 的方法都必须声明为 MustInherit。Public 方法缺省值是 NotOverridable。
- Shadows。Shadows 修饰符，允许重新使用被继承的类成员的名字。Shadows 不删除继承得来的类的类型成员，它仅仅是使所有被继承的类型成员在派生类中不可使用。Shadows 是在派生类中重新声明类成员。

5. shared 与 static 的区别

在 VB.NET 中，不能用 static 来声明函数。只能用来声明过程中的静态变量，并且不能用来声明成员变量。shared 既可以用来声明变量也可以用来声明函数，但是只能用来声明成员变量，这一点刚好跟 static 相反。

任务拓展

（1）VB.NET 中单继承的特性是什么？

（2）VB.NET 中基类与派生类的区别是什么？

（3）VB.NET 中如何分别实现基类与派生类的相应功能？

任务三　实现 Java 语言中的单继承

任务描述

上海御恒信息科技公司接到客户的一份订单，要求用 Java 语言中的单继承存储学生的成绩登记表。公司刚招聘了一名程序员小张，软件开发部经理要求他尽快熟悉 Java 语言中的单继承，并将学生成绩登记表用 Java 语言中的单继承的源代码编写出来。小张按照经理的要求开始做以下的任务分析。

任务分析

（1）用 Person 类来实现表格的架构（其中 Person 为超类）。

（2）用 Student 类来实现表格的架构（其中 Student 为子类，并从超类 Person 继承）。

（3）用 Teacher 类来实现表格的架构（其中 Teacher 为子类，并从超类 Person 继承）。

（4）为超类 Person 和子类 Student、Teacher 类分别新建对象，并用对象调用各自方法实现相应功能。

（5）学生信息登记表如项目一中任务一中的表 1-1 所示。

任务实施

第一步：打开 Eclipse。

第二步：文件→新建→Java 项目。

第三步：在源文件 Person.java 中输入以下内容：

```
//Person.jsl

//  1. 用工程名 chap07_oop 中的单继承_03_Jsharp 新建自定义包
package chap07_oop 中的单继承_03_Jsharp;

//  2. 使用系统包，其中包括常用的类
//import java.lang.*;
import java.io.*;

//  3. 用 Person 类来实现表格的架构（其中 Person 为超类）
public class Person
{
```

```
//3.1 在类中封装保护实例变量和私有实例变量
protected String id;
protected String name;
private int superfunc;

protected BufferedReader br=new BufferedReader(new InputStreamReader(System.in));

//3.2 类内定义公共的一般函数（输入私有实例变量）
public void getData(String i, String n)
{
    id = i;
    name = n;
}

//3.3 类内定义公共的默认构造函数
public Person()
{
    id = "00";
    name = "unknown";
}

//3.4 类内定义公共的带多个参数的构造函数
public Person(String i, String n)
{
    id = i;
    name = n;
}

//3.5 类内定义公共的一般函数（从键盘上输入 3 个实例变量）
public void getBaseConsoleVar1() throws IOException
{
    System.out.print("请输入编号:");
    id = br.readLine();

    System.out.print("请输入姓名:");
    name = br.readLine();

}

public void getBaseConsoleVar2() throws IOException
{
    System.out.print("请输入具备超能力的数量:");
    superfunc = Integer.parseInt(br.readLine());

}

//3.6 类内定义公共的 3 个输入方法,分别为 3 个实例变量输入

public void getId(String i)
{
    id = i;
}

public void getName(String n)
{
    name = n;
```

```
}

public void getSuperfunc(int p)
{
   superfunc = p;
}

//3.7 类内定义输出函数输出表头

public void putHead()
{
   System.out.println("---------------------------");
   System.out.println("id" + "\t" + "name" + "\t" + "superfunc");
   System.out.println("---------------------------");
}

//3.8 类内定义两个输出函数分别输出 3 个实例变量
public void putData11()
{
   System.out.println("id=" + id);
   System.out.println("name=" + name);
}

public void putData12()
{
   System.out.println("superfunc=" + superfunc);
}

//3.9 类内定义一个输出函数分别输出 3 个实例变量
public void putAll1()
{
   System.out.println("" + putID() + "\t" + putName() + "\t" + putSUPERFUNC());
   System.out.println("---------------------------");
}


//3.10、类内定义 3 个输出函数分别返回 3 个实例变量

public String putID()
{
   return id;
}

public String putName()
{
   return name;
}

public int putSUPERFUNC()
{
   return superfunc;
}

//3.11 类内定义一个输出函数返回 3 个实例变量
public String putAll2()
{
```

```
        return ("" + putID() + "\t" + putName() + "\t" + putSUPERFUNC() +
                    "\n" + "---------------------------");
    }

  //3.12 类内定义一个输出函数分别输出 3 个实例变量
    public void putAll3()
    {
        System.out.println("" + id + "\t" + name + "\t" + superfunc);
        System.out.println("---------------------------");
    }


  //3.13 类内定义一个输出函数分别输出 3 个实例变量
    public String putAll4()
    {
        return "id=" + id + "\n" +
              "name=" + name + "\n" +
              "superfunc=" + superfunc + "\n";
    }

    //3.14 类内定义自动垃圾回收函数输出每一行信息(调用一般函数)
    /*
  protected void finalize()
    {
        putHead();
        System.out.println("" + putID() + "\t" + putName() + "\t" + putSUPERFUNC());
        System.out.println("---------------------------");
    }
  */

}
```

第四步：在源文件 Student.jsl 中输入以下内容：

```
//Student.jsl

//  1. 用工程名 chap07_oop 中的单继承_03_Jsharp 新建自定义包
package chap07_oop 中的单继承_03_Jsharp;

//  2. 使用系统包，其中包括常用的类
//import java.lang.*;
import java.io.*;

//  3. 用 Student 类来实现表格的架构(其中 Student 为子类并从超类 Person 继承)
    public class Student extends Person
    {
        //3.1 在类中封装私有实例变量
        private double score;

        //3.2 类内定义公共的默认构造函数(先调用超类的构造函数)
        public Student()
        {
          super();
        }
        //3.3 类内定义公共的带多个参数的构造函数(先调用超类的构造函数，再输入私有实例变量)
        public Student(String i, String n,double m)
        {
```

```
         super(i,n);
           score = m;
        }

        //3.4 类内定义输出函数输出表头

        public void putHead()
        {
            System.out.println();
            System.out.println("----------------------");
            System.out.println("id" + "\t" + "name" + "\t" + "score" );
            System.out.println("----------------------");
        }

        //3.5 类内定义输出函数分别返回 1 个实例变量

        public double putScore()
        {
            return score;
        }



        //3.6 类内定义输出函数输出每一行信息
        public void putAll1()
        {
            System.out.println("" + putID() + "\t" + putName() + "\t" + putScore() );
            System.out.println("----------------------");
        }
    }
```

第五步：在源文件 Teacher.jsl 中输入以下内容：

```
//Teacher.jsl

//  1. 用工程名 chap07_oop 中的单继承_03_Jsharp 新建自定义包
package chap07_oop 中的单继承_03_Jsharp;

//  2. 使用系统包，其中包括常用的类
//import java.lang.*;
import java.io.*;

//  3. 用 Teacher 类来实现表格的架构（其中 Teacher 为子类并从超类 Person 继承）
public class Teacher extends Person
{
    //3.1 在类中封装私有实例变量
    private int art_num;

    //3.2 类内定义公共的 2 个实例方法,分别为 1 个实例变量输入/输出
    public void setArtnum(int n)
   {
      art_num=n;
   }

  public int getArtnum()
   {
      return art_num;
```

```
    }

    //3.3 类内定义输出函数输出表头
    public void putHead()
    {
        System.out.println();
        System.out.println("------------------------");
        System.out.println("ID" + "\t" + "NAME" + "\t" +  "ARTNUM");
        System.out.println("------------------------");
    }
    //3.4 类内定义只读属性输出每一行信息
    public String putAll2()
    {
      return ("" + id + "\t" + name + "\t" + getArtnum()
                  + "\n" + "------------------------");
    }
}
```

第六步：在源文件 Program.jsl 中输入以下内容：

```
//Program.jsl

//  1. 用工程名 chap07_oop 中的单继承_03_Jsharp 新建自定义包

package chap07_oop 中的单继承_03_Jsharp;
//  2. 使用系统包，其中包括常用的类

//import java.lang.*;
import java.io.*;

//  3. 新建一个主类包含整个程序的入口方法 main()
public class Program
{

  static BufferedReader br = new BufferedReader(new InputStreamReader(System.in));

  public static void main(String[] args) throws IOException
  {
     //3.1 为超类 Person 新建一个对象数组,用来存放两个对象 p[0]和 p[1]
     Person[] p = new Person[2];

     //3.2 用循环实例化每一个数组元素,并同时传递实参
     for (int i = 0; i < p.length; i++)
     {
        System.out.println("\n 请输入第" + (i + 1) + "个人的信息:" + "\n");
        p[i] = new Person(); //调用 Person 类的构造函数
        p[i].getBaseConsoleVar1();
        p[i].getBaseConsoleVar2();
     }

     //3.3 调用 Person 对象的输出表头的实例方法
     p[0].putHead();

     //3.4 调用 Person 对象的输出数据的实例方法

     for (int i = 0; i < p.length; i++)
     {
```

```
    p[i].putAll1();
}

//3.5 为子类 Student 新建一个对象数组,用来存放两个对象 s[0]和 s[1]
Student[] s = new Student[2];
String id, name;
double score;

//3.6 用循环实例化每一个数组元素,并同时传递实参
for (int i = 0; i < s.length; i++)
{
    System.out.println("\n请输入第" + (i + 1) + "个学生的信息:" + "\n");

    System.out.print("请输入编号:");
    id = br.readLine();

    System.out.print("请输入姓名:");
    name = br.readLine();

    System.out.print("请输入总分:");
    score = Double.parseDouble(br.readLine());
    s[i] = new Student(id, name, score); //调用 Student 类的构造函数
}

//3.7 调用 Student 对象的输出表头的实例方法
s[0].putHead();

//3.8 调用 Student 对象的输出数据的实例方法

for (int i = 0; i < s.length; i++)
    {
        s[i].putAll1();
    }

//3.9 为子类 Teacher 新建一个对象数组,用来存放两个对象 t[0]和 t[1]
Teacher[] t = new Teacher[2];

//3.10 用循环实例化每一个数组元素,并同时传递实参
for (int i = 0; i < t.length; i++)
{
    System.out.println("\n请输入第" + (i + 1) + "个教师的信息:" + "\n");

    t[i] = new Teacher();

    System.out.print("请输入编号:");

    t[i].id = br.readLine();

    System.out.print("请输入姓名:");
    t[i].name = br.readLine();

    System.out.print("请输入发表论文的数量:");
    t[i].setArtnum(Integer.parseInt(br.readLine()));
}

//3.11 调用 Teacher 对象的输出表头的实例方法
```

```
        t[0].putHead();

        //3.12 调用 Teacher 对象的只读属性输出信息

        for (int i = 0; i < t.length; i++)
        {

            System.out.println(t[i].putAll2());

        }
    }

}
```

第七步：执行 Java 项目，运行结果分别如任务一中的图 7-1 ~ 图 7-3 所示。

任务小结

（1）包含系统输入/输出包及基本语言包。用 Person 类来实现表格的架构（其中 Person 为超类）。

（2）在超类（Person）中封装保护数据成员和私有数据成员，定义公共的一般方法（输入私有数据成员）、公共的默认构造方法、公共的带多个参数的构造方法、公共的一般方法（从键盘上输入个域）、公共的输入函数，分别为各数据成员输入；类内定义输出方法输出表头及各数据成员。

（3）用子类 Student 类来实现表格的架构（Student 的超类是 Person），类内定义公共的默认构造方法（先调用基类的构造方法），类内定义公共的带多个参数的构造方法（先调用基类的构造方法，再输入私有数据成员）。

（4）用子类 Teacher 类来实现表格的架构（Teacher 的基类是 Person），类内定义公共的默认构造方法（先调用基类的构造方法），类内定义公共的带多个参数的构造方法（先调用超类的构造方法，再输入私有数据成员）。

（5）新建包含程序入口的函数 main()，在其中分别为三个类新建对象，并用对象分别实现各自的功能。

相关知识与技能

1. Java 中的继承

继承是 Java 面向对象编程技术的一块基石，因为它允许创建分等级层次的类。继承就是子类继承父类的特征和行为，使得子类对象（实例）具有父类的实例域和方法，或子类从父类继承方法，使得子类具有父类相同的行为。生活中的继承：兔子和羊属于食草动物类，狮子和豹属于食肉动物类。食草动物和食肉动物又是属于动物类。所以继承需要符合的关系是：is-a，父类更通用，子类更具体。虽然食草动物和食肉动物都属于动物，但是两者的属性和行为上有差别，所以子类会具有父类的一般特性，也会具有自身的特性。

2. 类的继承格式

在 Java 中通过 extends 关键字可以声明一个类是从另外一个类继承而来的，一般形式如下：

```
class 父类 { } class 子类 extends 父类 { }
```

为什么需要继承？我们通过实例来说明这个需求。开发动物类，其中动物分别为企鹅以及老鼠，要求如下：企鹅：属性（姓名，id），方法（吃，睡，自我介绍），老鼠：属性（姓名，id），方法（吃，睡，自我介绍），如果设计代码就会发现重复，这导致代码量大且臃肿，而且维护性不高（维护性主要是后期需要修改时需要修改很多的代码，容易出错）。要从根本上解决这个问题，就需要继承，将代码中相同的部分提取出来组成一个父类，即 Animal 类，企鹅类和老鼠类继承这个类之后，就具有父类当中的属性和方法，子类就不会存在重复的代码，维护性也提高，代码也更加简洁，可提高代码的复用性（复用性主要是可以多次使用，不用再多次写同样的代码），需要注意的是，Java 不支持多继承，但支持多重继承。

3. 继承的特性

子类拥有父类非 private 的属性、方法，子类也可以拥有自己的属性和方法，即子类可以对父类进行扩展。子类可以用自己的方式实现父类的方法。Java 的继承是单继承，但是可以多重继承。单继承就是一个子类只能继承一个父类。多重继承，即 A 类继承 B 类，B 类继承 C 类，所以按照关系就是 C 类是 B 类的父类，B 类是 A 类的父类。这是 Java 继承区别于 C++ 继承的一个特性。

4. **继承关键字**（extends 和 implements）

继承可以使用 extends 和 implements 这两个关键字来实现继承，而且所有的类都是继承于 java.lang.Object，当一个类没有继承的两个关键字，则默认继承 object（这个类在 java.lang 包中，所以不需要 import）祖先类。

任务拓展

（1）Java 中单继承的特性是什么？

（2）Java 中基类与派生类的区别是什么？

（3）Java 中如何分别实现基类与派生类的相应功能？

任务四 实现 C#语言中的单继承

任务描述

上海御恒信息科技公司接到客户的一份订单，要求用 C#语言中的单继承存储学生的成绩登记表。公司刚招聘了一名程序员小张，软件开发部经理要求他尽快熟悉 C#语言中的单继承，并将学生成绩登记表用 C#语言中的单继承的源代码编写出来，小张按照经理的要求开始做以下的任务分析。

任务分析

（1）用 Person 类来实现表格的架构（其中 Person 为基类）。

（2）用 Student 类来实现表格的架构（其中 Student 为派生类，并从基类 Person 继承）。

（3）用 Teacher 类来实现表格的架构（其中 Teacher 为派生类，并从基类 Person 继承）。

（4）为基类 Person 和派生类 Student、Teacher 类分别新建对象，并用对象调用各自方法实现相应功能。

（5）学生信息登记表如项目一中任务一中的表 1-1 所示。

任务实施

第一步：打开 Visual Studio。

第二步：文件→新建→C#项目。

第三步：在源文件 Person.cs 中输入以下内容：

```
//Person.cs

//  1. 使用系统命名空间，其中包括常用的类
using System;
using System.Collections.Generic;
using System.Text;

//  2. 用工程名 chap07_OOP_Single_Inherit_01_Csharp 新建自定义命名空间
namespace chap07_OOP_Single_Inherit_01_Csharp
{
//  3. 用 Person 类来实现表格的架构（其中 Person 为基类）

    public class Person
    {
        //3.1 在类中封装保护域
        protected string id;
        protected string name;
```

```
//3.2 类内定义公共的输入函数输入每一行信息
public void GetData()
{
    Console.Write("请输入编号:");
    id = Console.ReadLine();

    Console.Write("请输入姓名:");
    name = Console.ReadLine();

}

//3.3 类内定义公共的构造函数输入每一行信息
public Person()
    : this("0", "unknown")
{
}

public Person(string i, string n)
{
    id = i;
    name = n;
}

//3.4 类内定义输出函数输出表头

public void PutHead()
{
    Console.WriteLine("---------------");
    Console.WriteLine("sid" + "\t" + "sname" );
    Console.WriteLine("---------------");
}

//3.5 类内定义输出函数返回 ID
public string PutID()
{
    return id;
}

//3.6 类内定义输出函数返回 NAME
public string PutName()
{
    return name;
}

//3.7、类内定义输出属性返回 ID
public string PUTID
{
    get
    {
        return id;
    }
}

//3.8 类内定义输出属性返回 NAME
public string PUTNAME
```

```
        {
            get
            {
                return name;
            }
        }

        //3.9 类内定义输出函数输出每一行信息(分别嵌套调用 PutID()与 PutNmae()函数)
        public void PutData1()
        {
            Console.WriteLine(PutID() + "\t" + PutName());
            Console.WriteLine("---------------------");
        }

        //3.10 类内定义输出函数输出每一行信息(分别嵌套调用 PUTID()与 PUTNAME()属性)
        public void PutData2()
        {
            Console.WriteLine(""+PUTID + "\t" +PUTNAME);
            Console.WriteLine("---------------------");
        }
    }
}
```

第四步：在源文件 Student.cs 中输入以下内容：

```
//Student.cs

//  1. 使用系统命名空间，其中包括常用的类
using System;
using System.Collections.Generic;
using System.Text;

//  2. 用工程名 chap07_OOP_Single_Inherit_01_Csharp 新建自定义命名空间
namespace chap07_OOP_Single_Inherit_01_Csharp
{
    //  3. 用 Student 类来实现表格的架构(其中 Student 为派生类并从基类 Person 继承)

    public class Student:Person
    {
        //3.1 在类中封装私有域
        private double score;

        //3.2 类内定义公共的输入函数(先调用基类的同名函数,再输入私有域)
        new public void GetData()
        {
            base.GetData();

            Console.Write("请输入总分:");
            score = Double.Parse(Console.ReadLine());

            Console.WriteLine();
        }

        //3.3 类内定义输出函数输出表头

        new public void PutHead()
        {
```

```
            Console.WriteLine("----------------------");
            Console.WriteLine("id" + "\t" + "name" + "\t" + "score");
            Console.WriteLine("----------------------");
        }

        //3.4 类内定义输出函数返回 score
        public double PutScore()
        {
            return score;
        }

        //3.5 类内定义输出函数输出每一行信息
        new public void PutData1()
        {
            Console.WriteLine(""+base.PutID() + "\t" + base.PutName() + "\t" + PutScore());
            Console.WriteLine("----------------------");
        }
    }
}
```

第五步：在源文件 Teacher.cs 中输入以下内容：

```
//Teacher.cs

//  1. 使用系统命名空间，其中包括常用的类
using System;
using System.Collections.Generic;
using System.Text;

//  2. 用工程名 chap07_OOP_Single_Inherit_01_Csharp 新建自定义命名空间
namespace chap07_OOP_Single_Inherit_01_Csharp
{
    //  3. 用 Teacher 类来实现表格的架构（其中 Teacher 为派生类并从基类 Person 继承）

    public class Teacher : Person
    {
        //3.1 在类中封装私有域
        private int art_num;

        //3.2 类内定义公共的构造函数（先调用基类的构造函数,再输入私有域）
        public Teacher(string i,string n,int m):base(i,n)
        {
            art_num = m;
        }

        public Teacher()
        {

        }

        //3.3 类内定义输出函数输出表头

        new public void PutHead()
        {
            Console.WriteLine("----------------------");
            Console.WriteLine("id" + "\t" + "name" + "\t" + "art_num");
            Console.WriteLine("----------------------");
        }
```

```
        //3.4 类内定义输出函数返回 score
        public int PutArtnum()
        {
            return art_num;
        }

        //3.5 类内定义输出函数输出每一行信息
        new public void PutData2()
        {
            Console.WriteLine(base.PutID() + "\t" + base.PutName() + "\t" + PutArtnum());
            Console.WriteLine("------------------------");
        }
    }

}
```


第六步：在源文件 Program.cs 中输入以下内容：

```
//Program.cs

//  1. 使用系统命名空间，其中包括常用的类
using System;
using System.Collections.Generic;
using System.Text;

//  2. 用工程名 chap07_oop 中的单继承_04_CSharp 新建自定义命名空间
namespace chap07_oop 中的单继承_04_CSharp
{
//  3. 新建一个主类包含整个程序的入口方法 Main()
    public class Program
    {
        public static void Main(string[] args)
        {
            //3.1 为基类 Person 新建一个对象数组,用来存放两个对象 p[0]和 p[1]
            Person[] p = new Person[2];

            //3.2 用循环实例化每一个数组元素,并同时传递实参
            for (int i = 0; i < p.Length; i++)
            {
                Console.WriteLine("\n 请输入第" + (i + 1) + "个人的信息:" + "\n");

                p[i] = new Person(); //调用 Person 类的构造函数
                p[i].GetBaseConsoleVar1();
                p[i].GetBaseConsoleVar2();
            }
            //3.3 调用 Person 对象的输出表头的实例方法
            p[0].PutHead();
            //3.4 调用 Person 对象的输出数据的实例方法
            for (int i = 0; i < p.Length; i++)
            {
                p[i].PutData2();
            }
            //3.5 为派生类 Student 新建一个对象数组,用来存放两个对象 s[0]和 s[1]
            Student [] s=new Student[2];
            string id,name;
            double score;
```

```
        //3.6 用循环实例化每一个数组元素,并同时传递实参
        for(int i=0;i<s.Length;i++)
        {
            Console.WriteLine("\n 请输入第" +(i+1) + "个学生的信息:"+"\n");
            Console.Write("请输入编号:");
            id = Console.ReadLine();

            Console.Write("请输入姓名:");
            name = Console.ReadLine();

            Console.Write("请输入总分:");
            score = Double.Parse(Console.ReadLine());
            s[i]=new Student(id,name,score); //调用 Student 类的构造函数
        }

        //3.7 调用 Student 对象的输出表头的实例方法
        s[0].PutHead();

        //3.8 调用 Student 对象的输出数据的实例方法
        for(int i=0;i<s.Length;i++)
        {
           s[i].PutData2();
        }

        //3.9 为派生类 Teacher 新建一个对象数组,用来存放两个对象 t[0]和 t[1]
        Teacher [] t=new Teacher[2];

        //3.10 用循环实例化每一个数组元素,并同时传递实参
        for(int i=0;i<t.Length;i++)
        {
           Console.WriteLine("\n 请输入第" +(i+1) + "个教师的信息:"+"\n");

            t[i] = new Teacher();
            Console.Write("请输入编号:");
            t[i].ID=Console.ReadLine();

            Console.Write("请输入姓名:");
            t[i].NAME = Console.ReadLine();

            Console.Write("请输入发表论文的数量:");
            t[i].ARTNUM = Int32.Parse(Console.ReadLine());
        }

        //3.11 调用 Teacher 对象的输出表头的实例方法
        t[0].PutHead();

        //3.12 调用 Teacher 对象的只读属性输出信息
        for(int i=0;i<t.Length;i++)
        {
           Console.WriteLine(t[i].PUTALL);
        }
      }
   }
}
```

第七步：执行 C#项目，运行结果分别如任务一中的图 7-1 ~ 图 7-3 所示。

任务小结

（1）包含系统输入/输出头文件及标准输入/输出命名空间。

（2）用 Person 类来实现表格的架构（其中 Person 为基类）。

（3）在基类（Person）中封装保护数据成员和私有数据成员，定义公共的一般函数（输入私有数据成员）、公共的默认构造函数、公共的带多个参数的构造函数、公共的一般函数（从键盘上输入个域）、公共的输入函数，分别为各数据成员输入；类内定义输出函数输出表头及各数据成员。

（4）用派生类 Student 类来实现表格的架构（Student 的基类是 Person），类内定义公共的默认构造函数（先调用基类的构造函数），类内定义公共的带多个参数的构造函数（先调用基类的构造函数，再输入私有数据成员）。

（5）用派生类 Teacher 类来实现表格的架构（Teacher 的基类是 Person），类内定义公共的默认构造函数（先调用基类的构造函数），类内定义公共的带多个参数的构造函数（先调用基类的构造函数，再输入私有数据成员）。

（6）新建包含程序入口的函数 main()，在其中分别为三个类新建对象，并用对象分别实现各自的功能。

相关知识与技能

1. C#中的继承

继承是面向对象程序设计中最重要的概念之一。继承允许我们根据一个类来定义另一个类，这使得创建和维护应用程序变得更容易。同时也有利于重用代码和节省开发时间。当创建一个类时，程序员不需要完全重新编写新的数据成员和成员函数，只需要设计一个新的类，继承了已有的类的成员即可。这个已有的类被称为的基类，这个新的类被称为派生类。

2. 基类和派生类

一个类可以派生自多个类或接口，这意味着它可以从多个基类或接口继承数据和函数。C# 中创建派生类的语法如下：

```
<访问修饰符> class <基类>{ ...}, class <派生类> : <基类>{ ...}
```

假设有一个基类 Shape，它的派生类是 Rectangle。实例如下：

```
using System;

namespace InheritanceApplication
{

   class Shape
   {

      public void setWidth(int w)
      {


         width = w;
      }
      public void setHeight(int h)
      {
         height = h;
      }

      protected int width;

      protected int height;

   }
```

```
    // 派生类
    class Rectangle: Shape
    {
        public int getArea()
        {
            return (width * height);
        }
    }

    class RectangleTester
    {
        static void Main(string[] args)
        {
            Rectangle Rect = new Rectangle();

            Rect.setWidth(5);

            Rect.setHeight(7);

            // 打印对象的面积

            Console.WriteLine("总面积: {0}", Rect.getArea());

            Console.ReadKey();
        }

    }

}
```

当上面的代码被编译和执行时，它会产生下列结果：

```
总面积: 35
```

3. **基类的初始化**

派生类继承了基类的成员变量和成员方法。因此父类对象应在子类对象创建之前被创建。用户可以在成员初始化列表中进行父类的初始化。

任务拓展

（1）C#中单继承的特性是什么？

（2）C#中基类与派生类的区别是什么？

（3）C#中如何分别实现基类与派生类的相应功能？

任务五 实现 Python 语言中的单继承

任务描述

上海御恒信息科技公司接到客户的一份订单，要求用 Python 语言中的单继承存储学生的成绩登记表。公司刚招聘了一名程序员小张，软件开发部经理要求他尽快熟悉 Python 语言中的单继承，并将学生成绩登记表用 Python 语言中的单继承的源代码编写出来。小张按照经理的要求开始做以下的任务分析。

(1)用 Person 类来实现表格的架构(其中 Person 为基类)。
(2)用 Student 类来实现表格的架构(其中 Student 为派生类,并从基类 Person 继承)。
(3)用 Teacher 类来实现表格的架构(其中 Teacher 为派生类,并从基类 Person 继承)。
(4)为基类 Person 和派生类 Student、Teacher 类分别新建对象,并用对象调用各自方法实现相应功能。
(5)学生信息登记表如项目一中任务一中的表 1-1 所示。

任务实施

第一步:在 Python 中创建源文件 Person.py,源代码如下:

```
//Person.py

#coding=utf-8

class Person:

    #1. 类内定义公共的一般函数

    def getData(self,i,n):
        self.id = i;
        self.name = n;


    #2. 类内定义公共的默认构造函数
    def __init__(self):
        id = "00";
        name = "unknown";


    #3. 类内定义公共的带多个参数的构造函数
    def __init__(self,i,n):
        self.id = i;
        self.name = n;


    #4. 类内定义公共的一般函数(从键盘上输入 3 个实例变量)
    def get_var_one(self):
        self.id=input("请输入编号:");
        self.name=input("请输入姓名:");


    #5. 类内定义公共的 3 个输入方法,分别为 3 个实例变量输入
    def getId(self,i):
        self.id = i;

    def getName(self,n):
        self.name = n;
    def getSuperfunc(self,p):
        self.superfunc = p;

    #6. 类内定义输出函数输出表头
    def putHead():
        print("---------------------------");
```

```
        print("id" + "  " + "name" + "  " + "superfunc");
        print("----------------------------");

    #7. 类内定义两个输出函数分别输出 3 个实例变量

    def putData11(self):
        print("id=" + id);
        print("name=" + name);

    def putData12(self):
        print("superfunc=" + superfunc);

    #8. 类内定义一个输出函数分别输出 3 个实例变量

    def putAll1(self):
        print("" + putID() + "  " + putName() + "  " + putSUPERFUNC());
        print("----------------------------");

    #9. 类内定义 3 个输出函数分别返回 3 个实例变量

    def putID(self):
        return id;

    def putName(self):
        return name;

    def putSUPERFUNC(self):
        return superfunc;

   #10. 类内定义一个输出函数返回 3 个实例变量

    def putAll2(self):
        return ("" + putID() + "\t" + putName() + "\t" + putSUPERFUNC() +
                "\n" + "----------------------------");

   #11. 类内定义一个输出函数分别输出 3 个实例变量

    def putAll3(self):
        print("" + id + "\t" + name + "\t" + superfunc);
        print("----------------------------");

   #12. 类内定义一个输出函数分别输出 3 个实例变量

    def putAll4(self):
        return "id=" + id + "  " + "name=" + name + "  " + "superfunc=" + superfunc + "  ";
```

第二步：参照第一步，创建源文件 Student.py、Teacher.py、Program.py（此处代码省略）。

第三步：执行 Python 程序，运行结果要求如任务一中的图 7-1 ~ 图 7-3 所示。

任务小结

（1）Python 同时支持单继承与多继承，当只有一个父类时为单继承，当存在多个父类时为多继承。

（2）子类会继承父类的所有的属性和方法，子类也可以覆盖父类同名的变量和方法。

（3）在继承中，基类的构造（__init__()方法）不会被自动调用，它需要在其派生类的构造中亲自专门调用，有别于 C#。

（4）在调用基类的方法时，需要加上基类的类名前缀，且需要带上 self 参数变量。区别于在类中调用普通函数时并不需要带上 self 参数。

（5）Python 总是首先查找对应类型的方法，如果它不能在派生类中找到对应的方法，才开始到基类中逐个查找（即先在本类中查找调用的方法，找不到才去基类中找）。

相关知识与技能

（1）继承语法：class 派生类名(基类名)。

（2）在 python 中继承中的一些特点。如果在子类中需要父类的构造方法，就需要显式地调用父类的构造方法，或者不重写父类的构造方法。如果在继承元组中列了一个以上的类，那么它就被称作“多重继承”。派生类的声明，与其父类类似，继承的基类列表跟在类名之后，如：

```
class SubClassName (ParentClass1[, ParentClass2, ...]):
```

任务拓展

（1）Python 中单继承的特性是什么？

（2）Python 中基类与派生类的区别是什么？

（3）Python 中如何分别实现基类与派生类的相应功能？

项目七综合比较表

本项目所介绍的用单继承来实现 OOP 中类的相应功能，它们之间的区别如表 7-1 所示。

表 7-1　用单继承来实现 OOP 中类的功能比较

比 较 项 目	C++	Java	C#	VB.NET	Python
基类属性修饰符	protected	protected	protected	protected	protected
基类方法修饰符	public	public	public	public	public
基类构造方法	基类名(基类形参列表){ }	public 基类名(基类形参列表){ }	public 基类名(基类形参列表){ }	Public Sub New(基类形参列表)End Sub	__init__(基类形参列表):
基类虚方法修饰符	virtual	无	virtual	Overridable	无
基类一般方法修饰符	无	无	无	OverLoads	无
派生类属性修饰符	private	private	private	private	private
派生类方法修饰符	public	public	pulbic	public	public
派生类构造方法	派生类名(基类形参列表,派生类形参列表): public 基类名(基类形参名列表) { 派生类属性=派生类形参;}	派生类名(基类形参列表,派生类形参列表) {Super(基类形参名列表);派生类属性=派生类形参;}	派生类名(基类形参列表,派生类形参列表): base(基类形参名列表){派生类属性=派生类形参;}	Public Sub New(基类形参列表,派生类形参列表) MyBase.New(基类形参名列表) 派生类属性=派生类形参 End Sub	派生类名(基类形参列表,派生类形参列表): Super().__init__();
派生类虚方法修饰符	Virtual 可写可不写	无	override	overrides	无
派生类一般方法修饰符	无	无	new	OverLoads	无
整个程序入口 main()方法	基类 *基类指针名;派生类 对象（实参列表）;基类指针名=&派生类对象;基类指针名->派生类的虚方法;	基类 基类引用名;派生类 对象=new 派生类名（实参列表）;基类引用名=派生类对象;基类引用名.派生类的虚方法;	基类 基类引用名;派生类 对象=new 派生类名（实参列表）;基类引用名=派生类对象;基类引用名.派生类的虚方法;	Dim 基类引用名 As 基类 Dim 派生类对象 As New 派生类名（实参列表）基类引用名=派生类对象 基类引用名.派生类的虚方法	main_loop();

项目综合实训

实现家庭管理系统中的单继承

项目描述

上海御恒信息科技公司接到一个订单，需要用 C++、VB.net、Java、C#、Python 这 5 种不同的语言分别封装一个家庭管理系统中的用户登录表（FamilyUser）。程序员小张根据以上要求进行相关单继承的设计后，按照项目经理的要求开始做以下的任务分析。

项目分析

（1）根据要求，分析存储的主要数据如项目一的表 1-3 所示。

（2）设计数据库中表的实体关系图（ERD）如项目一的图 1-6 所示。

（3）设计类的结构如项目一的表 1-4 所示:

（4）键盘输入后显示的结果如图 7-4～图 7-6 所示。

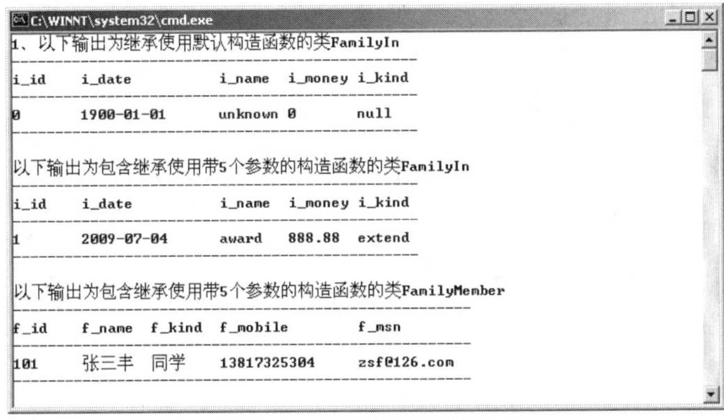

图 7-4　用户信息表输出 1

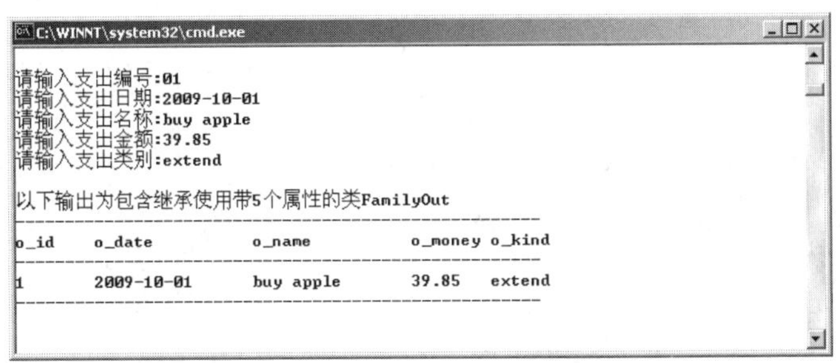

图 7-5　用户信息表输出 2

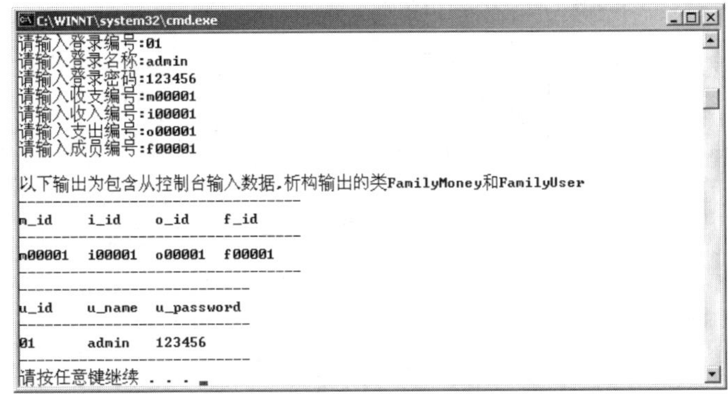

图 7-6　用户信息表输出 3

第一步：根据要求，用C#尝试书写不用继承的写法：

```
//FamilyUser.cs

//  1. 使用系统命名空间,其中包括常用的类
using System;
using System.Collections.Generic;
using System.Text;

//  2. 用工程名 chap07_oop 中的单继承_1x1_Csharp_Answer 新建自定义命名空间
namespace chap07_oop 中的单继承_1x1_Csharp_Answer
{
//  3. 用 FamilyUser 类来实现表格的架构(其中 FamilyUser 为基类)
    public class FamilyUser
    {
        //3.1 在类中封装保护域和私有域
        private string u_id;
        private string u_name;
        private string u_password;

        //3.2 类内定义公共的一般函数(输入私有域)
        public void GetData(string i, string n,string p)
        {
            u_id = i;
            u_name = n;
            u_password = p;
        }

        //3.3 类内定义公共的默认构造函数
        public FamilyUser(): this("00", "unknown","000000")
        {

        }
        //3.4 类内定义公共的带多个参数的构造函数
        public FamilyUser(string i, string n,string p)
        {
            u_id = i;
            u_name = n;
            u_password = p;
        }

        //3.5 类内定义公共的一般函数(从键盘上输入 5 个域)
        public void GetConsole1()
        {
            Console.Write("请输入登录编号:");
            u_id = Console.ReadLine();

            Console.Write("请输入登录名称:");
            u_name = Console.ReadLine();

            Console.Write("请输入登录密码:");
            u_password = Console.ReadLine();

        }
```

```
public void GetConsole2()
{
    Console.Write("请输入登录编号:");
    UID = Console.ReadLine();

    Console.Write("请输入登录名称:");
    UNAME = Console.ReadLine();

    Console.Write("请输入登录密码:");
    UPASSWORD = Console.ReadLine();

}
//3.6 类内定义公共的 3 个属性,分别为 3 个域输入输出

public string UID
{
    get
    {
        return u_id;
    }

    set
    {
        u_id = value;

    }
}

public string UNAME
{
    get
    {
        return u_name;
    }

    set
    {
        u_name = value;

    }
}

public string UPASSWORD
{
    get
    {
        return u_password;
    }

    set
    {
        u_password = value;

    }
}
```

```
//3.7 类内定义公共的 3 个输入方法,分别为 3 个域输入

public void GetId(string i)
{
   u_id = i;
}

public void GetName(string n)
{
   u_name=n;
}

public void GetPassword(string p)
{
   u_password = p;
}

//3.8 类内定义输出函数输出表头

public void PutHead()
{
   Console.WriteLine("----------------------------");
   Console.WriteLine("u_id" + "\t" + "u_name" + "\t"  + "u_password" );
   Console.WriteLine("----------------------------");
}

//3.9 类内定义一个输出函数分别输出 3 个域
public void PutData1()
{
   Console.WriteLine("u_id=" + u_id);
   Console.WriteLine("u_name=" + u_name);
   Console.WriteLine("u_password=" + u_password);
}

//3.10 类内定义一个输出函数分别输出 3 个域
public void PutData2()
{
   Console.WriteLine("" + PutUid() + "\t" + PutUname() + "\t" + PutUpassword());
   Console.WriteLine("----------------------------");
}

//3.11 类内定义 3 个输出函数分别返回 5 个域

public string PutUid()
{
   return u_id;
}

public string PutUname()
{
   return u_name;
}

public string PutUpassword()
{
   return u_password;
```

```
        }

        //3.12 类内定义只读属性输出每一行信息
        public string PUTALL1
        {
            get
            {
                return ("" + PutUid() + "\t" + PutUname() + "\t" + PutUpassword()  +
                        '\u000D' + '\u000A' + "--------------------------");
            }
        }

        //3.13 类内定义只读属性输出每一行信息
        public string PUTALL2
        {
            get
            {
                return "u_id=" + u_id + '\u000D' + '\u000A' +
                     "u_name=" + u_name + '\u000D' + '\u000A' +
                     "u_password=" + u_password + '\u000D' + '\u000A';

            }
        }

        //3.14 类内定义只读属性输出每一行信息
        public string PUTALL3
        {
            get
            {
                return ("" + UID + "\t" + UNAME + "\t" + UPASSWORD
                        + '\u000D' + '\u000A' + "--------------------------");
            }
        }

         //3.15 类内定义析构函数输出每一行信息
        ~FamilyUser()
        {
            PutHead();
            Console.WriteLine("" + PutUid() + "\t" + PutUname() + "\t" + PutUpassword() );
            Console.WriteLine("--------------------------");
        }


    }
}
//FamilyIn.cs

//  1. 使用系统命名空间,其中包括常用的类
using System;
using System.Collections.Generic;
using System.Text;

//  2. 用工程名 chap07_oop 中的单继承_lx1_Csharp_Answer 新建自定义命名空间
namespace chap07_oop中的单继承_lx1_Csharp_Answer
{
```

```
//  3. 用 FamilyIn 类来实现表格的架构（其中 FamilyIn 为派生类并从基类 FamilyUser 继承）
    public class FamilyIn
    {
        //3.1 在类中封装私有域
        private int i_id;
        private string i_date;
        private string i_name;
        private double i_money;
        private string i_kind;

        //3.2 类内定义公共的默认构造函数（先调用基类的构造函数）
        public FamilyIn()
            : this(0, "1900-01-01","unknown",0.0,"null")
        {

        }
        //3.3 类内定义公共的带多个参数的构造函数（先调用基类的构造函数，再输入私有域）
        public FamilyIn(int i,string d,string n,double m,string k)
        {
            i_id = i;
            i_date = d;
            i_name = n;
            i_money = m;
            i_kind = k;
        }

        //3.4 类内定义输出函数输出表头

        public void PutHead()
        {
            Console.WriteLine("------------------------------------------------");
            Console.WriteLine("i_id" + "\t" + "i_date" + "\t"+"\t" + "i_name" + "\t" +
"i_money" + "\t" + "i_kind");
            Console.WriteLine("------------------------------------------------");
        }

        //3.5 类内定义输出函数分别返回 5 个域
        public int PutIid()
        {
            return i_id;
        }

        public string PutIdate()
        {
            return i_date;
        }

        public string PutIname()
        {
            return i_name;
        }

        public double PutImoney()
        {
            return i_money;
```

```
        }

        public string PutIkind()
        {
            return i_kind;
        }

        //3.6 类内定义输出函数输出每一行信息
        public void PutData()
        {
            Console.WriteLine("" + PutIid() + "\t" + PutIdate() +  "\t" + PutIname() + "\t"
+ PutImoney()  + "\t" + PutIkind());
            Console.WriteLine("-------------------------------------------------");
        }



    }
}
//FamilyMember.cs

// 1. 使用系统命名空间,其中包括常用的类
using System;
using System.Collections.Generic;
using System.Text;

// 2. 用工程名 chap07_oop 中的单继承_lx1_Csharp_Answer 新建自定义命名空间
namespace chap07_oop 中的单继承_lx1_Csharp_Answer
{

    // 3. 用 FamilyMember 类来实现表格的架构(其中 FamilyMember 为派生类并从基类 FamilyUser 继承)
    public class FamilyMember
    {
        //3.1 在类中封装私有域
        private string f_id;
        private string f_name;
        private string f_kind;
        private string f_mobile;
        private string f_msn;

        //3.2 类内定义公共的一般函数(先调用基类的一般函数,再输入私有域)
        public void GetData(string i, string n, string k, string m, string s)
        {
            f_id = i;
            f_name = n;
            f_kind = k;
            f_mobile = m;
            f_msn = s;
        }

        //3.3 类内定义输出函数输出表头

        public void PutHead()
        {
            Console.WriteLine("------------------------------------------------------");
```

```
            Console.WriteLine("f_id" + "\t" + "f_name" + "\t" + "f_kind" + "\t" + "f_mobile"
+ "\t" + "f_msn");
            Console.WriteLine("------------------------------------------------------------");
        }

        //3.4 类内定义输出函数分别返回 5 个域
        public string PutFid()
        {
            return f_id;
        }

        public string PutFname()
        {
            return f_name;
        }

        public string PutFkind()
        {
            return f_kind;
        }

        public string PutFmobile()
        {
            return f_mobile;
        }

        public string PutFmsn()
        {
            return f_msn;
        }

        //3.5 类内定义只读属性输出每一行信息
        public string PUTALL
        {
            get
            {
                return ("" + PutFid() + "\t" + PutFname() + "\t" + PutFkind() + "\t" +
PutFmobile() + "\t" + PutFmsn() +'\u000D' + '\u000A' + "----------------------------------------
------------------");
            }
        }



    }
}
//FamilyMoney.cs

// 1. 使用系统命名空间,其中包括常用的类
using System;
using System.Collections.Generic;
using System.Text;

// 2. 用工程名 chap07_oop 中的单继承_lx1_Csharp_Answer 新建自定义命名空间
namespace chap07_oop 中的单继承_lx1_Csharp_Answer
{
```

```
//  3. 用 FamilyMoney 类来实现表格的架构（其中 FamilyMoney 为派生类并从基类 FamilyUser 继承）
public class FamilyMoney
{
    //3.1 在类中封装私有域
    private string m_id;
    private string i_id;
    private string o_id;
    private string f_id;

    //3.2 类内定义公共的一般函数(先调用基类的一般函数,再输入私有域)
    public void GetConsole()
    {
        Console.Write("请输入收支编号:");
        m_id = Console.ReadLine();

        Console.Write("请输入收入编号:");
        i_id = Console.ReadLine();

        Console.Write("请输入支出编号:");
        o_id = Console.ReadLine();

        Console.Write("请输入成员编号:");
        f_id = Console.ReadLine();
    }

    //3.3 类内定义输出函数输出表头

    public void PutHead()
    {
        Console.WriteLine("----------------------------------");
        Console.WriteLine("m_id" + "\t" + "i_id" + "\t" + "o_id" + "\t" + "f_id");
        Console.WriteLine("----------------------------------");
    }

    //3.4 类内定义输出函数分别返回 4 个域
    public string PutMid()
    {
        return m_id;
    }

    public string PutIid()
    {
        return i_id;
    }

    public string PutOid()
    {
        return o_id;
    }

    public string PutFid()
    {
        return f_id;
    }
```

```
        //3.5 类内定义析构函数输出每一行信息
        ~FamilyMoney()
        {
            PutHead();
            Console.WriteLine("" + PutMid() + "\t" + PutIid() + "\t" + PutOid() + "\t" +
PutFid() );
            Console.WriteLine("--------------------------------");
        }



    }
}

//FamilyOut.cs

//  1. 使用系统命名空间,其中包括常用的类
using System;
using System.Collections.Generic;
using System.Text;

//  2. 用工程名 chap07_oop 中的单继承_lx1_Csharp_Answer 新建自定义命名空间
namespace chap07_oop 中的单继承_lx1_Csharp_Answer
{

    //  3. 用 FamilyOut 类来实现表格的架构（其中 FamilyOut 为派生类并从基类 FamilyUser 继承）
    public class FamilyOut
    {
        //3.1 在类中封装私有域
        private int o_id;
        private string o_date;
        private string o_name;
        private double o_money;
        private string o_kind;

        //3.2 类内定义公共的 5 个属性,分别为 5 个域输入/输出
        public int OID
        {
            get
            {
                return o_id;
            }

            set
            {
                o_id = value;
            }
        }


        public string ODATE
        {
            get
            {
```

```
                return o_date;
            }

            set
            {
                o_date = value;
            }
        }

        public string ONAME
        {
            get
            {
                return o_name;
            }

            set
            {
                o_name = value;
            }
        }

        public double OMONEY
        {
            get
            {
                return o_money;
            }

            set
            {
                o_money = value;
            }
        }

        public string OKIND
        {
            get
            {
                return o_kind;
            }

            set
            {
                o_kind = value;
            }
        }
        //3.3 类内定义输出函数输出表头

        public void PutHead()
        {
            Console.WriteLine("---------------------------------------------------");
            Console.WriteLine("o_id" + "\t" + "o_date" + "\t" + "\t" + "o_name" + "\t"+"\t"+
"o_money" + "\t" + "o_kind");
            Console.WriteLine("---------------------------------------------------");
        }
```

```
        //3.4 类内定义只读属性输出每一行信息
        public string PUTALL
        {
            get
            {
                return ("" + OID + "\t" + ODATE + "\t" + ONAME + "\t" + OMONEY + "\t" +
OKIND +'\u000D' + '\u000A' + "---------------------------------- -------------------");
            }
        }



    }
}
//Program.cs

// 1. 使用系统命名空间,其中包括常用的类
using System;
using System.Collections.Generic;
using System.Text;

// 2. 用工程名 chap07_oop 中的单继承_lx1_Csharp_Answer 新建自定义命名空间
namespace chap07_oop中的单继承_lx1_Csharp_Answer
{

// 3. 设计主类 Program,包含整个程序的入口方法 Main()
    public class Program
    {
        public static void Main(string[] args)
        {
            // 3.1 为派生类 FamilyIn 新建对象,调用默认构造函数初始化
            FamilyIn fi1 = new FamilyIn();
            Console.WriteLine("1、以下输出为继承使用默认构造函数的类 FamilyIn");
            // 3.2 用对象调用输出表头的函数
            fi1.PutHead();
            // 3.3 用对象调用输出表格内容的函数
            fi1.PutData();



            // 3.4 为派生类 FamilyIn 新建对象,调用带 5 个参数的构造函数初始化
            FamilyIn fi2 = new FamilyIn(1,"2009-07-04","award",888.88,"extend");
            Console.WriteLine("\n以下输出为包含继承使用带 5 个参数的构造函数的类 FamilyIn");
            // 3.5 用对象调用输出表头的函数
            fi2.PutHead();
            // 3.6 用对象调用输出表格内容的函数
            fi2.PutData();



            // 3.7 为派生类 FamilyMember 新建对象
            FamilyMember fm = new FamilyMember();
            // 3.8 用对象调用带 5 个参数的一般函数初始化
            fm.GetData("101","张三丰","同学","13817325304","zsf@126.com");
```

```
Console.WriteLine("\n以下输出为包含继承使用带5个参数的构造函数的类FamilyMember");
//  3.9 用对象调用输出表头的函数
fm.PutHead();
//  3.10 用对象的输出属性输出在控制台
Console.WriteLine(fm.PUTALL);

 //  3.11 为派生类FamilyOut新建对象
FamilyOut fo = new FamilyOut();
//   3.12 将键盘输入的数据赋值给类中属性的域
Console.Write("\n\n请输入支出编号:");
fo.OID = Int32.Parse(Console.ReadLine());

Console.Write("请输入支出日期:");
fo.ODATE = Console.ReadLine();

Console.Write("请输入支出名称:");
fo.ONAME = Console.ReadLine();

Console.Write("请输入支出金额:");
fo.OMONEY = Double.Parse(Console.ReadLine());

Console.Write("请输入支出类别:");
fo.OKIND = Console.ReadLine();

Console.WriteLine("\n以下输出为包含继承使用带5个属性的类FamilyOut");
//  3.13 用对象调用输出表头的函数
fo.PutHead();
//  3.14 用对象的输出属性输出在控制台
Console.WriteLine(fo.PUTALL);

Console.WriteLine();

string id, name, pwd;
 //  3.15 为派生类FamilyOut新建对象
FamilyUser fu = new FamilyUser();
//   3.16 从键盘获取信息赋给局部变量
Console.Write("\n\n请输入登录编号:");
id = Console.ReadLine();

Console.Write("请输入登录名称:");
name = Console.ReadLine();

Console.Write("请输入登录密码:");
pwd = Console.ReadLine();
//   3.17 将局部变量的值作为实参传递给类中的相应输入函数
fu.GetId(id);
fu.GetName(name);
fu.GetPassword(pwd);


//  3.18 为派生类FamilyMoney新建对象
FamilyMoney fe = new FamilyMoney();
//  3.19 用对象调用不带参数的一般函数从控制台输入数据
fe.GetConsole();
Console.WriteLine("\n以下输出为包含从控制台输入数据,析构输出的类FamilyMoney和FamilyUser");
```

```
            }
        }
}
```

第二步：根据要求，以下尝试用继承的写法,实现效果如下面的图 7-7 ~ 图 7-10 所示。

```
C:\WINNT\system32\cmd.exe
1、以下输出为继承使用默认构造函数的类FamilyIn
-------------------------------------------------------------------
u_id     u_name  i_id    i_date          i_name  i_money i_kind
-------------------------------------------------------------------
00       unknown 0       1900-01-01      unknown 0       null
-------------------------------------------------------------------

2、以下输出为包含继承使用带5个参数的构造函数的类FamilyIn
-------------------------------------------------------------------
u_id     u_name  i_id    i_date          i_name  i_money i_kind
-------------------------------------------------------------------
u01      admin   1       2009-07-04      award   888.88  extend
-------------------------------------------------------------------

3、以下输出为包含继承使用带5个参数的构造函数的类FamilyMember
--------------------------------------------------------------------------
u_id     u_name  f_id    f_name  f_kind  f_mobile        f_msn
--------------------------------------------------------------------------
u01      admin   101     张三丰  同学    13817325304     zsf@126.com
--------------------------------------------------------------------------
```

图 7-7　继承输出 1

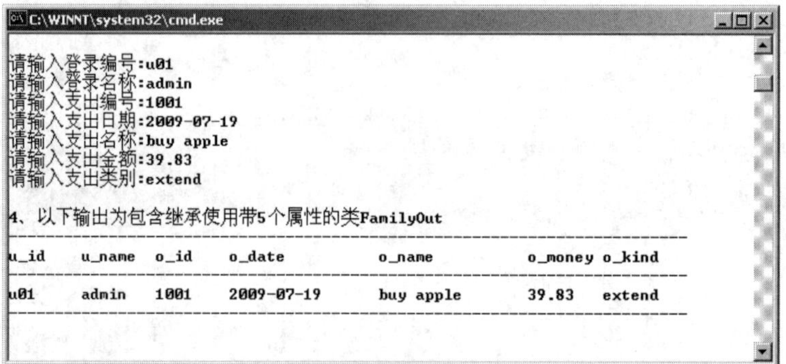

```
C:\WINNT\system32\cmd.exe

请输入登录编号:u01
请输入登录名称:admin
请输入支出编号:1001
请输入支出日期:2009-07-19
请输入支出名称:buy apple
请输入支出金额:39.83
请输入支出类别:extend

4、以下输出为包含继承使用带5个属性的类FamilyOut
-------------------------------------------------------------------------------
u_id     u_name  o_id    o_date          o_name          o_money o_kind
-------------------------------------------------------------------------------
u01      admin   1001    2009-07-19      buy apple       39.83   extend
-------------------------------------------------------------------------------
```

图 7-8　继承输出 2

```
C:\WINNT\system32\cmd.exe

请输入登录编号:u01
请输入登录名称:admin
请输入登录密码:123456

5、以下输出为包含3个域的基类FamilyUser
-----------------------------------
u_id     u_name  u_password
-----------------------------------
u01      admin   123456
-----------------------------------
```

图 7-9　继承输出 3

```
C:\WINNT\system32\cmd.exe

请输入登录编号:u01
请输入登录名称:admin
请输入收支编号:10001
请输入收入编号:20001
请输入支出编号:30001
请输入成员编号:40001

6、以下输出为包含从控制台输入数据,析构输出的类FamilyMoney和FamilyUser

-------------------------------------------------------------------------
u_id     u_name  m_id    i_id    o_id    f_id
-------------------------------------------------------------------------
u01      admin   10001   20001   30001   40001
-------------------------------------------------------------------------
```

图 7-10　继承输出 4

第三步：根据要求，编写 C++代码（因篇幅有限，此处省略,自己思考）。
第四步：根据要求，编写 VBNET 代码（此处省略,自己思考）。
第五步：根据要求，编写 JAVA 代码（此处省略）。
第六步：根据要求，编写 C#代码（此处省略）。
第七步：根据要求，编写 Python 代码（此处省略）。

项目小结

（1）通过以上 5 种语言的比较，来区分它们单继承书写之间的区别。
（2）5 种语言之间单继承语法是有异同点的。
（3）5 种语言之间单继承构造函数写法也有异同点。
（4）5 种语言之间单继承在具体实现上也有区别。

项目实训评价表

	项目七　实现 OOP 中的单继承		评　价		
	学 习 目 标	评 价 项 目	3	2	1
职业能力	OOP 中的单继承的实现	任务一　实现 C++语言中的单继承			
		任务二　实现 VB.NET 语言中的单继承			
		任务三　实现 Java 语言中的单继承			
		任务四　实现 C#语言中的单继承			
		任务五　实现 Python 语言中的单继承			
通用能力	动手能力				
	解决问题能力				
综合评价					

评价等级说明表

等　级	说　明
3	能高质、高效地完成此学习目标的全部内容，并能解决遇到的特殊问题
2	能高质、高效地完成此学习目标的全部内容
1	能圆满完成此学习目标的全部内容，不需任何帮助和指导

注：以上表格根据国家职业技能标准相关内容设定。

实现 OOP 中的多态与抽象类

核心概念

实现OOP中的多态与抽象类

C++、VB.NET、Java、C#、Python 语言中的多态与抽象类。

项目描述

OOP 的多态，即不同对象对于相同的消息有不同的响应。具体在程序中，多态性有两种表现方式：一是同一对象调用名字相同但是参数不同的方法，表现出不同的行为；二是不同的对象调用名字和参数都相同的方法，表现出不同的行为，即一个方法有多种形态。子类可以对父类继承的方法进行重写，可以使用抽象类来实现多态。本项目从日常生活中最常用的存储数据的表格开始，引入表格在 C++、VB.NET、Java、C#、Python 语言中是如何表示的，再从此引出常用的 5 种面向对象编程语言是如何通过一个多态与抽象类实例来重写一张表格的。

技能目标

用提出、分析、解决问题的思路来培养学生进行 OOP 的多态与抽象类编程，同时考虑通过多语言的比较来熟练掌握不同语言的语法。能掌握常用 5 种 OOP 编程语言中的多态与抽象类的基本语法。

工作任务

实现 C++、VB.NET、Java、C#、Python 语言中的多态与抽象类。

任务一　实现 C++语言中的多态与抽象类

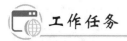

任务描述

上海御恒信息科技公司接到客户的一份订单，要求用 C++语言中的多态与抽象类存储学生的成绩登记表。公司刚招聘了一名程序员小张，软件开发部经理要求他尽快熟悉 C++语言中的多态与抽象类，并将学生成绩登记表用 C++语言中的多态与抽象类的源代码编写出来。小张按照经理的要求开始做以下的任务分析。

任务分析

（1）用 Person 类来实现表格的架构（其中 Person 为抽象基类）：在 Person 类中封装保护数据成员，类内定义公共的构造函数输入每一行信息，类内说明虚函数输出表头，类内说明纯虚函数返回 ID、NAME、AGE，类内说明虚函数输出每一行信息，类内说明纯虚函数输出不同派生类的特性。

（2）用 Student 类来实现表格的架构（其中 Student 为派生类，并从抽象基类 Person 继承）：在类中封装私有数据成员，类内定义公共的默认构造函数（先调用基类的构造函数），类内定义输出函数输出表头，类内定义输出函数分别返回个域，类内定义输出函数输出每一行信息，类内重写基类 Person 的纯虚函数。

（3）用 Teacher 类来实现表格的架构（其中 Teacher 为派生类，并从抽象基类 Person 继承）：在类中封装私有数据成员，类内定义公共的默认构造函数（先调用基类的构造函数），类内定义输出函数输出表头，类内定义输出函数分别返回各个域，类内定义输出函数输出每一行信息，类内重写基类 Person 的纯虚函数。

（4）在类外封装整个程序的入口方法 main()：为抽象基类新建指针，为派生类新建对象，用基类指针指向派生类对象，用基类指针指向要重写的抽象方法。

（5）学生信息登记表如项目一中任务一中的表 1-1 所示。

任务实施

第一步：打开 Visual Studio。

第二步：文件→新建→C++项目。

第三步：在源文件 Person.h 中输入以下内容：

```
//Person.h

// 1. 包含系统输入/输出头文件及标准输入/输出命名空间
#include "iostream"
using namespace std;

// 2. 用 Person 类来实现表格的架构（其中 Person 为抽象基类）

class Person
{
   //2.1 在类中封装保护数据成员
  protected:
     char id[10];
     char name[20];
     int age;

   //2.2 类内定义公共的构造函数输入每一行信息
  public:
     Person()
     {
        cout << "\n 请输入编号:";
        cin >> id;

        cout << "请输入姓名:";
        cin >> name;

        cout << "请输入年龄:";
        cin >> age;
     }

   //2.3 类内说明虚函数输出表头
     virtual void putHead()
        {
           cout << "-----------------------------------" << endl;
           cout << "id" << "\t" << "name" << "\t" << "age" << endl;
           cout << "-----------------------------------" << endl;
        }

   //2.4 类内说明纯虚函数返回 ID
      virtual char * putId()=0;

   //2.5 类内说明纯虚函数返回 NAME
     virtual char * putName()=0;
```

```
    //2.6 类内说明纯虚函数返回 AGE
      virtual int putAge()=0;

    //2.7 类内说明虚函数输出每一行信息
      virtual void putData()
      {
         cout << "" << id << "\t" << name << "\t" << age << endl;
            cout << "----------------------------------" << endl;
      }
    //2.8 类内说明纯虚函数输出不同派生类的特性
      virtual void dispInfo()=0;

};
```

第四步：在源文件 Student.h 中输入以下内容：

```
//Student.h

//  1. 包含系统输入/输出头文件及标准输入/输出命名空间
#include "iostream"
using namespace std;

//  2. 用 Student 类来实现表格的架构（其中 Student 为派生类,并从抽象基类 Person 继承）
class Student : public Person
{
    //2.1 在类中封装私有数据成员
   private:
      double score;

    //2.2 类内定义公共的默认构造函数（先调用基类的构造函数）
   public:
      Student():Person()
      {
         cout << "请输入总分:";
         cin >> score;
      }

    //2.3 类内定义输出函数输出表头

    void putHead()
    {
       cout << "----------------------------------------" << endl;
       cout << "id" << "\t" << "name" << "\t" << "age" << "\t" << "score" << endl;
       cout << "----------------------------------------" << endl;
    }

    //2.4 类内定义输出函数分别返回个域
    char * putId()
    {
       return id;
    }

    char * putName()
    {
       return name;
    }
```

```
    int putAge()
    {
        return age;
    }

    double putScore()
    {
        return score;
    }

    //2.5 类内定义输出函数输出每一行信息
    void putData()
    {
        cout << "" << putId() << "\t" << putName() << "\t" << putAge() << "\t" << putScore()
<< endl;
        cout << "----------------------------------------" << endl;
    }

    //2.6 类内重写基类 Student 的纯虚函数
    void dispInfo()
    {
        cout << "    学生每月要参加各科单元测试" << endl;
        cout << "----------------------------------------" << endl;
    }

};
```

第五步：在源文件 Teacher.h 中输入以下内容：

```
//Teacher.h

//  1. 包含系统输入输出头文件及标准输入输出命名空间
#include "iostream"
using namespace std;
//  2. 用 Teacher 类来实现表格的架构（其中 Teacher 为派生类并从抽象基类 Person 继承）
class Teacher : public Person
{
   //2.1 在类中封装私有数据成员
  private:
     double salary;
   //2.2 类内定义公共的默认构造函数（先调用基类的构造函数）
  public:
     Teacher():Person()
     {
        cout << "请输入工资:";
        cin >> salary;
     }
   //2.3 类内定义输出函数输出表头
   void putHead()
   {
       cout << "----------------------------------------" << endl;
       cout << "id" << "\t" << "name" << "\t" << "age" << "\t" << "salary" << endl;
       cout << "----------------------------------------" << endl;
   }
   //2.4 类内定义输出函数分别返回个域
   char * putId()
```

```
    {
       return id;
    }
    char * putName()
    {
       return name;
    }
    int putAge()
    {
       return age;
    }
    double putSalary()
    {
       return salary;
    }
    //2.5 类内定义输出函数输出每一行信息
    void putData()
    {
       cout << "" << putId() << "\t" << putName() << "\t" << putAge() << "\t" << putSalary()
<< endl;
       cout << "----------------------------------------" << endl;
    }
    //2.6 类内重写基类 Person 的纯虚函数
    void  dispInfo()
    {
       cout << "    教师每月要按时发放工资" << endl;
       cout << "----------------------------------------" << endl;
    }
};
```

第六步：在源文件 chap08_oop 中用抽象类和抽象方法实现的多态_01_Cplusplus.cpp 中输入以下内容：

```
//chap08_oop 中用抽象类和抽象方法实现多态_01_Cplusplus.cpp
//  1. 包含系统输入/输出头文件及标准输入/输出命名空间和自定义的头文件
#include "stdafx.h"
#include "iostream"
#include "Person.h"
#include "Student.h"
#include "Teacher.h"
using namespace std;
//  2. 在类外封装整个程序的入口方法 main()
int _tmain(int argc, _TCHAR* argv[])
{
   //  2.1 为抽象基类新建指针
   Person *p;
   //  2.2 为派生类新建对象
   Student st;
   //  2.3 用基类指针指向派生类对象
   p = &st;
   //  2.4 用基类指针指向要重写的抽象方法
   p->putHead();
   p->putData();
   p->dispInfo();
   //  2.5 为派生类新建对象
   Teacher te;
   //  2.6 用基类指针指向派生类对象
   p = &te;
```

```
    //  2.7 用基类指针指向要重写的抽象方法
    p->putHead();
    p->putData();
    p->dispInfo();
    cout << endl;
    return 0;

}
```

第七步：执行 C++项目，运行结果如图 8-1 所示。

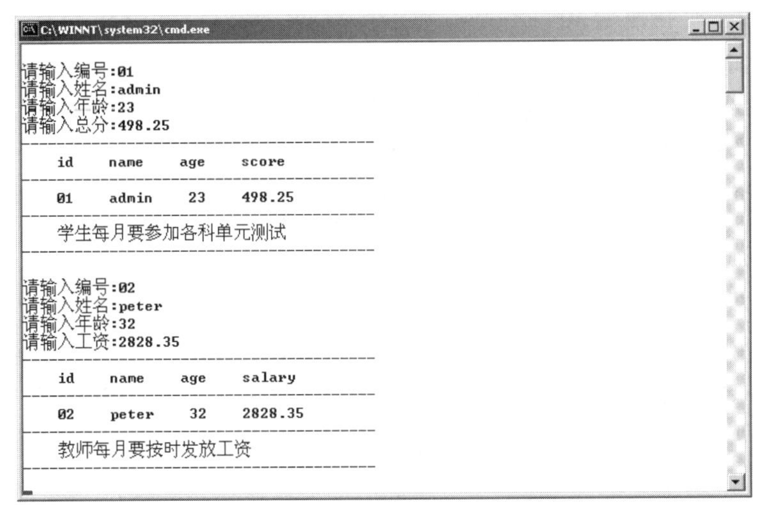

图 8-1　实现 C++语言中的多态与抽象类

任务小结

（1）用抽象基类来实现表格的架构，在类中封装保护数据成员，类内定义公共的构造函数输入信息，类内说明虚函数来控制输出格式及输出，类内说明纯虚函数来返回属性并输出不同派生类的特性。

（2）设计不同的派生类从抽象基类继承，并定义公共的默认构造函数，在其中先调用基类的构造函数，关键是要在类内重写基类的纯虚函数或虚函数。

（3）在类外封装主函数，在其中为抽象基类新建指针，为派生类新建对象，用基类指针指向派生类对象，用基类指针指向要重写的抽象方法，从而实现主要功能。

相关知识与技能

（1）为什么要有多态？基于 C++的复用性和拓展性而言，同类的程序模块进行大量重复是一件无法容忍的事情，比如我设置了苹果、香蕉、西瓜类，现在想把这些东西都装到碗这个函数里，那么在主函数当中，声明对象是必须的，但是每一次装进碗里对于水果来说，都要用自己的指针调用一次装的功能，那为什么不把这些类抽象成一个水果类，直接定义一个水果类的指针一次性调用所有装水果的功能呢？这个就是利用父类指针去调用子类成员，但是这个思想受到了指针指向类型的限制，也就是说表面指针指向了子类成员，但实际上还是只能调用子类成员里的父类成员，这样的思想就变得毫无意义了，如果想要解决这个问题，只要在父类前加上 virtual 就可以解决了。

（2）C++语言多态的原理：C++中虚函数表的作用主要是实现了多态的机制。首先先解释一下多态的概念，多态是 C++的特点之一，关于多态，简而言之就是，用父类的指针指向其子类的实例，然后通过父类的指针调用实际子类的成员函数，这种方法可以让父类的指针具有多种形态，也就是说不需要改动很多的代码就可以让父类这一种指针干一些很多子类指针的事情。

（3）C++中多态的机制主要是通过虚函数来实现的。虚函数（Virtual Function）是通过一张虚函数表（Virtual Table）来实现的，虚函数表简称为 V-Table。在这个表中，主要是一个类的虚函数的地址表。这张表解决了继承、覆盖的问题，保证其内容真实反映实际的函数。这样，在有虚函数的类的实例中，这个表被分配在了这个实例的内存中，所以，当用父类的指针来操作一个子类的时候，这张虚函数表就显得尤为重要了，它就像一张地图一样，指明了实际所应调用的函数。

C++的编译器应该是保证虚函数表的指针存在于对象实例中最前面的位置（这是为了保证取到虚函数表有最高的性能——如果有多层继承或是多重继承的情况下）。这意味着我们通过对象实例的地址得到这张虚函数表，然后就可以遍历其中的函数指针，并调用相应的函数。

任务拓展

（1）C++中多态的特性是什么？

（2）C++中多态中基类与派生类应该如何封装函数？

（3）C++中如何在主函数中分别实现基类与派生类的相应功能？

任务二　实现 VB.NET 语言中的多态与抽象类

任务描述

上海御恒信息科技公司接到客户的一份订单，要求用 VB.NET 语言中的多态与抽象类存储学生的成绩登记表。公司刚招聘了一名程序员小张，软件开发部经理要求他尽快熟悉 VB.NET 语言中的多态与抽象类，并将学生成绩登记表用 VB.NET 语言中的多态与抽象类的源代码编写出来。小张按照经理的要求开始做以下的任务分析。

任务分析

（1）用 Person 类来实现表格的架构（其中 Person 为抽象基类）：在 Person 类中封装保护域，类内定义公共的构造过程输入每一行信息，类内说明输出过程输出表头，类内说明抽象输出方法返回 ID、NAME、AGE，类内说明抽象输出方法输出每一行信息，类内说明抽象输出方法输出每个派生类各自的信息。

（2）用 Student 类来实现表格的架构（其中 Student 为派生类，并从抽象基类 Person 继承）：在类中封装私有域，类内定义公共的默认构造过程（先调用基类的构造过程），类内定义输出过程输出表头，类内定义输出方法分别返回 4 个域，类内定义输出过程输出每一行信息，类内重写 Person 的过程。

（3）用 Teacher 类来实现表格的架构（其中 Teacher 为派生类，并从抽象基类 Person 继承）：在类中封装私有域，类内定义公共的默认构造过程（先调用基类的构造过程），类内定义输出过程输出表头，类内定义输出方法分别返回 4 个域，类内定义输出过程输出每一行信息，类内重写 Person 的过程。

（4）用 Module1 模块来封装整个程序的入口过程 Main()：为抽象基类新建引用，为派生类新建对象，用基类引用指向派生类对象，用基类引用指向要重写的抽象方法。

（5）学生信息登记表如项目一中任务一中的表 1-1 所示。

任务实施

第一步：打开 Visual Studio。

第二步：文件→新建→VB.NET 项目。

第三步：在源文件 Person.vb 中输入以下内容：

```
'Person.vb
'  1. 使用系统命名空间，其中包括常用的类
Imports System
Imports System.IO
'  2. 用 Person 类来实现表格的架构（其中 Person 为基类）
```

```
Public Class Person
    '2.1 在类中封装保护域
    Protected id As String
    Protected name As String
    Protected age As Integer
    '2.2 类内定义公共的构造过程输入每一行信息
    Public Sub New()
        Console.WriteLine()
        Console.Write("请输入编号:")
        id = Console.ReadLine()
        Console.Write("请输入姓名:")
        name = Console.ReadLine()
        Console.Write("请输入年龄:")
        age = CInt(Console.ReadLine())
    End Sub
    '2.3 类内说明输出过程输出表头
     Public Overridable Sub PutHead()
        Console.WriteLine("----------------------------------------")
        Console.WriteLine(Space(4) + "id" + Space(4) + "name" + Space(4) + "age")
        Console.WriteLine("----------------------------------------")
    End Sub
    '2.4 类内说明抽象输出方法返回 ID
    Public Overridable Function PutId() As String
    End Function
    '2.5 类内说明抽象输出方法返回 NAME
    Public Overridable Function PutName() As String
    End Function
    '2.6 类内说明抽象输出方法返回 AGE
    Public Overridable Function PutAge() As Integer
    End Function
    '2.7 类内说明抽象输出方法输出每一行信息
    Public Overridable Sub PutData()
        Console.WriteLine(Space(4) + id + Space(4) + name + Space(4) + CStr(age))
        Console.WriteLine("----------------------------------------")
    End Sub
    '2.8 类内说明抽象输出方法输出每个派生类各自的信息
    Public Overridable Sub DispInfo()
    End Sub
End Class
```

第四步：在源文件 Student.vb 中输入以下内容：

```
'Student.vb
'  1. 使用系统命名空间，其中包括常用的类
Imports System
Imports System.IO
'  2. 用 Student 类来实现表格的架构（其中 Student 为派生类，并从抽象基类 Person 继承）
Public Class Student
    Inherits Person
    '2.1 在类中封装私有域
    Private score As Double

    '2.2 类内定义公共的默认构造过程（先调用基类的构造过程）
    Public Sub New()
        MyBase.New()
        Console.Write("请输入总分:")
        score = CDbl(Console.ReadLine())
```

```
        End Sub

        '2.3 类内定义输出过程输出表头
        Public Overrides Sub PutHead()

            Console.WriteLine("----------------------------------------")
            Console.WriteLine(Space(4) + "id" + Space(4) + "name" + Space(4) + "age" + Space(4)
+ "score")
            Console.WriteLine("----------------------------------------")

        End Sub
        '2.4 类内定义输出方法分别返回 4 个域
        Public Overrides Function PutId() As String
            Return id
        End Function

        Public Overrides Function PutName() As String
            Return name
        End Function
        Public Overrides Function PutAge() As Integer
            Return age
        End Function
        Public Function PutScore() As Double
            Return score
        End Function
        '2.5 类内定义输出过程输出每一行信息
        Public Overrides Sub PutData()
            Console.WriteLine(Space(4)  +  PutId()  +  Space(4)  +  PutName()  +  Space(4)  +
CStr(PutAge()) + Space(4) + Cstr(PutScore()))
            Console.WriteLine("----------------------------------------")
        End Sub
        '2.6 类内重写 Person 的过程
        Public Overrides Sub DispInfo()
            Console.WriteLine("    学生每月要参加各科单元测试")
            Console.WriteLine("----------------------------------------")
        End Sub
    End Class
```

第五步：在源文件 Teacher.vb 中输入以下内容：

```
    'Teacher.vb
    '  1. 使用系统命名空间，其中包括常用的类
    Imports System
    Imports System.IO
    '  2. 用 Teacher 类来实现表格的架构（其中 Teacher 为派生类,并从抽象基类 Person 继承）
    Public Class Teacher
        Inherits Person
        '2.1 在类中封装私有域
        Private salary As Double

        '2.2 类内定义公共的默认构造过程（先调用基类的构造过程）
        Public Sub New()
            MyBase.New()
            Console.Write("请输入工资:")
            salary = CDbl(Console.ReadLine())
        End Sub
```

```
    '2.3 类内定义输出过程输出表头
    Public Overrides Sub PutHead()
        Console.WriteLine("----------------------------------------")
        Console.WriteLine(Space(4) + "id" + Space(4) + "name" + Space(4) + "age" + Space(4)
+ "salary")
        Console.WriteLine("----------------------------------------")
    End Sub
    '2.4 类内定义输出方法分别返回 4 个域
    Public Overrides Function PutId() As String
        Return id
    End Function
    Public Overrides Function PutName() As String
        Return name
    End Function
    Public Overrides Function PutAge() As Integer
        Return age
    End Function

    Public Function PutSalary() As Double
        Return salary
    End Function

    '2.5 类内定义输出过程输出每一行信息
    Public Overrides Sub PutData()
        Console.WriteLine(Space(4)  +  PutId()  +  Space(4)  +  PutName()  +  Space(4)  +
CStr(PutAge()) + Space(4) + Cstr(PutSalary()))
        Console.WriteLine("----------------------------------------")
    End Sub

    '2.6 类内重写 Person 的过程
    Public Overrides Sub DispInfo()
        Console.WriteLine("    教师每月要按时发放工资")
        Console.WriteLine("----------------------------------------")
    End Sub

End Class
```

第六步：在源文件 Module1.vb 中输入以下内容：

```
'Module1.vb
' 1. 使用系统命名空间，其中包括常用的类
Imports System
Imports System.IO
' 2. 用 Module1 模块来封装整个程序的入口过程 Main()
Module Module1
    Sub Main()
        ' 2.1 为抽象基类新建引用
        Dim p As Person

        ' 2.2 为派生类新建对象
        Dim st As New Student()

        ' 2.3 用基类引用指向派生类对象
        p = st

        ' 2.4 用基类引用指向要重写的抽象方法
        p.PutHead()
```

```
        p.PutData()
    p.DispInfo()
        ' 2.5 为派生类新建对象
        Dim te As New Teacher()

        ' 2.6 用基类引用指向派生类对象
        p = te

        ' 2.7 用基类引用指向要重写的抽象方法
        p.PutHead()
        p.PutData()
    p.DispInfo()
        Console.ReadLine()
      End Sub
  End Module
```

第七步：执行 VB.NET 项目，运行结果如任务一中的图 8-1 所示。

任务小结

（1）用抽象基类来实现表格的架构，在类中封装保护域，类内定义公共的构造过程输入信息，类内说明抽象过程或方法来控制输出格式及输出，并能返回属性和输出不同派生类的特性。

（2）设计不同的派生类分别从抽象基类继承，并定义公共的默认构造过程，在其中先调用基类的构造过程，关键是要在类内重写基类的抽象过程或方法。

（3）在模块封装主过程，在其中为抽象基类新建引用，为派生类新建对象，用基类引用指向派生类对象和要重写的抽象方法，从而实现主要功能。

相关知识与技能

（1）多态的底层原理。虚函数表建立在编译阶段，当运行时通过对象去调用虚函数表指针，这样就可以去调对应的函数了。由于虚函数表生成问题，对象不同，对应的虚函数表里的虚函数不同，这样就实现了不同对象去完成同一行为时，展现出不同的形态。

（2）达到多态的两个条件：一个是虚函数覆盖；一个是对象的指针或引用调用虚函数。VB 的中心思想就是要便于程序员使用，无论是新手或者专家。VB 使用了可以简单建立应用程序的 GUI 系统，但是又可以开发相当复杂的程序。

（3）VB 的程序是一种基于窗体的可视化组件安排的联合，并且增加代码来指定组件的属性和方法。因为默认的属性和方法已经有一部分定义在了组件内，所以程序员不用写多少代码就可以完成一个简单的程序。过去的版本里，VB 程序的性能问题一直被讨论，但是随着计算机速度的飞速发展，关于性能的争论已经越来越少。

（4）抽象类。抽象类是一个特殊的类，它的特殊之处在于只能被继承，不能被实例化。从实现角度来看，抽象类与普通类的不同之处在于：抽象类中只能有抽象方法（没有实现功能），该类不能被实例化，只能被继承，且子类必须实现抽象方法。这一点与接口有点类似，但其实是不同的。

（5）多态的好处。增加了程序的灵活性，以不变应万变，不论对象如何变化，使用者都用同一种形式去调用，如 func(animal)。增加了程序的可扩展性，通过继承 animal 类创建了一个新的类，使用者无须更改自己的代码，还是用 func(animal)去调用。

任务拓展

（1）VB.NET 中，多态的特性是什么？

（2）VB.NET 多态中，基类与派生类应该如何封装函数？

（3）VB.NET 中，如何在主函数中分别实现基类与派生类的相应功能？

任务三　实现 Java 语言中的多态与抽象类

任务描述

上海御恒信息科技公司接到客户的一份订单，要求用Java语言中的多态与抽象类存储学生的成绩登记表。公司刚招聘了一名程序员小张，软件开发部经理要求他尽快熟悉 Java 语言中的多态与抽象类，并将学生成绩登记表用 Java 语言中的多态与抽象类的源代码编写出来。小张按照经理的要求开始做以下的任务分析。

任务分析

（1）用 Person 类来实现表格的架构（其中 Person 为抽象超类）：在 Person 类中封装保护域，类内定义公共的构造方法输入每一行信息，类内定义实例方法输出表头，类内说明抽象输出方法返回 ID、NAME、AGE，类内定义实例方法输出每一行信息，类内说明抽象方法输出每个子类各自的信息。

（2）用 Student 类来实现表格的架构（其中 Student 为子类，并从抽象超类 Person 继承）：在类中封装私有域，类内定义公共的默认构造方法（先调用基类的构造方法），类内定义输出方法输出表头，类内定义输出方法分别返回 4 个域，类内定义输出函数输出每一行信息，类内重写基类 Person 的抽象方法。

（3）用 Teacher 类来实现表格的架构（其中 Teacher 为子类，并从抽象超类 Person 继承）：在类中封装私有域，类内定义公共的默认构造方法（先调用基类的构造方法），类内定义输出方法输出表头，类内定义输出方法分别返回 4 个域，类内定义输出方法输出每一行信息，类内重写基类 Person 的抽象方法。

（4）用 Program 类来封装整个程序的入口方法 main()：为抽象超类新建引用，为子类新建对象，用超类引用指向子类对象，用超类引用指向要重写的抽象方法。

（5）学生信息登记表如项目一中任务一中的表 1-1 所示。

任务实施

第一步：打开 Eclipse。

第二步：文件→新建→Java 项目。

第三步：在源文件 Person.java 中输入以下内容：

```
//Person.java
//  1. 在工程名 chap08_oop 中用抽象类和抽象方法实现多态_03_Jsharp 新建自定义包
package chap08_oop 中用抽象类和抽象方法实现多态_03_Jsharp;
//  2. 使用系统包，其中包括常用的类
import java.lang.*;
import java.io.*;
//  3. 用 Person 类来实现表格的架构（其中 Person 为超类）
public abstract class Person{
    //3.1 在类中封装保护域
    protected String id;
    protected String name;
    protected int age;
   protected BufferedReader br=new BufferedReader(new InputStreamReader(System.in));
    //3.2 类内定义公共的构造方法输入每一行信息
    public Person() throws IOException{
      System.out.println();
        System.out.print("请输入编号:");
        id = br.readLine();
        System.out.print("请输入姓名:");
```

```
        name = br.readLine();
        System.out.print("请输入年龄:");
        age = Integer.parseInt(br.readLine());
    }
    //3.3 类内定义实例方法输出表头
    public void putHead()
    {
        System.out.println("----------------------------------------");
        System.out.println("id" + "\t" + "name" + "\t" + "age");
        System.out.println("----------------------------------------");
    }
    //3.4 类内说明抽象输出方法返回 ID
    public abstract String putId();
    //3.5 类内说明抽象输出方法返回 NAME
    public abstract String putName();
    //3.6 类内说明抽象输出方法返回 AGE
    public abstract int putAge();
    //3.7 类内定义实例方法输出每一行信息
    public  void putData()
    {
        System.out.println("" + id + "\t" + name + "\t" + age);
        System.out.println("----------------------------------------");
    }
   //3.8 类内说明抽象方法输出每个子类各自的信息
    public abstract void dispInfo();
}
```

第四步：在源文件 Student.java 中输入以下内容：

```
  //Student.java
//  1. 在工程名 chap08_oop 中用抽象类和抽象方法实现多态_03_JSharp 新建自定义包
package chap08_oop 中用抽象类和抽象方法实现多态_03_Jsharp;
//  2. 使用系统包，其中包括常用的类
import java.lang.*;
import java.io.*;
//  3. 用 Student 类来实现表格的架构(其中 Student 为子类,并从抽象超类 Person 继承)
public class Student extends Person
{
    //3.1 在类中封装私有域
    private double score;
    //3.2 类内定义公共的默认构造方法(先调用基类的构造方法)
    public Student()  throws IOException
    {
      super();
        System.out.print("请输入 score:");
        score = Double.parseDouble(br.readLine());
    }
    //3.3 类内定义输出方法输出表头
    public void putHead()
    {
        System.out.println("----------------------------------------");
        System.out.println("id" + "\t" + "name" + "\t" + "age" + "\t" + "score" );
        System.out.println("----------------------------------------");
    }
    //3.4 类内定义输出方法分别返回 4 个域
    public  String putId()
```

```
    {
        return id;
    }
    public String putName()
    {
        return name;
    }
    public  int putAge()
    {
        return age;
    }
    public double putScore()
    {
        return score;
    }
    //3.5 类内定义输出方法输出每一行信息
    public  void putData()
    {
        System.out.println("" + putId() + "\t" + putName() + "\t" + putAge() + "\t" +
putScore());
        System.out.println("------------------------------------------");
    }
    //3.6 类内重写基类 Person 的抽象方法
    public void dispInfo()
    {
        System.out.println("    学生每月要参加各科单元测试");
        System.out.println("------------------------------------------");
    }
}
```

第五步：在源文件 Teacher.java 中输入以下内容：

```
//Teacher.java
//  1. 在工程名 chap08_oop 中用抽象类和抽象方法实现多态_03_JSharp 新建自定义包
package chap08_oop 中用抽象类和抽象方法实现多态_03_Jsharp;
//  2. 使用系统包，其中包括常用的类
import java.lang.*;
import java.io.*;
//  3. 用 Teacher 类来实现表格的架构（其中 Teacher 为子类并从抽象超类 Person 继承）
public class Teacher extends Person
{
    //3.1 在类中封装私有域
    private double salary;
    //3.2 类内定义公共的默认构造方法（先调用基类的构造方法）
    public Teacher()  throws IOException
    {
      super();
        System.out.print("请输入 salary:");
        salary = Double.parseDouble(br.readLine());
    }

    //3.3 类内定义输出方法输出表头
    public void putHead()
    {
        System.out.println("------------------------------------------");
        System.out.println("id" + "\t" + "name" + "\t" + "age" + "\t" + "salary" );
```

```
            System.out.println("----------------------------------------");
        }
        //3.4 类内定义输出方法分别返回 4 个域
        public  String putId()
        {
            return id;
        }
        public  String putName()
        {
            return name;
        }
        public  int putAge()
        {
            return age;
        }
        public double putSalary()
        {
            return salary;
        }
        //3.5 类内定义输出方法输出每一行信息
        public  void putData()
        {
            System.out.println("" + putId() + "\t" + putName() + "\t" + putAge() + "\t" +
putSalary());
            System.out.println("----------------------------------------");
        }
        //3.6 类内重写基类 Person 的抽象方法
        public void dispInfo()
        {
            System.out.println("    教师每月要按时发放工资");
            System.out.println("----------------------------------------");
        }
    }
```

第六步：在源文件 Program.java 中输入以下内容：

```
    //Program.java
    //  1. 用工程名 chap08_oop 中用抽象类和抽象方法实现多态_03_Jsharp 新建自定义包
    package chap08_oop 中用抽象类和抽象方法实现多态_03_Jsharp;
    //  2. 使用系统包，其中包括常用的类
    import java.lang.*;
    import java.io.*;
    //  3. 用 Program 类来封装整个程序的入口方法 main()
    public class Program
    {
       public static void main(String[] args) throws IOException
       {
            //  3.1 为抽象超类新建引用
            Person p;
            //  3.2 为子类新建对象
            Student st=new Student();
            //  3.3 用超类引用指向子类对象
            p = st;
            //  3.4 用超类引用指向要重写的抽象方法
            p.putHead();
            p.putData();
```

```
        p.dispInfo();
        //  3.5 为子类新建对象
        Teacher te=new Teacher();
        //  3.6 用超类引用指向子类对象
        p = te;
        //  3.7 用超类引用指向要重写的抽象方法
        p.putHead();
        p.putData();
        p.dispInfo();
        System.out.println();
    }
}
```

第七步：执行 Java 项目，运行结果如任务一中的图 8-1 所示。

任务小结

（1）用抽象超类来实现表格的架构，在类中封装保护域，类内定义公共的构造方法输入信息，类内说明实例方法来控制输出格式及输出，类内说明抽象方法来返回属性并输出不同派生类的特性。

（2）设计不同的子类从抽象超类继承，并定义公共的默认构造方法，在其中先调用超类的构造方法，关键是要在类内重写超类的抽象方法。

（3）用 Program 类封装主方法，在其中为抽象超类新建引用，为子类新建对象，用超类引用指向子类对象，用超类引用指向要重写的抽象方法，从而实现主要功能。

（4）用 Program 类来封装整个程序的入口方法 main()：为抽象基类新建引用，为派生类新建对象，用基类引用指向派生类对象，用基类引用指向要重写的抽象方法。

相关知识与技能

1. 多态的转型

多态的转型分为向上转型和向下转型两种：

- 向上转型。多态本身就是向上转型的过程，其使用格式：

```
父类类型 变量名=new 子类类型();
```

适用场景。当不需要面对子类类型时，通过提高扩展性，或者使用父类的功能就能完成相应的操作。

- 向下转型。一个已经向上转型的子类对象可以使用强制类型转换的格式，将父类引用类型转为子类引用各类型，使用格式：

```
子类类型 变量名=(子类类型) 父类类型的变量;
```

适用场景。当要使用子类特有功能时。

2. Java 中多态的好处

- 可替换性（substitutability）。多态对已存在代码具有可替换性。例如，多态对圆 Circle 类工作，对其他任何圆形几何体，如圆环，也同样工作。
- 可扩充性（extensibility）。多态对代码具有可扩充性。增加新的子类不影响已存在类的多态性、继承性和其他特性的运行和操作。实际上，新加子类更容易获得多态功能。例如，在实现了圆锥、半圆锥以及半球体的多态基础上，很容易增添球体类的多态性。
- 接口性（interface-ability）。多态是超类通过方法签名，向子类提供了一个共同接口，由子类来完善或者覆盖它而实现的。
- 灵活性（flexibility）。它在应用中体现了灵活多样的操作，提高了使用效率。
- 简化性（simplicity）。多态简化对应用软件的代码编写和修改过程，尤其在处理大量对象的运算和操作时，这个特点尤为突出和重要。

任务拓展

（1）Java 中多态的特性是什么？

（2）Java 中多态中超类与子类应该如何封装方法？

（3）Java 中如何在主方法中分别实现超类与子类的相应功能？

任务四　实现 C#语言中的多态与抽象类

任务描述

上海御恒信息科技公司接到客户的一份订单，要求用 C#语言中的多态与抽象类存储学生的成绩登记表。公司刚招聘了一名程序员小张，软件开发部经理要求他尽快熟悉 C#语言中的多态与抽象类，并将学生成绩登记表用 C#语言中的多态与抽象类的源代码编写出来。小张按照经理的要求开始做以下的任务分析。

任务分析

（1）用 Person 类来实现表格的架构（其中 Person 为抽象基类）：在 Person 类中封装保护域，类内定义公共的构造函数输入每一行信息，类内定义输出函数输出表头，类内说明抽象输出函数返回 ID，NAME，AGE，类内定义虚方法输出每一行信息，类内说明抽象函数输出每个子类各自的信息。

（2）用 Student 类来实现表格的架构（其中 Student 为派生类并从抽象基类 Person 继承）：在类中封装私有域，类内定义公共的默认构造函数（先调用基类的构造函数），类内定义输出函数输出表头，类内定义输出函数分别返回 4 个域，类内定义输出函数输出每一行信息，类内重写基类 Person 的抽象函数。

（3）用 Teacher 类来实现表格的架构（其中 Teacher 为派生类并从抽象基类 Person 继承）：在类中封装私有域，类内定义公共的默认构造函数（先调用基类的构造函数），类内定义输出函数输出表头，类内定义输出函数分别返回 4 个域，类内定义输出函数输出每一行信息，类内重写基类 Teacher 的抽象函数。

（4）用 Program 类来封装整个程序的入口函数 main()：为抽象基类新建引用，为派生类新建对象，用基类引用指向派生类对象，用基类引用指向要重写的抽象函数。

（5）学生信息登记表如项目一中任务一中的表 1-1 所示。

任务实施

第一步：打开 Visual Studio。

第二步：文件→新建→C#项目。

第三步：在源文件 Person.cs 中输入以下内容：

```
//Person.cs
//  1. 使用系统命名空间,其中包括常用的类
using System;
using System.Collections.Generic;
using System.Text;
//  2. 在工程名 chap08_oop 中用抽象类和抽象函数实现多态_04_Csharp 新建自定义命名空间
namespace chap08_oop 中用抽象类和抽象函数实现多态_04_Csharp
{
    //  3. 用 Person 类来实现表格的架构(其中 Person 为基类)
    public abstract class Person
    {
        //3.1 在类中封装保护域
        protected string id;
        protected string name;
        protected int age;
        //3.2 类内定义公共的构造函数输入每一行信息
```

```
        public Person()
        {
            Console.WriteLine();
            Console.Write("请输入编号:");
            id = Console.ReadLine();
            Console.Write("请输入姓名:");
            name = Console.ReadLine();
            Console.Write("请输入年龄:");
            age = Int32.Parse(Console.ReadLine());
        }
        //3.3 类内定义输出函数输出表头
        public virtual void PutHead()
        {
            Console.WriteLine("----------------------------------------");
            Console.WriteLine("id" + "\t" + "name" + "\t" + "age");
            Console.WriteLine("----------------------------------------");
        }
        //3.4 类内说明抽象输出函数返回 ID
        public abstract string PutId();
        //3.5 类内说明抽象输出函数返回 NAME
        public abstract string PutName();
        //3.6 类内说明抽象输出函数返回 AGE
        public abstract int PutAge();
        //3.7 类内定义虚函数输出每一行信息
        public virtual void PutData()
        {
            Console.WriteLine("" + id + "\t" + name + "\t" + age);
            Console.WriteLine("----------------------------------------");
        }
        //3.8 类内说明抽象函数输出每个子类各自的信息
        public abstract void DispInfo();
        }
}
```

第四步：在源文件 Student.cs 中输入以下内容：

```
//Student.cs

//  1. 使用系统命名空间，其中包括常用的类
using System;
using System.Collections.Generic;
using System.Text;

//  2. 在工程名 chap08_oop 中用抽象类和抽象函数实现多态_04_Csharp 新建自定义命名空间
namespace chap08_oop 中用抽象类和抽象函数实现多态_04_Csharp
{
//  3. 用 Student 类来实现表格的架构（其中 Student 为派生类，并从抽象基类 Person 继承）

 public class Student : Person
    {
        //3.1 在类中封装私有域
        private double score;

        //3.2 类内定义公共的默认构造函数（先调用基类的构造函数）
        public Student()
            : base()
        {
```

```
            Console.Write("请输入 score:");
            score = Double.Parse(Console.ReadLine());
        }

        //3.3 类内定义输出函数输出表头
        public override void PutHead()
        {
            Console.WriteLine("----------------------------------------");
            Console.WriteLine("id" + "\t" + "name" + "\t" + "age" + "\t" + "score" );
            Console.WriteLine("----------------------------------------");
        }

        //3.4 类内定义输出函数分别返回 4 个域
        public override string PutId()
        {
            return id;
        }

        public override string PutName()
        {
            return name;
        }

        public override int PutAge()
        {
            return age;
        }

        public double PutScore()
        {
            return score;
        }

        //3.5 类内定义输出函数输出每一行信息
        public override void PutData()
        {
            Console.WriteLine("" + PutId() + "\t" + PutName() + "\t" + PutAge() + "\t" +
PutScore());
            Console.WriteLine("----------------------------------------");
        }
        //3.6 类内重写基类 Student 的抽象函数
        public override void DispInfo()
        {
            Console.WriteLine("    学生每月要参加各科单元测试");
            Console.WriteLine("----------------------------------------");
        }
    }
}
```

第五步：在源文件 Teacher.cs 中输入以下内容：

```
//Teacher.cs
//  1. 使用系统命名空间,其中包括常用的类
using System;
using System.Collections.Generic;
using System.Text;
```

```
//  2. 在工程名 chap08_oop 中用抽象类和抽象函数实现多态_04_Csharp 新建自定义命名空间
namespace chap08_oop中用抽象类和抽象函数实现多态_04_Csharp
{

 //  3. 用 Teacher 类来实现表格的架构(其中 Teacher 为派生类,并从抽象基类 Person 继承)
    public class Teacher : Person
    {
        //3.1 在类中封装私有域
        private double salary;

        //3.2 类内定义公共的默认构造函数(先调用基类的构造函数)
        public Teacher()
            : base()
        {
            Console.Write("请输入 salary:");
            salary = Double.Parse(Console.ReadLine());
        }

        //3.3 类内定义输出函数输出表头
        public override void PutHead()
        {
            Console.WriteLine("----------------------------------------");
            Console.WriteLine("id" + "\t" + "name" + "\t" + "age" + "\t" + "salary" );
            Console.WriteLine("----------------------------------------");
        }

        //3.4 类内定义输出函数分别返回 4 个域
        public override string PutId()
        {
            return id;
        }

        public override string PutName()
        {
            return name;
        }

        public override int PutAge()
        {
            return age;
        }

        public double PutSalary()
        {
            return salary;
        }

        //3.5 类内定义输出函数输出每一行信息
        public override void PutData()
        {
         Console.WriteLine("" + PutId() + "\t" + PutName() + "\t" + PutAge() + "\t" +
PutSalary());
         Console.WriteLine("----------------------------------------");
        }
```

```
        //3.6 类内重写基类 Teacher 的抽象函数

        public override void DispInfo()
        {

            Console.WriteLine("    教师每月要按时发放工资");
            Console.WriteLine("----------------------------------------");
        }
    }
}
```

第六步：在源文件 Program.cs 中输入以下内容：

```
//Program.cs

//  1. 使用系统命名空间,其中包括常用的类

using System;
using System.Collections.Generic;
using System.Text;


//  2. 在工程名 chap08_oop 中用抽象类和抽象函数实现多态_04_Csharpp 新建自定义命名空间
namespace chap08_oop 中用抽象类和抽象函数实现多态_04_Csharp
{

//  3. 用 Program 类来封装整个程序的入口方法 main()

public class Program
    {
        public static void Main(string[] args)
        {

            //  3.1 为抽象基类新建引用
            Person p;

            //  3.2 为派生类新建对象
            Student st=new Student();

            //  3.3 用基类引用指向派生类对象
            p = st;

            //  3.4 用基类引用指向要重写的抽象函数
            p.PutHead();
            p.PutData();
            p.DispInfo();

            //  3.5 为派生类新建对象
             Teacher te=new Teacher();


            //  3.6 用基类引用指向派生类对象
            p = te;

            //  3.7 用基类引用指向要重写的抽象函数
            p.PutHead();
            p.PutData();
```

```
            p.DispInfo();

          Console.WriteLine();
        }
    }
}
```

第七步：执行 C#项目，运行结果如任务一中的图 8-1 所示。

任务小结

（1）用抽象基类来实现表格的架构，在类中封装保护属性，类内定义公共的构造函数输入信息，类内说明虚函数来控制输出格式及输出，类内说明纯虚函数来返回属性并输出不同派生类的特性。

（2）设计不同的派生类从抽象基类继承，并定义公共的默认构造函数，在其中先调用基类的构造函数，关键是要在类内重写基类的抽象函数或虚函数。

（3）在类外封装主函数，在其中为抽象基类新建引用，为派生类新建对象，用基类引用指向派生类对象，用基类引用指向要重写的抽象函数或虚函数，从而实现主要功能。

相关知识与技能

（1）C#中多态的好处。多态又称后期绑定，是一种在运行时（just in time）指定方法调用地址的技术。通常，编译器在编译期就能知道方法的地址，运行时直接加载这个地址上的堆栈代码（.NET 中指中间代码）就可以了，这被称为静态绑定或前期绑定。编译器在编译期不能确定方法的地址，而只能在运行时确定的就被称为后期绑定（或动态联编）。例如，对于 object 类的 ToString 方法，其方法定义是返回类的名称，但是，调用这个方法却不一定能够返回类的名称（如 String 类），因为它有可能被派生类重写，多态技术确保运行时能够调用到正确的方法。

（2）C#中多态性是指"多种行为"，同样的方法调用后，执行不同的操作，运行不同的代码。多态性可以简单概述为"一个接口，多种方法"，程序在运行时才决定调用的函数，它是面向对象的三大特性之一，也是面向对象领域的核心概念。C#中多态通过虚函数来实现，虚函数允许子类重新定义成员函数，子类重新定义父类的做法叫重写。重写分为两种：直接重写成员函数和重写虚函数。只有重写了虚函数才能更好地体现 C#的多态性。

（3）当有一个定义在类中的函数需要在继承类中实现时，可以使用虚方法。虚方法是使用关键字 virtual 声明的。虚方法可以在不同的继承类中有不同的实现。对虚方法的调用是在运行时发生的。动态多态性是通过抽象类和虚方法实现的。

任务拓展

（1）C#中，多态的特性是什么？

（2）C#多态中，基类与派生类应该如何封装函数？

（3）C#中，如何在主函数中分别实现基类与派生类的相应功能？

任务五　实现 Python 语言中的多态与抽象类

任务描述

上海御恒信息科技公司接到客户的一份订单，要求用 Python 语言中的多态与抽象类存储学生的成绩登记表。公司刚招聘了一名程序员小张，软件开发部经理要求他尽快熟悉 Python 语言中的多态与抽象类，并将学生成绩登记表用 Python 语言中的多态与抽象类的源代码编写出来。小张按照经理的要求开始做以下的任务分析。

任务分析

（1）用 Person 类来实现表格的架构（其中 Person 为抽象基类）：在 Person 类中封装保护属性，类内定义公共的对象初始化方法输入每一行信息，类内定义实例方法输出表头，类内说明抽象输出方法返回 ID，NAME，AGE，类内定义实例方法输出每一行信息，类内说明抽象方法输出每个派生类各自的信息。

（2）用 Student 类来实现表格的架构（其中 Student 为派生类并从抽象基类 Person 继承）：在类中封装私有域，类内定义公共的默认构造方法（先调用基类的构造方法），类内定义输出方法输出表头，类内定义输出方法分别返回 4 个域，类内定义输出函数输出每一行信息，类内重写基类 Person 的抽象方法。

（3）用 Teacher 类来实现表格的架构（其中 Teacher 为派生类并从抽象基类 Person 继承）：在类中封装私有域，类内定义公共的默认构造方法（先调用基类的构造方法），类内定义输出方法输出表头，类内定义输出方法分别返回 4 个域，类内定义输出方法输出每一行信息，类内重写基类 Person 的抽象方法。

（4）在类外：为抽象基类新建引用，为派生类新建对象，用基类引用指向派生类对象，用基类引用指向要重写的抽象方法。

（5）学生信息登记表如项目一中任务一中的表 1-1 所示。

任务实施

第一步：在 Python 中创建源文件 Person.py，源代码如下：

```
#Person.py
class Person(object):
    def __init__(self):
        id=input("请输入编号:")
        name=input("请输入姓名:")
        age=input("请输入年龄:")
    def putHead():
        print("----------------------------------------")
        print("id" + "\t" + "name" + "\t" + "age")
        print("----------------------------------------")
    def putId()
    def putName()
    def putAge()

    def putData()
        print("" + id + "\t" + name + "\t" + age)
        print("----------------------------------------");
    def dispInfo();
```

第二步：在 Python 中创建源文件 Student.py，并编辑如下代码：

```
//Student.py
class Student(Person):
    def __init__():
        super(Student,self).__init__()
        score=input("请输入 score:")
    def putHead():
        print("----------------------------------------")
        print("id" + "\t" + "name" + "\t" + "age" + "\t" + "score" )
        print("----------------------------------------");
    def putId()
        return id;
    def putData():
        print("" + putId() + "\t" + putName() + "\t" + putAge() + "\t" + putScore());
        print("----------------------------------------");
    def dispInfo():
```

```
    print("    学生每月要参加各科单元测试");
    print("--------------------------------------");
```

第三步：创建一个 Python 的源文件 Teacher.py，源代码省略（请参照任务三的 Java 代码编写）。

第四步：创建一个 Python 的源文件 Program.py，源代码省略（请参照任务三的 Java 代码编写）。

第五步：编译运行的结果如任务一中的图 8-1 所示。

任务小结

（1）用 Person 类来实现表格的架构（其中 Person 为抽象基类）。

（2）用 Student 类来实现表格的架构（其中 Student 为派生类并从抽象基类 Person 继承）。

（3）用 Teacher 类来实现表格的架构（其中 Teacher 为派生类并从抽象基类 Person 继承）。

（4）在类外分别实现不同派生类的功能。

（5）从以上的代码中大家可以看出在 Python 中使用多态的好处：

① 增加了程序的灵活性，以不变应万变，不论对象千变万化，使用者都用同一种形式去调用。

② 第二，增加程序的可扩展性，通过继承基类创建了一个新类，使用者用相同函数去调用。

相关知识与技能

多态与虚函数是指一个类继承两个或两个以上的父类，例如有类 A、B，类 C 同时继承类 A 和类 B，就说类 C 多态与虚函数类 A 和 B，类 C 可以使用类 A 和类 B 中的属性和方法。Python 中支持多态与虚函数的形式，括号中填入要继承的父类，父类之间用逗号隔开，Python 中多态与虚函数的基本写法如下：

```
class 子类（父类 1, 父类 2, …, 父类 n）: pass
```

多态性是指具有不同功能的函数可以使用相同的函数名，这样就可以用一个函数名调用不同内容的函数。在面向对象方法中一般是这样表述多态性：向不同的对象发送同一条消息，不同的对象在接收时会产生不同的行为（即方法）。也就是说，每个对象可以用自己的方式去响应共同的消息。所谓消息，就是调用函数，不同的行为就是指不同的实现，即执行不同的函数。

任务拓展

（1）Python 中，多态的特性是什么？

（2）Python 多态中，基类与派生类应该如何封装函数？

（3）Python 中，如何在类外分别实现基类与派生类的相应功能？

项目八综合比较表

本项目所介绍的用多态与抽象类来实现 OOP 中的相应功能，5 种编程语言之间的区别如表 8-1 所示。

表 8-1　5 种编程语言的区别

比较项目	C++	Java	C#	VB.NET	Python
基类属性修饰符	protected	protected	protected	protected	protected
基类方法修饰符	public	public	public	public	public
基类构造方法	基类名(基类形参列表){ }	public 基类名(基类形参列表){ }	public 基类名(基类形参列表){ }	Public Sub New(基类形参列表)End Sub	__init__(基类形参列表):
基类虚方法修饰符	virtual	无	virtual	Overridable	class A(object): @abc.abstractmethod def func(self): pass

续表

比较项目	C++	Java	C#	VB.NET	Python
基类一般方法修饰符	无	无	无	OverLoads	无
派生类属性修饰符	private	private	private	private	private
派生类方法修饰符	public	public	pulbic	public	public
派生类构造方法	派生类名(基类形参列表,派生类形参列表): public 基类名(基类形参名列表) { 派生类属性=派生类形参;}	派生类名(基类形参列表,派生类形参列表) { Super(基类形参名列表); 派生类属性=派生类形参;}	派生类名(基类形参列表,派生类形参列表): base(基类形参名列表) {派生类属性=派生类形参; }	Public Sub New(基类形参列表,派牛类形参列表) MyBase.New(基类形参名列表) 派生类属性=派生类形参 End Sub	派生类名(基类形参列表,派生类形参列表): Super().__init__();

派生类虚方法修饰符	Virtual 可写可不写	无	override	overrides	class B(A):
					def cc(self):
					print("cc11111")
					def func(self):
					print("抽象类必须重写")

派生类一般方法修饰符	无	无	new	OverLoads	无
整个程序入口main()方法	基类 *基类指针名; 派生类 对象(实参列表); 基类指针名=&派生类对象;基类指针名->派生类的虚方法;	基类 基类引用名;派生类对象=new 派生类名(实参列表);基类引用名=派生类对象; 基类引用名.派生类的虚方法;	基类 基类引用名; 派生类 对象=new 派生类名(实参列表); 基类引用名=派生类对象; 基类引用名.派生类的虚方法;	Dim 基类引用名 As 基类 Dim 派生类对象 As New 派生类名(实参列表) 基类引用名=派生类对象 基类引用名.派生类的虚方法	main_loop();

项目综合实训

实现家庭管理系统中的多态与抽象类

项目描述

上海御恒信息科技公司接到一个订单，需要用 C++、VB.NET、Java、C#、Python 这 5 种不同的语言分别封装一个家庭管理系统中的用户登录表(FamilyUser)。程序员小张根据以上要求进行相关多态的设计后，按照项目经理的要求开始做以下的任务分析。

项目分析

（1）根据要求，分析存储的主要数据如项目一的表 1-3 所示。

（2）设计数据库中表的实体关系图（ERD）如项目一的图 1-6 所示。

（3）设计类的结构如项目一的表 1-4 所示：

（4）键盘输入后显示的结果如图 8-2 ~ 图 8-4 所示。

```
C:\WINNT\system32\cmd.exe
1、以下输出为继承使用默认构造函数的类FamilyIn
---------------------------------------------
i_id    i_date          i_name  i_money i_kind
---------------------------------------------
0       1900-01-01      unknown 0       null
---------------------------------------------

以下输出为包含继承使用带5个参数的构造函数的类FamilyIn
---------------------------------------------
i_id    i_date          i_name  i_money i_kind
---------------------------------------------
1       2009-07-04      award   888.88  extend
---------------------------------------------

以下输出为包含继承使用带5个参数的构造函数的类FamilyMember
-----------------------------------------------------
f_id    f_name  f_kind  f_mobile        f_msn
-----------------------------------------------------
101     张三丰  同学    13817325304     zsf@126.com
-----------------------------------------------------
```

图 8-2　用户信息表中的多态 1

```
C:\WINNT\system32\cmd.exe

请输入支出编号:01
请输入支出日期:2009-10-01
请输入支出名称:buy apple
请输入支出金额:39.85
请输入支出类别:extend

以下输出为包含继承使用带5个属性的类FamilyOut
-----------------------------------------------------
o_id    o_date          o_name          o_money o_kind
-----------------------------------------------------
1       2009-10-01      buy apple       39.85   extend
-----------------------------------------------------
```

图 8-3　用户信息表中的多态 2

```
C:\WINNT\system32\cmd.exe
请输入登录编号:01
请输入登录名称:admin
请输入登录密码:123456
请输入收支编号:m00001
请输入收入编号:i00001
请输入支出编号:o00001
请输入成员编号:f00001

以下输出为包含从控制台输入数据,析构输出的类FamilyMoney和FamilyUser
---------------------------------
m_id    i_id    o_id    f_id
---------------------------------
m00001  i00001  o00001  f00001
---------------------------------

-----------------------------
u_id    u_name  u_password
-----------------------------
01      admin   123456
-----------------------------
请按任意键继续 . . .
```

图 8-4　用户信息表中的多态 3

项目实施

第一步：使用 C++实现该项目源代码如下：

```
  //FamilyUser.h

// 1. 包含系统输入/输出头文件和基本输入/输出命名空间
#include "iostream"
using namespace std;


// 2. 用 FamilyUser 类来实现表格的架构（其中 FamilyUser 为基类）
class FamilyUser
{
   //2.1 在类中封装保护域
```

```
  protected:
     char u_id[10];
     char u_name[20];

   //2.2 类内定义公共的默认构造函数
  public:
     FamilyUser()
     {
        cout << endl;

        cout << "请输入登录编号:";
        cin >> u_id;

        cout << "请输入登录名称:";
        cin >> u_name;
     }

   //2.3 类内定义虚函数输出表头
     virtual void putHead()
     {
        cout << "----------------------------" << endl;
        cout << "u_id" << "\t" << "u_name" <<  "\t" << "u_password" << endl;
        cout << "----------------------------" << endl;
     }

   //2.4 类内定义个一般输出函数分别返回个域
     char * putUid()
     {
        return u_id;
     }

     char * putUname()
     {
        return u_name;
     }

   //2.5 类内说明一个纯虚函数输出每一行信息
    virtual void putAll()=0;
};
  //FamilyIn.h

//  1. 包含系统输入/输出头文件和基本输入/输出命名空间
#include "iostream"
using namespace std;

//  2. 用 FamilyIn 类来实现表格的架构(其中 FamilyIn 为派生类，并从抽象基类 FamilyUser 继承)
class FamilyIn : public FamilyUser
{
   //2.1 在类中封装私有域
  private:
     char i_date[20];
     double i_money;
     char i_kind[10];
   //2.2 类内定义公共的默认构造函数(先调用基类的构造函数)
  public:
     FamilyIn():FamilyUser()
```

```
    {
        cout << "请输入收入日期:";
        cin >> i_date;
        cout << "请输入收入金额:";
        cin >> i_money;
        cout << "请输入收入类别:";
        cin >> i_kind;
        cout << endl;
    }
  //2.3 类内定义重写基类的虚函数输出表头
    void putHead()
    {
        cout << "------------------------------------------------" << endl;
        cout << "u_id" << "\t" << "u_name" << "\t" << "i_date" << "\t" << "\t" << "i_money"
<< "\t" << "i_kind" << endl;
        cout << "------------------------------------------------" << endl;
    }
   //2.4 类内定义输出函数分别返回个域
    char * putIdate()
    {
        return i_date;
    }

    double putImoney()
    {
        return i_money;
    }

    char * putIkind()
    {
        return i_kind;
    }

  //2.5 类内定义重写基类的纯虚函数输出每一行信息
    void putAll()
    {
        cout << putUid() << "\t" << putUname() << "\t" << putIdate() << "\t" << putImoney()
<< "\t" << putIkind() << endl;
        cout << "------------------------------------------------" << endl;
    }
};
//FamilyOut.h
//  1. 包含系统输入/输出头文件和基本输入/输出命名空间
#include "iostream"
using namespace std;
//  2. 用 FamilyOut 类来实现表格的架构（其中 FamilyOut 为派生类,并从抽象基类 FamilyUser 继承）
class FamilyOut : public FamilyUser
{
  //2.1 在类中封装私有域
  private:
    char o_date[20];
    double o_money;
    char o_kind[10];

  //2.2 类内定义公共的默认构造函数(先调用基类的构造函数)
  public:
```

```
        FamilyOut():FamilyUser()
        {
           cout << "请输入支出日期:";
           cin >> o_date;
           cout << "请输入支出金额:";
           cin >> o_money;

           cout << "请输入支出类别:";
           cin >> o_kind;
           cout << endl;
        }
      //2.3 类内定义重写基类的虚函数输出表头
        void putHead()
        {
           cout << "--------------------------------------------------" << endl;
           cout << "u_id" << "\t" << "u_name" << "\t" << "o_date" << "\t" << "\t" << "o_money"
<< "\t" << "o_kind" << endl;
           cout << "--------------------------------------------------" << endl;
        }
      //2.4 类内定义输出函数分别返回个域
        char * putOdate()
        {
           return o_date;
        }

        double putOmoney()
        {
           return o_money;
        }

        char * putOkind()
        {
           return o_kind;
        }

      //2.5 类内定义重写基类的纯虚函数输出每一行信息

        void putAll()
        {
           cout << putUid() << "\t" << putUname() << "\t" << putOdate() << "\t" << putOmoney()
<< "\t" << putOkind() << endl;
           cout << "--------------------------------------------------" << endl;
        }
   };
   //FamilyMember.h

   //  1. 包含系统输入/输出头文件和基本输入/输出命名空间
   #include "iostream"
   using namespace std;

   //  2. 用FamilyMember类来实现表格的架构(其中FamilyMember为派生类,并从抽象基类FamilyUser继
承)
   class FamilyMember : public FamilyUser
   {
      //2.1 在类中封装私有域
     private:
```

```
        char f_birth[20];
        char f_mobile[15];
        char f_kind[10];

    //2.2 类内定义公共的默认构造函数(先调用基类的构造函数)
    public:
      FamilyMember():FamilyUser()
      {
        cout << "请输入成员生日:";
        cin >> f_birth ;

        cout << "请输入成员手机:";
        cin >> f_mobile ;

        cout << "请输入成员类别:";
        cin >> f_kind;

        cout << endl;
      }

    //2.3 类内定义重写基类的输出函数输出表头
      void putHead()
      {
        cout << "------------------------------------------------------------" << endl;
        cout << "u_id" << "\t" << "u_name" << "\t" << "f_birth" << "\t" << "\t" << "f_mobile"
<< "\t" << "f_kind" << endl;
        cout << "------------------------------------------------------------" << endl;
      }
    //2.4 类内定义输出函数分别返回个域
      char * putFbirth()
      {
        return f_birth;
      }

      char * putFmobile()
      {
        return f_mobile;
      }

      char * putFkind()
      {
        return f_kind;
      }

    //2.5 类内定义重写基类的纯虚函数输出每一行信息
      void putAll()
      {
       cout << putUid() << "\t" << putUname() << "\t" << putFbirth() << "\t" << putFmobile()
<< "\t" << putFkind() << endl;
        cout << "------------------------------------------------------------" << endl;
      }
  };
  //chap08_oop 中用抽象类和抽象方法实现多态__01_Cplusplus.cpp

  //  1. 包含系统输入/输出头文件和基本输入/输出命名空间以及自定义文件
  #include "stdafx.h"
```

```
#include "iostream"
#include "FamilyUser.h"
#include "FamilyIn.h"
#include "FamilyOut.h"
#include "FamilyMember.h"

using namespace std;
//2. 在主函数中封装每个派生类的对象数组,
//    并用循环分别初始化,分别被基类指针指向，再调用方法输出
int _tmain(int argc, _TCHAR* argv[])
{
  //2.1 为基类 FamilyUser 新建指针数组
     FamilyUser *fu[2];

  //2.2 为派生类 FamilyIn 新建对象数组
     FamilyIn fi[2];

  //2.3 用循环将各指针分别指向个对象
     for (int i = 0; i < 2; i++)
     {
        fu[i]=&fi[i];
     }

  //2.4 用第一个指针指向输出表头的函数
      fu[0]->putHead();

  //2.5 用每个指针指向输出内容的函数
     for (int i = 0; i < 2; i++)
     {
        fu[i]->putAll();
     }

  //2.6 为派生类 FamilyOut 新建对象数组
     FamilyOut fo[2];

  //2.7 用循环将个指针分别指向个对象
     for (int i = 0; i < 2; i++)
     {
        fu[i]=&fo[i];
     }

  //2.8 用第一个指针指向输出表头的函数
      fu[0]->putHead();

  //2.9 用每个指针指向输出内容的函数
     for (int i = 0; i < 2; i++)
     {
        fu[i]->putAll();
     }

  //2.10 为派生类 FamilyOut 新建对象数组
     FamilyMember fm[2];

  //2.11 用循环将个指针分别指向个对象
     for (int i = 0; i < 2; i++)
     {
```

```
        fu[i]=&fm[i];
    }

  //2.12 用第一个指针指向输出表头的函数
      fu[0]->putHead();

  //2.13 用每个指针指向输出内容的函数
    for (int i = 0; i < 2; i++)
    {
        fu[i]->putAll();
    }
    return 0;
}
```

第二步：用 VB.NET 实现该功能，参考以上 C++源代码（此处源代码略，读者自己思考）。

第三步：使用 Java 实现该功能，参考以上 C++源代码（此处源代码略，读者自己思考）。

第四步：使用 C#语言实现该功能，参考以上 C++源代码（此处源代码略，读者自己思考）。

第五步：参考以上 C++源代码，编写 Python 代码（此处源代码略，读者自己思考）。

项目小结

（1）C++语言中，用抽象类实现多态。

（2）VB.NET 语言中，用抽象类实现多态。

（3）Java 语言中，用抽象类实现多态。

（4）C#语言中，用抽象类实现多态。

（5）Python 语言中，用抽象类实现多态。

项目实训评价表

	项目八　实现 OOP 中的多态与抽象类		评　价		
	学 习 目 标	评 价 项 目	3	2	1
职业能力	实现 OOP 中的多态与抽象类	任务一　实现 C++语言中的多态与抽象类			
		任务二　实现 VB.NET 语言中的多态与抽象类			
		任务三　实现 Java 语言中的多态与抽象类			
		任务四　实现 C#语言中的多态与抽象类			
		任务五　实现 Python 语言中的多态与抽象类			
通用能力	动手能力				
	解决问题能力				
综合评价					

评价等级说明表

等　级	说　明
3	能高质、高效地完成此学习目标的全部内容，并能解决遇到的特殊问题
2	能高质、高效地完成此学习目标的全部内容
1	能圆满完成此学习目标的全部内容，不需任何帮助和指导

注：以上表格根据国家职业技能标准相关内容设定。

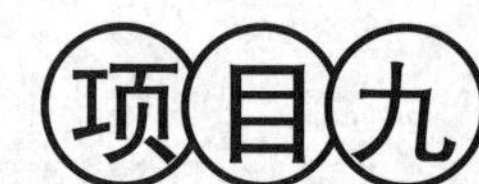

实现 OOP 中的多态与接口

核心概念

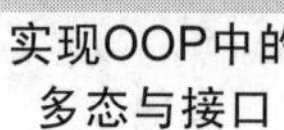

实现C++、VB.NET、Java、C#、Python语言中的多态与接口。

项目描述

多态是面向对象编程的特征之一。实现 OOP 多态有两种方法：继承多态和接口多态。接口是一系列方法的声明，是一些方法特征的集合，有特定的语法和结构。由于继承有单根性这一个特点，即一个类只能继承于一个父类，但是有时候需要继承多个类，所以就有了接口。接口让一个类可以继承多个类，继承的多个类实际上就是继承的接口。本项目从日常生活中最常用的存储数据的表格开始，引入表格在C++，VB.NET，Java，C#、Python语言中是如何表示的，再从此引出常用的5种面向对象编程语言是如何通过一个多态与接口的实例来重写一张表格的。

技能目标

用提出、分析、解决问题的思路来培养学生进行 OOP 的多态与接口编程，同时考虑通过多语言的比较来熟练掌握不同语言的语法。能掌握常用5种OOP编程语言中的多态与接口的基本语法。

工作任务

实现C++、VB.NET、Java、C#、Python语言中的多态与接口。

任务一　实现C++语言中的多态与接口

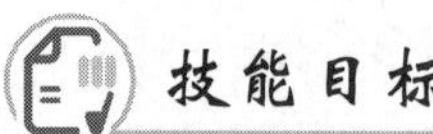

上海御恒信息科技公司接到客户的一份订单，要求用C++语言中的多态与接口存储学生的成绩登记表。公司刚招聘了一名程序员小张，软件开发部经理要求他尽快熟悉C++语言中的多态与接口，并将学生成绩登记表用C++语言中的多态与接口的源代码编写出来。小张按照经理的要求开始做以下的任务分析。

（1）用Person类作为抽象基类，在Person类中封装实现自己输入的构造函数和纯虚函数。

（2）用Student类作为抽象基类，包含Student的纯虚函数。

（3）用Teacher类作为抽象基类，包含Teacher的纯虚函数。

（4）用StudentTeacher类作为派生类，分别从以上三个基类继承，实现基类的虚函数和纯虚函数。

（5）在类外封装整个程序的入口方法 main()：为三个抽象基类新建指针，为派生类新建对象，用基类指针指向派生类对象，用基类指针指向要重写的抽象方法。

（6）学生信息登记表如项目一中任务一中的表1-1所示。

任务实施

第一步：打开 Visual Studio。

第二步：文件→新建→C++项目。

第三步：在源文件 Person.h 中输入以下内容：

```
//Person.h
// 1. 包含系统输入/输出头文件及标准输入/输出命名间
#include "iostream"
using namespace std;
// 2. 用 Person 类来实现表格的架构（其中 Person 为抽象基类）
class Person
{
   //2.1 在类中封装保护数据成员
  protected:
     char id[10];
     char name[20];
     int age;

   //2.2 类内定义公共的构造函数输入每一行信息
  public:
     Person()
     {
        cout << "请输入编号:";
        cin >> id;

        cout << "请输入姓名:";
        cin >> name;

        cout << "请输入年龄:";
        cin >> age;
     }
   //2.3 类内说明纯虚函数输出表头
     virtual void putHead()=0;

   //2.4 类内说明纯虚函数返回 ID
       virtual char * putId()=0;

   //2.5 类内说明纯虚函数返回 NAME
     virtual char * putName()=0;

   //2.6 类内说明纯虚函数返回 AGE
     virtual int putAge()=0;

   //2.7 类内说明纯虚函数输出每一行信息
     virtual void putData()=0;

};
```

第四步：在源文件 Student.h 中输入以下内容：

```
//Student.h

// 1. 包含系统输入/输出头文件及标准输入/输出命名间
#include "iostream"
using namespace std;
```

```
//  2. 用 Student 基类来扩展表格的架构(其中 Person 为抽象基类)
class Student
{
   //  2.1 说明纯虚函数
  public:
     virtual void dispStudent()=0;

};
```

第五步：在源文件 Teacher.h 中输入以下内容：

```
//Teacher.h

//  1. 包含系统输入/输出头文件及标准输入/输出命名间
#include "iostream"
using namespace std;

//  2. 用 Teacher 基类来扩展表格的架构（其中 Person 为抽象基类）
class Teacher
{
   //  2.1 说明纯虚函数
  public:
     virtual void dispTeacher()=0;

};
```

第六步：在源文件 StudentTeacher.h 中输入以下内容：

```
//StudentTeacher.h

//  1. 包含系统输入/输出头文件及标准输入/输出命名间
#include "iostream"
using namespace std;

//  2. 用 StudentTeacher 类来实现表格的架构（其中 StudentTeacher 为派生类,并从抽象基类 Person 和
接口 Student、Teacher 继承）
class StudentTeacher : public Person,public Student,public Teacher
{
   //2.1 在类中封装私有数据成员
  private:
     char msn[20];

   //2.2 类内定义公共的默认构造函数（先调用基类的构造函数）
  public:
     StudentTeacher():Person()
     {
        cout << "请输入MSN:";
        cin >> msn;
     }

   //2.3 类内定义输出函数输出表头

   void putHead()
   {
      cout << "-----------------------------------------" << endl;
      cout << "id" << "\t" << "name" << "\t" << "age" << "\t" << "msn" << endl;
      cout << "-----------------------------------------" << endl;
   }
```

```
    //2.4 类内定义输出函数分别返回个域
    char * putId()
    {
        return id;
    }

    char * putName()
    {
        return name;
    }

    int putAge()
    {
        return age;
    }

    char * putMsn()
    {
        return msn;
    }

    //2.5 类内定义输出函数输出每一行信息
    void putData()
    {
        cout << "" << putId() << "\t" << putName() << "\t" << putAge() << "\t" << putMsn()
<< endl;
        cout << "-----------------------------------------" << endl;
    }

    //2.6 类内重写基类 Student 的纯虚函数
    void dispStudent()
    {
        cout << "    研究生像学生一样要参加学期考试" << endl;
        cout << "-----------------------------------------" << endl;
    }

    //2.7 类内重写基类 Teacher 的纯虚函数
    void  dispTeacher()
    {
        cout << "    研究生像教师一样要按月发放工资" << endl;
        cout << "-----------------------------------------" << endl;
    }
};
```

第七步：在源文件 chap09_oop 中的接口_01_Cplusplus.cpp 中输入以下内容：

```
//chap09_oop 中的接口_01_Cplusplus.cpp

//  1. 包含系统输入/输出头文件及标准输入/输出命名间和自定义的头文件
#include "stdafx.h"
#include "iostream"
#include "Person.h"
#include "Student.h"
#include "Teacher.h"
#include "StudentTeacher.h"
using namespace std;
```

```
//  2. 在类外封装整个程序的入口方法 main()
int _tmain(int argc, _TCHAR* argv[])
{
   //  2.1 为抽象基类新建指针
   Person *p;

   //  2.2 为派生类新建对象
   StudentTeacher st;

   //  2.3 用基类指针指向派生类对象
   p = &st;

   //  2.4 用基类指针指向要重写的抽象方法
   p->putHead();
   p->putData();

   //  2.5 为接口 Student 新建指针
   Student *s;

   //  2.6 用接口指针指向派生类对象
   s = &st;

   //  2.7 用接口指针指向要重写的抽象方法
   s->dispStudent();

   //  2.8 为接口 Teacher 新建指针
   Teacher *t;

   //  2.9 用接口指针指向派生类对象
   t = &st;

   //  2.10 用接口指针指向要重写的抽象方法
   t->dispTeacher();

   cout << endl;

   return 0;
}
```

第八步：执行 C++项目，运行结果如图 9-1 所示。

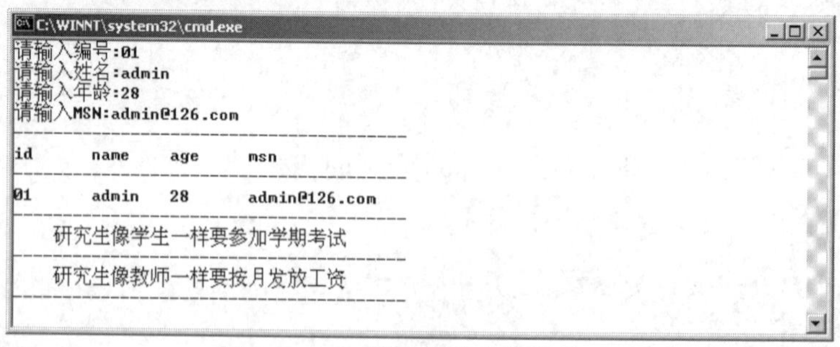

图 9-1　C++语言中的多态与接口

任务小结

（1）设计多个抽象基类来封装保护数据成员，公共的构造函数输入信息，类内说明虚函数和纯虚函数分别来处理基类可实现的功能和基类无法实现，必须由子类实现（这是多态的一个重要特征）。

（2）设计一个派生类从多个抽象基类继承，并定义公共的默认构造函数，在其中先调用基类的构造函数，关键是要在类内重写基类的纯虚函数或虚函数。

（3）在类外封装主函数，在其中为多个抽象基类分别新建指针，为派生类新建对象，用基类指针指向派生类对象，用基类指针指向要重写的抽象方法，从而实现主要功能。

（4）C++中使用接口和抽象类实现多态的一些特点：C++中多态是个很难理解的概念，但同时又是非常重要的概念，面向对象程序设计的三大特性（封装、继承、多态）之一，我们从字面上理解，就是一种类型的多种状态，接口类似于父类，但接口的应用更加灵活。接口里的变量,都被默认修饰为 public static final 类型，即常量。

相关知识与技能

1. C++的接口与抽象类的关系

接口描述了类的行为和功能，而不需要完成类的特定实现。C++ 接口是使用抽象类来实现的，抽象类与数据抽象互不混淆，数据抽象是一个把实现细节与相关的数据分离开的概念。如果类中至少有一个函数被声明为纯虚函数，则这个类就是抽象类。纯虚函数是通过在声明中使用“= 0”来指定的。设计抽象类的目的，是为了给其他类提供一个可以继承的适当的基类。抽象类不能被用于实例化对象，它只能作为接口使用。如果试图实例化一个抽象类的对象，会导致编译错误。

因此，如果一个类的子类需要被实例化，则必须实现每个虚函数，这也意味着 C++ 支持使用接口。如果没有在派生类中重写纯虚函数就尝试实例化该类的对象，会导致编译错误。

2. 使用抽象类的好处

（1）隐藏实现细节。因为真正地实现是由抽象类的继承类来实现的，所以这个接口的使用者并不需要关心它内部具体是如何实现的，只需要了解它的功能特性是用来干什么的。

（2）减少耦合性。不同的模块可能有不同的接口，一个稍复杂的内部实现可能是两个接口的功能合并。这个时候，对一个接口做了大的调整不会影响到另一个接口。比如，一个模块 ModuleA，提供了一个接口 IB 供模块 ModuleB 使用，也提供了一个接口 IC 供模块 ModuleC 使用。在 ModuleA 的内部，IB 和 IC 可能需要用同一个类 ImplBC 来实现，这个类只是把不同的子集提供给不同的模块使用。

3. C++的多态

多态按字面的意思就是多种形态。当类之间存在层次结构，并且类之间是通过继承关联时，就会用到多态。C++多态意味着调用成员函数时，会根据调用函数的对象的类型来执行不同的函数。有了多态，可以有多个不同的类都带有同一个名称但具有不同实现的函数，函数的参数甚至可以是相同的。

4. 虚函数

虚函数是在基类中使用关键字 virtual 声明的函数。在派生类中重新定义基类中定义的虚函数时，会告诉编译器不要静态链接到该函数。我们想要的是在程序中任意点可以根据所调用的对象类型来选择调用的函数，这种操作被称为动态链接或后期绑定。

5. 纯虚函数

用户可能想要在基类中定义虚函数，以便在派生类中重新定义该函数，更好地适用于对象，但是在基类中又不能对虚函数给出有意义的实现，这个时候就会用到纯虚函数。我们可以把基类中的虚函数 area() 改写成纯虚函数：

```
virtual int area() = 0;
```

“= 0” 告诉编译器，函数没有主体。

6. 多继承

多继承即一个子类可以有多个父类，它继承了多个父类的特性。C++ 类可以从多个类继承成员，语法如下：

```
class <派生类名>:<继承方式 1><基类名 1>,<继承方式 2><基类名 2>,…{<派生类类体>};
```

访问修饰符继承方式是 public、protected 或 private 其中的一个，用来修饰每个基类，各个基类之间用逗号分隔，如上所示。面向对象的系统可能会使用一个抽象基类为所有的外部应用程序提供一个适当的、通用的、标准化的接口。然后，派生类通过继承抽象基类，就把所有类似的操作都继承下来。外部应用程序提供的功能（即公有函数）在抽象基类中是以纯虚函数的形式存在的。这些纯虚函数在相应的派生类中被实现。这个架构也使得新的应用程序可以很容易地被添加到系统中，即使是在系统被定义之后依然可以如此。

任务拓展

（1）C++中，接口的特性是什么？

（2）C++接口中，该如何封装函数？

（3）C++中，如何在主函数中分别实现基类接口的功能？

任务二　实现 VB.NET 语言中的多态与接口

任务描述

上海御恒信息科技公司接到客户的一份订单，要求用 VB.NET 语言中的多态与接口存储学生的成绩登记表。公司刚招聘了一名程序员小张，软件开发部经理要求他尽快熟悉 VB.NET 语言中的多态与接口，并将学生成绩登记表用 VB.NET 语言中的多态与接口的源代码编写出来。小张按照经理的要求开始做以下的任务分析。

任务分析

（1）用 Person 类来实现表格的架构（其中 Person 为抽象基类）：在 Person 类中封装保护域，类内定义公共的构造过程输入每一行信息，类内说明输出过程输出表头，类内说明抽象输出方法返回 ID ，NAME，AGE，类内说明抽象输出方法输出每一行信息，类内说明抽象输出方法输出每个派生类各自的信息。

（2）用 Student 类作为接口，在其中封装 Student 的常量和抽象方法。

（3）用 Teacher 类作为接口，在其中封装 Teacher 的常量和抽象方法。

（4）用 StudentTeacher 类作为派生类并从抽象基类 Person 和接口 Student,Teacher 继承

（5）用 Module1 模块来封装整个程序的入口过程 Main()：为抽象基类新建引用，为派生类新建对象，用基类引用指向派生类对象，用基类引用指向要重写的抽象方法，用接口引用指向派生类对象，并调用抽象方法重写。

（6）学生信息登记表如项目一中任务一中的表 1-1 所示。

任务实施

第一步：打开 Visual Studio。

第二步：文件→新建→VB.NET 项目。

第三步：在源文件 Person.vb 中输入以下内容：

```
'Person.vb

' 1. 使用系统命名空间,其中包括常用的类
Imports System
Imports System.Collections.Generic
Imports System.IO

' 2. 用 Person 类来实现表格的架构（其中 Person 为基类）
Public Class Person

    '2.1 在类中封装保护域
    Protected id As String
```

```
    Protected name As String
    Protected age As Integer

    '2.2 类内定义公共的构造过程输入每一行信息
    Public Sub New()
        Console.Write("请输入编号:")
        id = Console.ReadLine()

        Console.Write("请输入姓名:")
        name = Console.ReadLine()

        Console.Write("请输入年龄:")
        age = CInt(Console.ReadLine())
    End Sub


    '2.3 类内说明抽象输出过程输出表头

    Public Overridable Sub PutHead()

    End Sub

    '2.4 类内说明抽象输出方法返回 ID
    Public Overridable Function PutId() As String

    End Function

    '2.5 类内说明抽象输出方法返回 NAME
    Public Overridable Function PutName() As String

    End Function

    '2.6 类内说明抽象输出方法返回 AGE
    Public Overridable Function PutAge() As Integer

    End Function

    '2.7 类内说明抽象输出方法输出每一行信息
    Public Overridable Sub PutData()

    End Sub
End Class
```

第四步：在源文件 Student.vb 中输入以下内容：

```
'Student.vb

' 1. 使用系统命名空间,其中包括常用的类
Imports System
Imports System.IO

' 2. 用接口来扩展表格的架构
Interface Student
    '  说明抽象过程
    Sub DispStudent()
End Interface
```

第五步：在源文件 Teacher.vb 中输入以下内容：

```
'Teacher.vb
' 1. 使用系统命名空间,其中包括常用的类
Imports System
Imports System.IO

' 2. 用接口来扩展表格的架构
Interface Teacher
    ' 说明抽象过程
    Sub DispTeacher()
End Interface
```

第六步：在源文件 StudentTeacher.vb 中输入以下内容：

```
'StudentTeacher.vb

' 1. 使用系统命名空间,其中包括常用的类
Imports System
Imports System.IO

' 2. 用 StudentTeacher 类来实现表格的架构（其中 StudentTeacher 为派生类，并从抽象基类 Person 和接口 Student,Teacher 继承）
Public Class StudentTeacher
    Inherits Person
    Implements Student
    Implements Teacher

    '2.1 在类中封装私有域
    Private msn As String

    '2.2 类内定义公共的默认构造过程（先调用基类的构造过程）
    Public Sub New()
        MyBase.New()
        Console.Write("请输入 MSN:")
        msn = Console.ReadLine()
    End Sub

    '2.3 类内定义输出过程输出表头
    Public Overrides Sub PutHead()

        Console.WriteLine("----------------------------------------")
        Console.WriteLine(Space(4) + "id" + Space(4) + "name" + Space(4) + "age" + Space(4)
+ "msn")
        Console.WriteLine("----------------------------------------")

    End Sub
    '2.4 类内定义输出方法分别返回 4 个域
    Public Overrides Function PutId() As String
        Return id
    End Function

    Public Overrides Function PutName() As String
        Return name
    End Function

    Public Overrides Function PutAge() As Integer
        Return age
```

```
    End Function

    Public Function PutMsn() As String
        Return msn
    End Function

    '2.5 类内定义输出过程输出每一行信息
    Public Overrides Sub PutData()
        Console.WriteLine(Space(4)  +  PutId()  +  Space(4)  +  PutName()  +  Space(4)  +
CStr(PutAge()) + Space(4) + PutMsn())
        Console.WriteLine("----------------------------------------")
    End Sub

    '2.6 类内重写接口 Student 的过程
    Public Sub DispStudent() Implements Student.DispStudent
        Console.WriteLine("    研究生像学生一样要参加学期考试")
        Console.WriteLine("----------------------------------------")
    End Sub

    '2.7 类内重写接口 Teacher 的过程
    Public Sub DispTeacher() Implements Teacher.DispTeacher
        Console.WriteLine("    研究生像教师一样要按月发放工资")
        Console.WriteLine("----------------------------------------")
    End Sub
End Class
```

第七步：在源文件 Module1.vb 中输入以下内容：

```
'Module1.vb

' 1. 使用系统命名空间,其中包括常用的类
Imports System
Imports System.IO

' 2. 用 Module1 模块来封装整个程序的入口过程 Main()
Module Module1

    Sub Main()

        ' 2.1 为抽象基类新建引用
        Dim p As Person

        ' 2.2 为派生类新建对象
        Dim st As New StudentTeacher()

        ' 2.3 用基类引用指向派生类对象
        p = st

        ' 2.4 用基类引用指向要重写的抽象方法
        p.PutHead()
        p.PutData()

        ' 2.5 为接口 Student 新建引用
        Dim s As Student

        ' 2.6 用接口引用指向派生类对象
        s = st
```

```
        ' 2.7 用接口引用指向要重写的抽象方法
        s.dispStudent()

        ' 2.8 为接口 Teacher 新建引用
        Dim t As Teacher

        ' 2.9 用接口引用指向派生类对象
        t = st

        ' 2.10 用接口引用指向要重写的抽象方法
        t.dispTeacher()

        Console.ReadLine()

    End Sub

End Module
```


第八步：执行 VB.NET 项目，运行结果如任务一中的图 9-1 所示。

任务小结

（1）设计一个抽象基类来封装保护属性，公共的构造过程输入信息，类内说明抽象过程或函数分别来处理基类可实现的功能和基类无法实现，必须由子类实现的功能（这是多态的一个重要特征）。

（2）设计多个接口来声明各自的抽象过程。

（3）设计一个派生类从抽象基类和多个接口继承，并定义公共的默认构造过程，在其中先调用基类的构造过程，关键是要在类内重写基类和接口的抽象过程和抽象函数。

（4）在 Module1 模块封装主过程，在其中为抽象基类和接口分别新建引用，为派生类新建对象，用基类引用和接口引用指向派生类对象，并用基类和接口引用重写的抽象函数，从而实现其主要功能。

相关知识与技能

（1）接口：接口就是一些特定方法的集合，并且这些方法没有被具体实现，从而可以在不同的类里面实现不同的功能。

（2）抽象类：抽象类主要用于类型的隐藏。比如，动物是一个抽象类，人、猴子、老虎就是具体实现的派生类，我们就可以用动物类型来隐藏人、猴子和老虎的类型。

（3）接口和抽象类的区别：

① 一个类只能使用一次继承关系，但是一个类可以实现多个接口，接口是用来解决多继承问题的。

② 抽象类中可以实现一些默认的行为，但是在接口中却不能实现，它里面的方法只是一个声名，必须用 public 来修饰没有具体实现的方法。

③ 父类和派生类之间是一种 is a 的关系，概念上，接口表示 like a 的关系。

④ 抽象类中的成员变量可以被不同的修饰符来修饰，可接口中的成员变量默认的都是静态常量（static fainl）。

⑤ 使用抽象类来定义允许多个实现的类型，比使用接口有一个明显的优势：如果希望在抽象类中增加一个方法，只增加一个默认的合理的实现即可，抽象类的所有实现都自动提供了这个新的方法。对于接口，这是行不通的。虽然可以在骨架实现类中增加一方法的实现来解决部分问题，但这不能解决不从骨架实现类继承的接口实现的问题。由此，设计公有的接口要非常谨慎，一旦一个接口被公开且被广泛实现，对它进行修改将是不可能的。 所以，使用接口还是抽象类，取决于我们对问题的概念的本质理解和设计的意图。接口和抽象类的联系：都不能被实例化；都包含抽象方法；抽象类是在接口和实体类之间的一个桥梁。此外，可以用 MustInherit 来指明该基类不能创建对象。类中含有 MustOveride 时，此类必须由 MustInherit 进行声明。

MustInherit 及 MustOverride 同时出现在该类时，此类称为抽象基类。用 NotIneritable 来说明此类，不准再进行继承，有时称为“密封”类。

任务拓展

（1）VB.NET 中，接口的特性是什么？

（2）VB.NET 接口中，该如何封装过程？

（3）VB.NET 中，如何在主过程中分别实现基类接口的功能？

任务三　实现 Java 语言中的多态与接口

任务描述

上海御恒信息科技公司接到客户的一份订单，要求用 Java 语言中的多态与接口存储学生的成绩登记表。公司刚招聘了一名程序员小张，软件开发部经理要求他尽快熟悉 Java 语言中的多态与接口，并将学生成绩登记表用 Java 语言中的多态与接口的源代码编写出来，小张按照经理的要求开始做以下的任务分析。

任务分析

（1）用 Person 类作为抽象超类，在 Person 类中封装实现自己输入的构造方法和抽象方法。

（2）用 Student 类作为接口，包含 Student 的抽象方法。

（3）用 Teacher 类作为接口，包含 Teacher 的抽象方法。

（4）用 StudentTeacher 类作为子类，分别从以上三个超类继承，实现超类的抽象方法。

（5）在主类中封装整个程序的入口方法 main()：为抽象超类和接口新建引用，为子类新建对象，用超类引用指向子类对象，用超类和接口引用指向要重写的抽象方法。

（6）学生信息登记表如项目一中任务一里的表 1-1 所示。

任务实施

第一步：打开 Eclipse。

第二步：文件→新建→Java 项目。

第三步：在源文件 Person.java 中输入以下内容：

```
//  1. 用工程名 chap09_oop 中的接口_03_Csharp 新建自定义包
package chap09_oop 中的接口_03_JSharp;

//  2. 使用系统包，其中包括常用的类
import java.lang.*;
import java.io.*;

//  3. 用 Person 类来实现表格的架构（其中 Person 为超类）
public abstract class Person{

    //3.1 在类中封装保护域
    protected String id;
    protected String name;
    protected int age;
   protected BufferedReader br=new BufferedReader(new InputStreamReader(System.in));
    //3.2 类内定义公共的构造方法输入每一行信息
    public Person() throws IOException{
        System.out.print("请输入编号:");
```

```
        id = br.readLine();

        System.out.print("请输入姓名:");
        name = br.readLine();

        System.out.print("请输入年龄:");
        age = Integer.parseInt(br.readLine());
    }

    //3.3 类内说明抽象输出方法输出表头

    public abstract void putHead();

    //3.4 类内说明抽象输出方法返回 ID
    public abstract String putId();

    //3.5 类内说明抽象输出方法返回 NAME
    public abstract String putName();

    //3.6 类内说明抽象输出方法返回 AGE
    public abstract int putAge();

    //3.7 类内说明输出方法输出每一行信息
    public abstract void putData();

}
```

第四步：在源文件 Student.java 中输入以下内容：

```
//Student.java

//  1. 用工程名 chap09_oop 中的接口_03_JSharp 新建自定义包
package chap09_oop 中的接口_03_JSharp;

//  2. 使用系统包,其中包括常用的类
import java.lang.*;
import java.io.*;

//  3. 用接口来扩展表格的架构
public interface Student
{
   //  3.1 说明抽象方法
   public void dispStudent();

}
```

第五步：在源文件 Teacher.java 中输入以下内容：

```
//Teacher.java
//  1. 用工程名 chap09_oop 中的接口_03_JSharp 新建自定义包
package chap09_oop 中的接口_03_JSharp;

//  2. 使用系统包，其中包括常用的类
import java.lang.*;
import java.io.*;

//  3. 用接口来扩展表格的架构
interface Teacher
{
```

```
    //  3.1 说明抽象方法
    void dispTeacher();
}
```

第六步：在源文件 StudentTeacher.java 中输入以下内容：

```
//StudentTeacher.java
//  1. 用工程名 chap09_oop 中的接口_03_JSharp 新建自定义包
package chap09_oop 中的接口_03_JSharp;
//  2. 使用系统包,其中包括常用的类
import java.lang.*;
import java.io.*;
//  3. 用 StudentTeacher 类来实现表格的架构(其中 StudentTeacher 为子类并从抽象超类 Person 和接口
Student,Teacher 继承)
public class StudentTeacher extends Person implements Student,Teacher
{
    //3.1 在类中封装私有域
    private String msn;

    //3.2 类内定义公共的默认构造方法(先调用基类的构造方法)
    public StudentTeacher()  throws IOException
    {
      super();
        System.out.print("请输入 MSN:");
        msn = br.readLine();
    }

    //3.3 类内定义输出方法输出表头

    public void putHead()
    {
        System.out.println("----------------------------------------");
        System.out.println("id" + "\t" + "name" + "\t" + "age" + "\t" + "msn" );
        System.out.println("----------------------------------------");
    }

    //3.4 类内定义输出方法分别返回 4 个域
    public  String putId()
    {
        return id;
    }

    public  String putName()
    {
        return name;
    }

    public  int putAge()
    {
        return age;
    }

    public String putMsn()
    {
        return msn;
    }
```

```
    //3.5 类内定义输出方法输出每一行信息
    public  void putData()
    {
        System.out.println("" + putId() + "\t" + putName() + "\t" + putAge() + "\t" + putMsn());
        System.out.println("-----------------------------------------");
    }
    //3.6 类内重写接口 Student 的方法
    public void dispStudent()
    {
        System.out.println("    研究生像学生一样要参加学期考试");
        System.out.println("-----------------------------------------");
    }
    //3.7 类内重写接口 Teacher 的方法
    public  void  dispTeacher()
    {
        System.out.println("    研究生像教师一样要按月发放工资");
        System.out.println("-----------------------------------------");
    }
}
```

第七步：在源文件 Program.java 中输入以下内容：

```
//Program.java
//  1. 用工程名 chap09_oop 中的接口_03_JSharp 新建自定义包
package chap09_oop 中的接口_03_JSharp;
//  2. 使用系统包，其中包括常用的类
import java.lang.*;
import java.io.*;
//  3. 用 Program 类来封装整个程序的入口方法 main()
public class Program
{
   public static void main(String[] args) throws IOException
   {
        //  3.1 为抽象超类新建引用
        Person p;
        //  3.2 为子类新建对象
        StudentTeacher st = new StudentTeacher();
        //  3.3 用超类引用指向子类对象
        p = st;
        //  3.4 用超类引用指向要重写的抽象方法
        p.putHead();
        p.putData();
        //  3.5 为接口 Student 新建引用
        Student s;
        //  3.6 用接口引用指向子类对象
        s = st;
        //  3.7 用接口引用指向要重写的抽象方法
        s.dispStudent();
        //  3.8 为接口 Teacher 新建引用
        Teacher t;
        //  3.9 用接口引用指向子类对象
        t = st;
        //  3.10 用接口引用指向要重写的抽象方法
        t.dispTeacher();
        System.out.println();
   }
}
```

第八步：执行 Java 项目，运行结果如任务一中的图 9-1 所示。

任务小结

（1）设计一个抽象超类来封装保护实例，公共的构造方法输入信息，类内说明抽象方法分别来处理超类可实现的功能和超类无法实现，必须由子类实现的功能（这是多态的一个重要特征）。

（2）设计多个接口来声明各自的抽象方法。

（3）设计一个子类从抽象超类和多个接口继承，并定义公共的默认构造方法，在其中先调用超类的构造方法，关键是要在类内重写超类和接口的抽象方法

（4）在主类中封装主方法，在其中为抽象超类和接口分别新建引用，为子类新建对象，用超类引用和接口引用指向子类对象，并用超类和接口引用重写抽象方法，从而实现其主要功能。

相关知识与技能

（1）接口里面的方法也得全部被子类实现，如果没有实现，那么该类就只能称作抽象类。因为如果没有完全实现一个接口的所有的方法，就会导致整个成为一个抽象类。也就是说，接口的实现是强制性的，但是抽象类的实现不是强制性的。接口中的方法前面的 public abstract、属性前面的 public static final 都是默认的，加不加都可以。但是不能改变该函数是一个 abstract，所以在接口中方法仅仅只有一个方法体都是会报错的。其实接口可以间接性地创建对象。使用匿名内部类就是间接性创建了一个对象。接口里面也是可以有自己的成员变量的，但是默认都是 public static final，也就是说，定义的时候就得赋初值。

（2）抽象类。抽象类必须用 abstract 修饰，子类必须实现抽象类中的抽象方法，如果有没实现的，那么子类也必须用 abstract 修饰。抽象类默认的权限修饰符为 public，可以定义为 public 或 protected，如果定义为 private，那么子类则无法继承。抽象类不能创建对象。抽象类必须用 public、protected 修饰。抽象类无法创建对象，如果一个子类继承抽象类，那么必须实现其所有的抽象方法。如果有未实现的抽象方法，那么必须定义为 abstract。

（3）接口和抽象类的区别。抽象类只能继承一次，但是可以实现多个接口，接口和抽象类必须实现其中所有的方法，抽象类中如果有未实现的抽象方法，那么子类也需要定义为抽象类。抽象类中可以有非抽象的方法。接口中的变量必须用 public static final 修饰，并且需要给出初始值。所以实现类不能重新定义，也不能改变其值。接口中的方法默认是 public abstract，也只能是这个类型。不能是 static，接口中的方法也不允许子类覆写，抽象类中允许有 static 的方法。

任务拓展

（1）Java 中，接口的特性是什么？

（2）Java 接口中，该如何封装函数？

（3）Java 中如何在主函数中分别实现基类接口的功能？

任务四　实现 C#语言中的多态与接口

任务描述

上海御恒信息科技公司接到客户的一份订单，要求用 C#语言中的多态与接口存储学生的成绩登记表。公司刚招聘了一名程序员小张，软件开发部经理要求他尽快熟悉 C#语言中的多态与接口，并将学生成绩登记表用 C#语言中的多态与接口的源代码编写出来。小张按照经理的要求开始做以下的任务分析。

任务分析

（1）用 Person 类作为抽象基类，在 Person 类中封装实现自己输入的构造函数和虚函数。

（2）用 Student 类作为接口，包含 Student 的虚函数。

（3）用 Teacher 类作为接口，包含 Teacher 的虚函数。

（4）用 StudentTeacher 类作为子类，分别从以上三个基类继承，实现基类的虚函数。

（5）在主类中封装整个程序的入口方法 main()：为抽象基类和接口新建引用，为子类新建对象，用超类引用指向子类对象，用超类和接口引用指向要重写的虚函数。

（6）学生信息登记表如项目一中任务一中的表 1-1 所示。

任务实施

第一步：打开 Visual Studio。

第二步：文件→新建→C#项目。

第三步：在源文件 Person.cs 中输入以下内容：

```
//Person.cs

//  1. 使用系统命名空间,其中包括常用的类
using System;
using System.Collections.Generic;
using System.Text;

//  2. 用工程名 chap09_oop 中的接口_04_Csharp 新建自定义命名空间
namespace chap09_oop 中的接口_04_Csharp
{
   //  3. 用 Person 类来实现表格的架构（其中 Person 为基类）

   public abstract class Person
   {
      //3.1 在类中封装保护域
      protected string id;
      protected string name;
      protected int age;

      //3.2 类内定义公共的构造函数输入每一行信息
      public Person()
      {

         Console.Write("请输入编号:");
         id = Console.ReadLine();

         Console.Write("请输入姓名:");
         name = Console.ReadLine();

         Console.Write("请输入年龄:");
         age = Int32.Parse(Console.ReadLine());
      }

      //3.3 类内说明抽象输出函数输出表头

      public abstract void PutHead();


      //3.4 类内说明抽象输出函数返回 ID
      public abstract string PutId();


      //3.5 类内说明抽象输出函数返回 NAME
      public abstract string PutName();
```

```
        //3.6 类内说明抽象输出函数返回 AGE
        public abstract int PutAge();


        //3.7 类内说明输出函数输出每一行信息
        public abstract void PutData();

    }
}
```

第四步：在源文件 Student.cs 中输入以下内容：

```
//Student.cs

//  1. 使用系统命名空间,其中包括常用的类
using System;
using System.Collections.Generic;
using System.Text;

//  2. 用工程名 chap09_oop 中的接口_04_Csharp 新建自定义命名空间

namespace chap09_oop 中的接口_04_Csharp
{
//  3. 用接口来扩展表格的架构
    interface Student
    {
        //  3.1 说明抽象方法
        void dispStudent();

    }
}
```

第五步：在源文件 Teacher.cs 中输入以下内容：

```
//Teacher.cs

//  1. 使用系统命名空间,其中包括常用的类
using System;
using System.Collections.Generic;
using System.Text;

//  2. 用工程名 chap09_oop 中的接口_04_Csharp 新建自定义命名空间

namespace chap09_oop 中的接口_04_Csharp
{
    //  3. 用接口来扩展表格的架构
    interface Teacher
    {
        //  3.1 说明抽象方法
        void dispTeacher();
    }
}
```

第六步：在源文件 StudentTeacher.cs 中输入以下内容：

```
//StudentTeacher.cs

//  1. 使用系统命名空间,其中包括常用的类
```

```
using System;
using System.Collections.Generic;
using System.Text;

//  2. 用工程名 chap09_oop 中的接口_04_Csharp 新建自定义命名空间
namespace chap09_oop中的接口_04_Csharp
{

    //  3. 用 StudentTeacher 类来实现表格的架构(其中 StudentTeacher 为派生类,并从抽象基类 Person
和接口 Student、Teacher 继承)
    public class StudentTeacher : Person,Student,Teacher
    {
        //3.1 在类中封装私有域
        private string msn;

        //3.2 类内定义公共的默认构造函数(先调用基类的构造函数)
        public StudentTeacher()
            : base()
        {
            Console.Write("请输入MSN:");
            msn = Console.ReadLine();
        }

        //3.3 类内定义输出函数输出表头

        public override void PutHead()
        {
            Console.WriteLine("----------------------------------------");
            Console.WriteLine("id" + "\t" + "name" + "\t" + "age" + "\t" + "msn" );
            Console.WriteLine("----------------------------------------");
        }

        //3.4 类内定义输出函数分别返回 4 个域
        public override string PutId()
        {
            return id;
        }

        public override string PutName()
        {
            return name;
        }

        public override int PutAge()
        {
            return age;
        }

        public string PutMsn()
        {
            return msn;
        }

        //3.5 类内定义输出函数输出每一行信息
        public override void PutData()
        {
```

```
            Console.WriteLine("" + PutId() + "\t" + PutName() + "\t" + PutAge() + "\t" +
PutMsn());
            Console.WriteLine("----------------------------------------");
        }

        //3.6 类内重写接口 Student 的方法
        public void dispStudent()
        {
            Console.WriteLine("    研究生像学生一样要参加学期考试");
            Console.WriteLine("----------------------------------------");
        }

        //3.7 类内重写接口 Teacher 的方法
        public  void  dispTeacher()
        {
            Console.WriteLine("    研究生像教师一样要按月发放工资");
            Console.WriteLine("----------------------------------------");
        }
    }
}
```

第七步：在源文件 Program.cs 中输入以下内容：

```
//Program.cs
//  1. 使用系统命名空间,其中包括常用的类
using System;
using System.Collections.Generic;
using System.Text;
//  2. 用工程名 chap09_oop 中的接口_04_Csharp 新建自定义命名空间
namespace chap09_oop 中的接口_04_Csharp
{
    //  3. 用 Program 类来封装整个程序的入口方法 main()
    class Program
    {
        static void Main(string[] args)
        {
            //  3.1 为抽象基类新建引用
            Person p;
            //  3.2 为派生类新建对象
            StudentTeacher st = new StudentTeacher();
            //  3.3 用基类引用指向派生类对象
            p = st;
            //  3.4 用基类引用指向要重写的抽象方法
            p.PutHead();
            p.PutData();

            //  3.5 为接口 Student 新建引用
            Student s;
            //  3.6 用接口引用指向派生类对象
            s = st;
            //  3.7 用接口引用指向要重写的抽象方法
            s.dispStudent();

            //  3.8 为接口 Teacher 新建引用
            Teacher t;
            //  3.9 用接口引用指向派生类对象
            t = st;
```

```
            // 3.10 用接口引用指向要重写的抽象方法
            t.dispTeacher();

            Console.ReadLine();
        }
    }
}
```

第八步：执行 C#项目，运行结果如任务一中的图 9-1 所示。

任务小结

（1）设计一个抽象基类来封装保护域，公共的构造函数输入信息，类内说明抽象函数分别来处理基类可实现的功能和基类无法实现，必须由派生类实现的功能（这是多态的一个重要特征）。

（2）设计多个接口来声明各自的抽象函数。

（3）设计一个派生类从抽象基类和多个接口继承，并定义公共的默认构造函数，在其中先调用基类的构造函数，关键是要在类内重写超类和接口的抽象函数

（4）在主类中封装主函数，在其中为抽象基类和接口分别新建引用，为派生类新建对象，用基类引用和接口引用指向派生类对象，并用基类和接口引用重写抽象函数，从而实现其主要功能。

相关知识与技能

（1）C#的多态性。多态是同一个行为具有多个不同表现形式或形态的能力。多态性意味着有多重形式。在面向对象编程范式中，多态性往往表现为“一个接口，多个功能”。多态性可以是静态的或动态的。在静态多态性中，函数的响应是在编译时发生的。在动态多态性中，函数的响应是在运行时发生的。在 C# 中，每个类型都是多态的，因为包括用户定义类型在内的所有类型都继承自 Object。多态就是同一个接口，使用不同的实例而执行不同操作。同一个事件发生在不同的对象上会产生不同的结果。C# 允许使用关键字 abstract 创建抽象类，用于提供接口的部分类的实现。当一个派生类继承自该抽象类时，实现即完成。抽象类包含抽象方法，抽象方法可被派生类实现。派生类具有更专业的功能。请注意抽象类的一些规则：用户不能创建一个抽象类的实例。用户不能在一个抽象类外部声明一个抽象方法。通过在类定义前面放置关键字 sealed，可以将类声明为密封类。当一个类被声明为 sealed 时，它不能被继承。抽象类不能被声明为 sealed。C#中实现多态的三种方式：抽象类、虚方法、接口。

（2）C#的接口（Interface）。接口定义了所有类继承接口时应遵循的语法格式。接口定义了语法格式“是什么”部分，派生类定义了语法格式“怎么做”部分。接口定义了属性、方法和事件，这些都是接口的成员。接口只包含了成员的声明。成员的定义是派生类的责任。接口提供了派生类应遵循的标准结构。接口使得实现接口的类或结构在形式上保持一致。抽象类在某种程度上与接口类似，但是，它们大多只是用在当只有少数方法由基类声明由派生类实现时。接口使用 interface 关键字声明，它与类的声明类似。接口声明默认是 public 的。

（3）virtual 方法（虚方法）：可以在继承类里 Override 覆盖重写的方法，有自己的方法体。派生类可使用，可重写。

（4）abstract（抽象方法）：只能在抽象类种修饰，并且没有具体的实现，抽象方法在派生类种使用 Override 重写。

（5）抽象函数：只有函数定义，没有函数体的函数。例如：abstract void fun()。

（6）抽象类：使用 abstract 定义的类称之为抽象类，必须要被继承。特性如下：

① 抽象类不能生成对象（但抽象类中没有方法体，所以生成对象没有意义）。

② 如果一个抽象类中含有一个抽象函数，那么这个类必须声明为抽象类。

③ 如果用户声明了一个抽象类，也可以不写抽象方法，这种情况一般用于不想让其生成对象时抽象类的构造函数：不能在抽象类中定义 public 或 protected internal 访问权限的构造函数；应在抽象类中定义 protected 或 private 访问权限的构造函数。如果在抽象类中定义一个 protected 构造函数，则在实例化派生类时，基类可

以执行初始化任务。

（7）C#的多重继承。多重继承指的是一个类可以同时从多于一个父类继承行为与特征的功能。与单一继承相对，单一继承指一个类只可以继承自一个父类。C# 不支持多重继承。但是，用户可以使用接口来实现多重继承。如果一个接口继承其他接口，那么实现类或结构就需要实现所有接口的成员。

（8）接口和抽象类的区别。接口用于规范，抽象类用于共性。抽象类是类，所以只能被单继承，但是接口却可以一次实现多个。接口中只能声明方法、属性、事件、索引器。而抽象类中可以有方法的实现，也可以定义非静态的类变量。抽象类可以提供某些方法的部分实现，接口不可以。抽象类的实例是它的子类给出的。接口的实例是实现接口的类给出的。在抽象类中加入一个方法，那么它的子类就同时有了这个方法。而在接口中加入新的方法，那么实现它的类就要重新编写（这就是为什么说接口是一个类的规范了）。接口成员被定义为公共的，但抽象类的成员也可以是私有的、受保护的、内部的或受保护的内部成员（其中受保护的内部成员只能在应用程序的代码或派生类中访问）。此外，接口不能包含字段、构造函数、析构函数、静态成员或常量。

任务拓展

（1）C#中，接口的特性是什么？

（2）C#接口中，该如何封装函数？

（3）C#中，如何在主函数中分别实现基类接口的功能？

任务五　实现 Python 语言中的多态与接口

任务描述

上海御恒信息科技公司接到客户的一份订单，要求用Python语言中的多态与接口存储学生的成绩登记表。公司刚招聘了一名程序员小张，软件开发部经理要求他尽快熟悉 Python 语言中的多态与接口，并将学生成绩登记表用 Python 语言中的多态与接口的源代码编写出来。小张按照经理的要求开始做以下的任务分析。

任务分析

（1）用 Person 类作为抽象基类，在 Person 类中封装实现自己输入的构造函数和虚函数。

（2）用 Student 类作为抽象基类，包含 Student 的虚函数。

（3）用 Teacher 类作为抽象基类，包含 Teacher 的虚函数。

（4）用 StudentTeacher 类作为派生类，分别从以上三个基类继承，实现基类的虚函数。

（5）在类外为三个抽象基类新建引用，为派生类新建对象，用基类引用指向派生类对象，用基类引用指向要重写的虚函数。

（6）学生信息登记表如项目一中任务一中的表 1-1 所示。

任务实施

第一步：打开 Python 编译器。

第二步：文件→新建→Person.py。

第三步：在源文件 Person.py 中输入以下内容，在其中创建 Person 类，利用装饰器（@abc.abstractclassmethod）将函数定义成接口函数，在子类中继承该基类，则该子类必须实现接口函数，否则无法实例化，源代码如下：

```
//Person.py

#coding=utf-8

class Person(metaclass=abc.ABCMeta):
```

```
    #类内定义公共的构造方法输入每一行信息:

    def __init__():

        id=input("请输入编号:");
        name=input("请输入姓名:");
        age=input("请输入年龄:");

    #类内说明抽象输出方法输出表头

    #利用该装饰器定义接口方法
    @abc.abstractclassmethod
    def putHead();

    #类内说明抽象输出方法返回 ID
    @abc.abstractclassmethod
    def putId();

    #类内说明抽象输出方法返回 NAME
    @abc.abstractclassmethod
    def putName();

    #类内说明抽象输出方法返回 AGE
    @abc.abstractclassmethod
    def putAge();

    #类内说明输出方法输出每一行信息
    @abc.abstractclassmethod
    def putData();
```

第四步：在源文件 Student.py 中输入以下内容：

```
//Student.py
//  2. 用接口来扩展表格的架构
class Student(Person):
   //  2.1 说明抽象方法
@abc.abstractclassmethod
def dispStudent();
```

第五步：在源文件 Teacher.py 中输入以下内容：

```
//Teacher.py
//  3. 用接口来扩展表格的架构
class Teacher(Person):
   //  3.1 说明抽象方法
@abc.abstractclassmethod
   def Teacher();
```

第六步：参照以上任务四中的 StudentTeacher.cs 的源代码，编写源文件 StudentTeacher.py。

第七步：参照以上任务四中的 Program.cs 的源代码，书写源文件 Program.py。

第八步：请参照 C#语言补全以上所有代码，执行 Python 项目，运行结果如任务一中的图 9-1 所示。

任务小结

（1）用 Person 类作为抽象基类，在 Person 类中封装实现自己输入的构造函数和虚函数。

（2）用 Student 类作为抽象基类，包含 Student 的虚函数。

（3）用 Teacher 类作为抽象基类，包含 Teacher 的虚函数。

（4）用 StudentTeacher 类作为派生类，分别从以上三个基类继承，实现基类的虚函数。

（5）在类外为三个抽象基类新建引用，为派生类新建对象，用基类引用指向派生类对象，用基类引用指向要重写的抽象方法。

相关知识与技能

1. Python 中接口和抽象类的一些特点

抽象：即提取类似的部分。接口：就是一个函数。接口继承：定义一个基类，在基类中利用装饰器将函数定义成接口函数，在子类中继承该基类，则该子类必须实现接口函数，否则无法实例化。接口继承实质上是要求“作出一个良好的抽象，这个抽象规定了一个兼容接口（接口函数——只提供函数名，不提供具体功能），使得外部调用者无须关心具体细节，可一视同仁地处理实现了特定接口的所有对象”，这在程序设计上就叫作归一化。也就是在父类里要求子类必须实现的功能，但是子类可以不实现，所以需要模块 import abc，这样使得父类具有限制子类必须实现规定的方法。

2. Python 中为什么要有抽象类

如果说类是从一堆对象中抽取相同的内容而来的，那么抽象类就是从一堆类中抽取相同的内容而来的，内容包括数据属性和函数属性。比如我们有香蕉类、苹果类、桃子类，从这些类抽取相同的内容就是水果这个抽象的类，吃水果时，要么是吃一个具体的香蕉，要么是吃一个具体的桃子，而永远无法吃到一个叫作水果的东西。从设计角度去看，如果类是从现实对象抽象而来的，那么抽象类就是基于类抽象而来的。从实现角度来看，抽象类与普通类的不同之处在于：抽象类中只能有抽象方法（没有实现功能），该类不能被实例化，只能被继承，且子类必须实现抽象方法。这一点与接口有点类似，但其实是不同的。

3. 多继承问题

在继承抽象类的过程中，我们应该尽量避免多继承；而在继承接口的时候，我们反而鼓励来多继承接口。方法的实现：在抽象类中，我们可以对一些抽象方法做出基础实现；而在接口类中，任何方法都只是一种规范，具体的功能需要子类实现。多态性分为静态多态性和动态多态性。静态多态性如任何类型都可以用“运算符+进行”运算。动态多态性：在运行中才能动态确定操作指针所指的对象，主要通过虚函数和重写来实现。接口是 Java 中特有的一种数据形式，一个抽象类型，是抽象方法的集合，通常以 interface 来声明。一个类通过继承接口的方式，从而来继承接口的抽象方法。接口并不是类，编写接口的方式和类很相似。Python 中接口类继承了 Java 中接口的定义，用于子类继承父类的接口方法的定义，采用单继承的模式，实现 Python 中的多继承意义。Python 同样有限地支持多继承形式。多继承的类定义形如下例：

```
class DerivedClassName(Base1, Base2, Base3): <statement-1> . . . <statement-N>
```

需要注意圆括号中父类的顺序，若是父类中有相同的方法名，而在子类使用时未指定，Python 从左至右搜索 即方法在子类中未找到时，从左到右查找父类中是否包含方法。

4. 方法重写

如果父类方法的功能不能满足需求，那么可以在子类重写父类的方法，实例如下：

```
#!/usr/bin/python3
 class Parent: # 定义父类
   def myMethod(self): print ('调用父类方法')

 class Child(Parent): # 定义子类
   def myMethod(self):
      print ('调用子类方法')
      c = Child()         # 子类实例
      c.myMethod()        # 子类调用重写方法
      super(Child,c).myMethod() #用子类对象调用父类已被覆盖的方法
```

（1）Python 中，接口的特性是什么？

（2）Python 中，接口该如何封装函数？

（3）Python 中，如何在主函数中分别实现基类接口的功能？

项目九综合比较表

本项目所介绍的用接口来实现 OOP 中类的相应功能，它们之间的区别如表 9-1 所示。

表 9-1　不同语言功能比较

比较项目	C++	Java	C#	VB.NET	Python
基类修饰符	无	abstract	abstract	无	protected
基类属性修饰符	protected	protected	protected	protected	public
基类方法修饰符	public	public	public	public	无
基类构造方法	基类名(基类形参列表){ }	public 基类名(基类形参列表){ }	public 基类名(基类形参列表){ }	Public Sub New(基类形参列表) End Sub	__init__(基类形参列表):
基类纯虚方法修饰符	virtual 类型方法名()=0;	abstract 类型方法名();	abstract 类型方法名();	Overridable Function 函数名()As Integer Return 0 End Function	装饰器(@abc.abstractclassmethod)将自己函数定义成接口函数
基类一般方法修饰符	无	无	无	OverLoads	无
派生类属性修饰符	private	private	private	private	private
派生类方法修饰符	public	public	public	public	public

派生类构造方法	派生类名(基类形参列表,派生类形参列表):
	public 基类名(基类形参名列表)
	{
	派生类属性=派生类形参;
	}
		派生类名(基类形参列表,派生类形参列表){
		Super(基类形参名列表);
		派生类属性=派生类形参;
		}
			派生类名(基类形参列表,派生类形参列表): base(基类形参名列表)
			{
			派生类属性=派生类形参;
			}
				Public Sub New(基类形参列表,派生类形参列表)
				MyBase.New(基类形参名列表)
				派生类属性=派生类形参
				End Sub
					派生类名(基类形参列表,派生类形参列表):
					Super().__init__();

派生类虚方法修饰符	Virtual 可写可不写	无	override	overrides	无
派生类一般方法修饰符	无	无	new	OverLoads	无
整个程序入口 main()方法	基类 *基类指针名; 派生类 对象(实参列表); 基类指针名=&派生类对象; 基类指针名->派生类的虚方法;	基类 基类引用名; 派生类 对象=new 派生类名(实参列表); 基类引用名=派生类对象; 基类引用名.派生类的虚方法;	基类 基类引用名; 派生类 对象=new 派生类名(实参列表); 基类引用名=派生类对象; 基类引用名.派生类的虚方法;	Dim 基类引用名 As 基类 Dim 派生类对象 As New 派生类名(实参列表) 基类引用名=派生类对象 基类引用名.派生类的虚方法	main_loop()
抽象类的特性	抽象基类只能新建引用，不能新建对象	抽象类只能新建引用，不能新建对象	抽象类只能新建引用，不能新建对象	抽象类只能新建引用，不能新建对象	抽象类只能新建引用，不能新建对象

项目综合实训

实现家庭管理系统中的多态与接口

项目描述

上海御恒信息科技公司接到一个订单，需要用 C++、VB.NET、Java、C#、Python 这 5 种不同的语言分别封装一个家庭管理系统中的用户登录表（FamilyUser)。程序员小张根据以上要求进行相关接口的设计后，按照项目经理的要求开始做以下的任务分析。

项目分析

（1）根据要求，分析存储的主要数据如项目一的表 1-3 所示。

（2）设计数据库中表的实体关系图（ERD）如项目一的图 1-6 所示。

（3）设计类的结构如项目一的表 1-4 所示。

（4）键盘输入后显示的结果如图 9-2 ~ 图 9-5 所示。

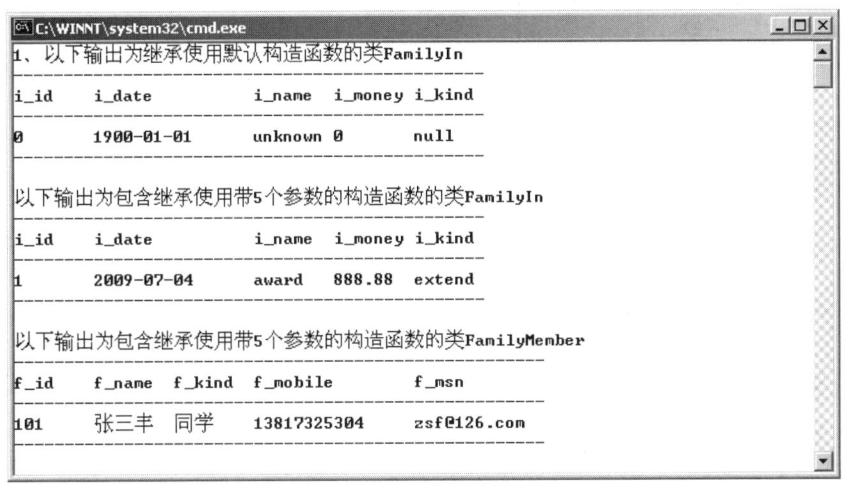

图 9-2　多态与接口 1

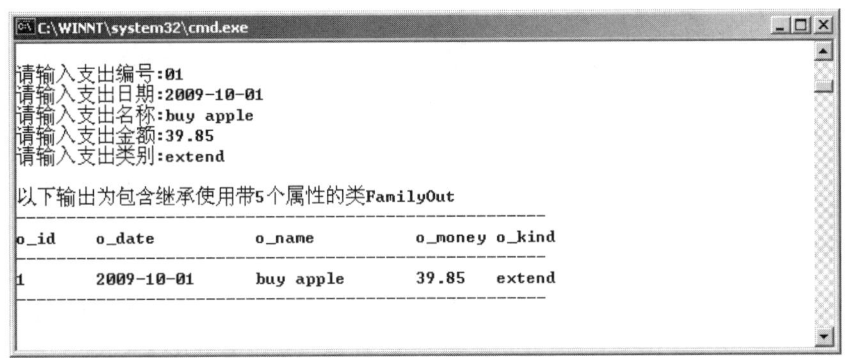

图 9-3　多态与接口 2

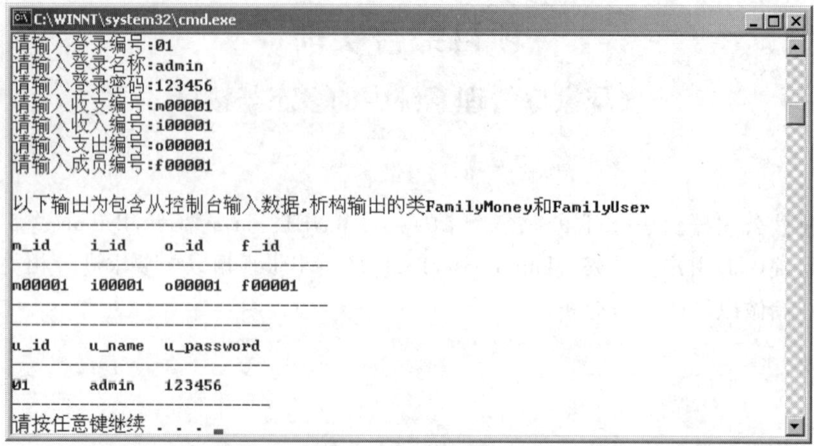

图 9-4　多态与接口 3

```
C:\WINNT\system32\cmd.exe
家庭成员均为合法登录用户
ID=f001
NAME=周瑜
INCOME=88888.9
OUTCOME=6666.66
PHONE=119

可以显示家庭成员的收入金额
可以显示家庭成员的支出金额
请按任意键继续 . . .
```

图 9-5　多态与接口 4

项目实施

第一步：根据要求，编写 C++代码如下所示。

```
//FamilyIn.h

#include "iostream"
using namespace std;

class FamilyIn
{
  protected:
     double income;

  public:
     FamilyIn(double e)
     {
        income=e;
     }

     virtual void dispInMoney()=0;//纯虚函数

     void putData()
     {
        cout << "INCOME=" << income << endl;

     }

};
```

```
//FamilyOut.h

#include "iostream"
using namespace std;

class FamilyOut
{
  protected:
     double outcome;

  public:
     FamilyOut(double o)
     {
        outcome=o;
     }

     virtual void dispOutMoney()=0;//纯虚函数

     void putData()
     {
        cout << "OUTCOME=" << outcome << endl;

     }

};
//FamilyUser.h

#include "iostream"
using namespace std;

class FamilyUser//抽象类
{
  protected:
     char *id;
     char *name;

  public:
     FamilyUser(char *i,char *n)
     {
        id=i;
        name=n;
     }

     virtual void judgeUser()=0;//纯虚函数

     void putData()
     {
        cout << "ID=" << id << endl;
        cout << "NAME=" << name << endl;

     }

};
//FamilyMember.h

#include "iostream"
```

```
#include "FamilyIn.h"
#include "FamilyOut.h"
#include "FamilyUser.h"
using namespace std;

class FamilyMember:public FamilyUser,public FamilyIn,public FamilyOut
{

  private:
     char *phone;

  public:
     FamilyMember(char *i,char *n,double e,double o,char *p):FamilyUser(i,n),FamilyIn
(e),FamilyOut(o)
     {
        phone=p;
     }

     void judgeUser()
     {
        cout << "家庭成员均为合法登录用户" << endl;

     }

     void dispInMoney()
     {
        cout << "可以显示家庭成员的收入金额" << endl;
     }

     void dispOutMoney()
     {
        cout << "可以显示家庭成员的支出金额" << endl;
     }

     void putData()
     {
        FamilyUser::putData();
        FamilyIn::putData();
        FamilyOut::putData();
        cout << "PHONE=" << phone << endl << endl;

     }

};
// chap09_oop中用接口和抽象方法实现多态_1x1_Cplusplus_Answer.cpp : 定义控制台应用程序的入口点
#include "stdafx.h"
#include "iostream"
#include "FamilyMember.h"
using namespace std;

int _tmain(int argc, _TCHAR* argv[])
{
  FamilyUser *fu;
  FamilyMember fm("f001","周瑜",88888.88,6666.66,"119");
  fu=&fm;
  fu->judgeUser();
```

```
    fm.putData();

    FamilyIn *fi;
    fi=&fm;
    fi->dispInMoney();

    FamilyOut *fo;
    fo=&fm;
    fo->dispOutMoney();
    return 0;
}
```

第二步：根据要求，参照 C++代码，编写 VB.NET 代码，此处省略。

第三步：根据要求，参照 C++代码，编写 Java 代码，此处省略。

第四步：根据要求，参照 C++代码，编写 C#代码，此处省略。

第五步：根据要求，参照 C++代码，编写 Python 代码，此处省略。

项目小结

（1）C++中通过使用多继承实现多态。

（2）VB.NET 通过使用接口实现多态。

（3）Java 通过使用接口实现多态。

（4）C#通过使用接口实现多态。

（5）Python 通过接口使用实现多态。

项目实训评价表

	项目九　实现 OOP 中的多态与接口		评　价		
	学 习 目 标	评 价 项 目	3	2	1
职业能力	实现 OOP 中的多态与接口	任务一　实现 C++语言中的多态与接口			
		任务二　实现 VB.NET 语言中的多态与接口			
		任务三　实现 Java 语言中的多态与接口			
		任务四　实现 C#语言中的多态与接口			
		任务五　实现 Python 语言中的多态与接口			
通用能力	动手能力				
	解决问题能力				
综合评价					

评价等级说明表

等　级	说　明
3	能高质、高效地完成此学习目标的全部内容，并能解决遇到的特殊问题
2	能高质、高效地完成此学习目标的全部内容
1	能圆满完成此学习目标的全部内容，不需任何帮助和指导

注：以上表格根据国家职业技能标准相关内容设定。

实现 OOP 中的文件读写操作

核心概念

实现OOP中的文件读写操作

实现 C++、VB.NET、Java、C#、Python 语言的文件读写操作。

项目描述

OOP 的输入/输出。输入/输出是实现面向对象编程（OOP）程序设计人机交互的方式，在面向对象方法中，输入和输出被定义为进入和离开系统的消息，不同的 OOP 编程语言有不同的函数用来实现输入和输出。信息的输入/输出包括从键盘读取数据、从文件中获取或向文件中存入数据、在显示器上显示数据、在网络连接上实现信息交互等几种方式。本项目从日常生活中最常用的存储数据的表格开始，引入表格在 C++，Java，VB，C、Python 语言中是如何表示的，从而让我们熟悉 OOP 的输入/输出是如何实现的。再从此引出常用的 5 种 OOP 编程语言是如何通过文件读写操作来表示一张表格的。

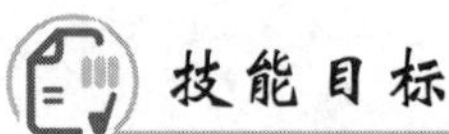

技能目标

用提出、分析、解决问题的思路来培养学生进行 OOP 中的文件读写编程，同时考虑通过多语言的比较来熟练掌握不同语言的语法。能掌握常用 5 种 OOP 编程语言中的文件读写的基本语法。

工作任务

实现 C++、VB.NET、Java、C#、Python 语言中的文件读写操作。

任务一　实现 C++语言中的文件读写操作

任务描述

上海御恒信息科技公司接到客户的一份订单，要求用 C++语言中的文件读写操作存储学生的成绩登记表。公司刚招聘了一名程序员小张，软件开发部经理要求他尽快熟悉 C++语言中的文件读写操作，并将学生成绩登记表用 C++语言中的文件读写操作的源代码编写出来。小张按照经理的要求开始做以下的任务分析。

任务分析

（1）使用系统头文件导入常用的类，自定义类封装所有常用的自定义方法。

（2）新建字符串对象存放文件名，定义默认构造函数，定义带一个参数的构造函数传递一个文件名，定义带两个参数的构造函数传递两个文件名，用 ofstream 类将 3 个字符的 ASCII 值写入文件，用 ifstream 类将文件中的整数 ASCII 值读出并转换成字符，在控制台显示。

（3）用 BinaryReader 类将二进制文件中的内容读出，并在控制台显示，用 BinaryWriter 类将内容写入二进制文件中。

（4）用 StreamReader 类将文本文件中的内容读出，并以字符串形式返回到调用处，用 StreamWriter 类将一个字符串数组写入文本文件中。

（5）用 FileSystemInfo、FileInfo、DirectoryInfo 分别处理文件与目录，用 StreamReader 类的 ReadToEnd() 方法读取文本文件的所有内容，用 StreamReader 类和 StreamWriter 类将一个文本文件中的内容复制到另外一个文本文件中，并在控制台显示。

（6）在 MyFileStream.h 中输入以上 5 步的代码，用 Student 类来实现表格的架构，设计主文件，并在其中的主函数中为类新建对象，然后用对象去调用相关类的函数实现对文件的读写。

（7）学生信息登记表如项目一中任务一中的表 1-1 所示。

任务实施

第一步：打开 Visual Studio。

第二步：文件→新建→C++项目。

第三步：在源文件 MyFileStream.h 中输入以下内容：

```
//MyFileStream.h
//1. 使用系统头文件,导入常用的类
#include "iostream"
#include "stdlib.h"
#include "fstream"
using namespace std;
//2. 自定义类封装所有常用的自定义方法
class MyFileStream
{
  private:
     //2.1 新建字符串对象存放文件名
     char *fname， *ifname， *ofname;
  public:
     //2.2 定义默认构造函数
     MyFileStream()
     {
     }
     //2.3 定义带一个参数的构造函数传递一个文件名
     MyFileStream(char *fn)
     {
        fname = fn;
     }
     //2.4 定义带两个参数的构造函数传递两个文件名
     MyFileStream(char *f1， char  *f2)
     {
        ifname = f1;
        ofname = f2;
     }
     //2.5 用 ofstream 类将三个字符的 ASCII 值写入文件
     void  MyWriteByte(char *fname， int c1， int  c2 ， int c3)
     {
        ofstream ofs(fname， ios::out);
          if (!ofs)
        {
           cerr << "File can not open!" << endl;
           exit(1);
        }
        ofs << c1 << " " << c2  << " " << c3 << " ";
        ofs.close();
     }
```

```
    //2.6 用ifstream类将文件中的整数ASCII值读出并转换成字符，在控制台显示
    void MyReadByte(char *fname)
    {
       ifstream ifs(fname, ios::in|ios::_Nocreate);
         if (!ifs)
       {
          cerr << "File can not open!" << endl;
          exit(1);
       }
       char x;
       while(ifs>>x)
       {
          cout << x << "\t";
       }
       cout << endl;
       cout << "--------------------";
       ifs.close(); //关闭文件
    }
};
```

第四步：在源文件Student.h中输入以下内容：

```
// Student.h
//1. 包含系统头文件
#include "iostream"
using namespace std;
//2. 用类来实现表格的架构
class Student
{
  private:
     char sid[10];          //学号用数组来存放
     char sname[20];        //姓名用数组来存放
     int sage;
  public:
//3. 在类中前向声明公有的无参无返回值的成员函数,用来实现表格数据的输入/输出
     void getdata();
     void puthead();
     void putdata();
     char * putSid();
     char * putSname();
     int putSage();
     void putData1(char *v1, char *v2, int v3);
};
//4. 类外定义输入函数输入每一行信息
void Student::getdata()
{
  cout << "请输入学号:";
  cin >> sid;
  cout << "请输入姓名:";
  cin >> sname;
  cout << "请输入年龄:";
  cin >> sage;
  cout << endl;
}
char * Student::putSid()
{
   return sid;
```

```
}
char * Student::putSname()
{
    return sname;
}
int Student::putSage()
{
    return sage;
}
//5. 类外定义输出函数输出表头及每一行信息
void Student::puthead()
{
   cout << "--------------------" << endl;
   cout << "sid" << "\t" << "sname" << "\t" << "sage" << "\n";
   cout << "--------------------" << endl;
}
void Student::putdata()
{
   cout << sid << "\t" << sname << "\t" << sage << "\n";
   cout << "--------------------" << endl;
   }
void Student::putData1(char *v1, char *v2, int v3)
{
    cout << v1 << "\t" << v2 << "\t" << v3 << endl;
    cout << "--------------------";
}
```

第五步：在源文件 chap10_使用 oop 实现输入与输出_01_Cplusplus.cpp 中输入以下内容：

```
// chap10_使用 oop 实现输入与输出_01_Cplusplus.cpp : 定义控制台应用程序的入口点
#include "stdafx.h"
#include "exception"
#include "Student.h"
#include "MyFileStream.h"
#include "string.h"
#include "stdlib.h"
//1. 在主函数中通过为类新建对象,并用对象调用输入函数输入、输出函数输出
int _tmain(int argc,_TCHAR* argv[])
{
        MyFileStream mfs;
          Student s[2]; //新建一个对象数组,用来存放两个对象 s[0]和 s[1]
          int  i;
          try
          {
              //  利用 ifstream 的对象和 ofstream 的对象对文件进行字符的读写
              cout << "1、利用 ifstream 的对象和 ofstream 的对象对文件进行字符的读写\n";

           for(i=0;i<2;i++)
           {
              cout << "请输入第" << i+1 << "个学生的信息:" << endl;
              s[i].getdata();
           }
              cout << "正在用 ofstream 的对象写入文件!" << endl;
              s[0].puthead();
           for(i=0;i<2;i++)
           {
              s[i].putdata();
```

```
                mfs.MyWriteByte(strcat(".txt",strcat(i_to_c(i),"myfile_1")), s[i].putSid(),
s[i].putSname(), s[i].putSage());
            }
                cout << endl;
                cout << "正在用 ifstream 的对象从文件中读出!" << endl;
                s[0].puthead();
                for(i = 0;i<2;i++)
                {
                    mfs.MyReadByte(strcat(".txt",strcat(i_to_c(i), "myfile_1"));
                }
                cout << endl;
        }
        catch(exception ex)
        {
            cout << "Exception is " <<  ex.what() << endl;
        }
    return 0;
}
```

第六步：修改并补全上面三个文件的代码，执行 C++项目，使其运行结果如图 10-1 ~ 图 10-4 所示。

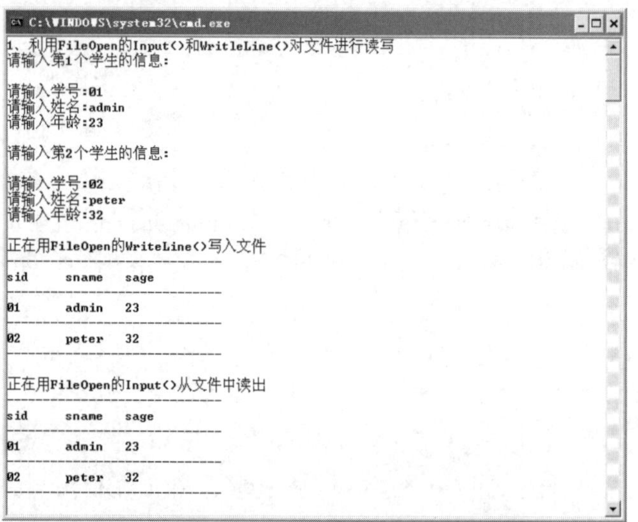

图 10-1　实现 C++语言中的文件读写操作 1

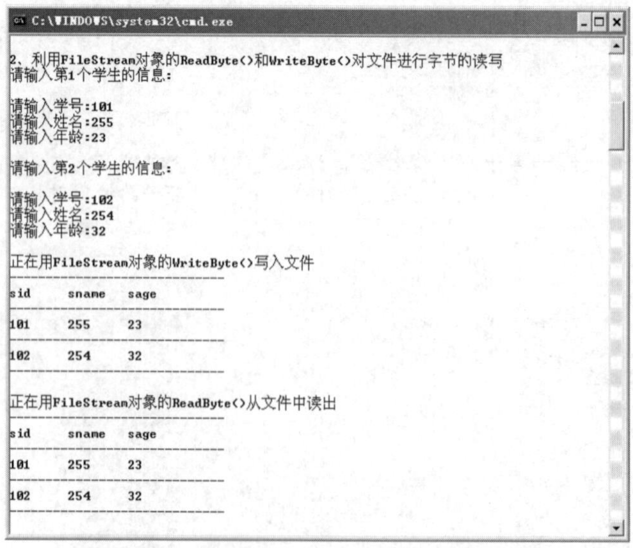

图 10-2　实现 C++语言中的文件读写操作 2

```
C:\WINDOWS\system32\cmd.exe

3、利用StreamReader对象的ReadLine()和StreamWriter对象的WriteLine()对文本文件进行
的读写
请输入第1个学生的信息:

请输入学号:01
请输入姓名:admin
请输入年龄:23

请输入第2个学生的信息:

请输入学号:02
请输入姓名:peter
请输入年龄:32

正在用StreamWriter对象的WriteLine()写入文件
------------------------------------
sid      sname    sage
------------------------------------
01       admin    23
------------------------------------
02       peter    32
------------------------------------

正在用StreamReader对象的ReadLine()从文件中读出
------------------------------------
sid      sname    sage
------------------------------------
01       admin    23
------------------------------------
02       peter    32
------------------------------------
```

图 10-3　实现 C++语言中的文件读写操作 3

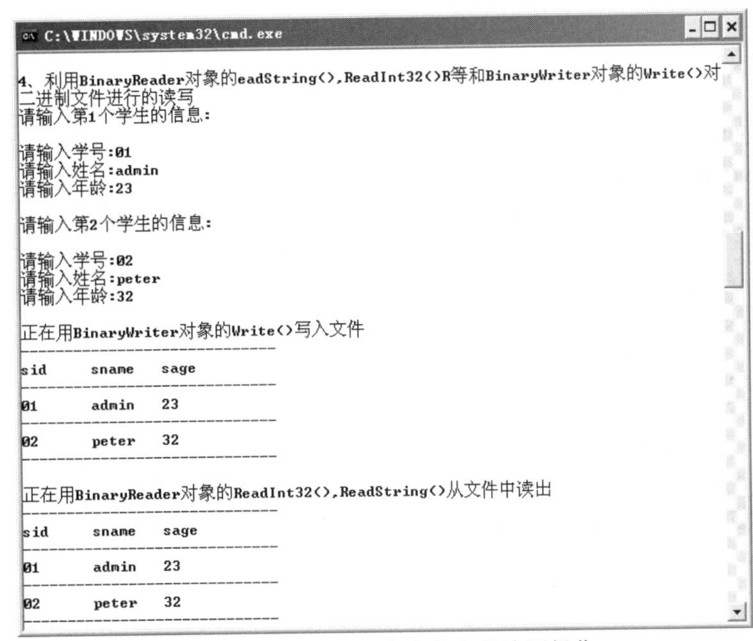

图 10-4　实现 C++语言中的文件读写操作 4

任务小结

（1）用 FileStream 类将三个字符的 ASCII 值写入文件。

（2）用 FileStream 类将文件中的整数 ASCII 值读出并转换成字符，在控制台显示。

（3）在 MyFileStream.h 中输入相应文件操作的代码，用 Student 类来实现表格的架构，设计主文件，并在其中的主函数中为类新建对象，然后用对象去调用相关类的函数实现对文件的读写。

相关知识与技能

（1）在头文件 iostream 中定义有两个流类：输入流类 istream 和输出流类 ostream，且用这两个类定义了流对象 cin 和 cout。

（2）cin 是一个 istream 类的对象，它从标准输入设备（键盘）获取数据，程序中的变量通过流提取符“>>”

从流中提取数据。流提取符“>>”从流中提取数据时通常跳过输入流中的空格、tab 键、换行符等空白字符。注意：只有在输入完数据再按回车键后，该行数据才被送入键盘缓冲区，形成输入流，提取运算符“>>”才能从中提取数据。注意保证从流中读取数据能正常进行。

（3）cout 是一个 ostream 类的对象，它有一个成员运算函数 operator<<，每次调用的时候就会向输出设备输出。operator 用运算符重载，可以接收不同类型的数据，如整型、浮点型、字符串甚至指针等。cout 是标准输出设备，一般输出到屏幕。

（4）要在 C++ 中进行文件处理，必须在 C++ 源代码文件中包含头文件 <iostream> 和 <fstream>。

（5）ofstream，该数据类型表示输出文件流，用于创建文件并向文件写入信息。

（6）ifstream，该数据类型表示输入文件流，用于从文件读取信息。

（7）fstream，该数据类型通常表示文件流，且同时具有 ofstream 和 ifstream 两种功能，这意味着它可以创建文件、向文件写入信息、从文件读取信息。在从文件读取信息或者向文件写入信息之前，必须先打开文件。ofstream 和 fstream 对象都可以用来打开文件进行写操作，如果只需要打开文件进行读操作，则使用 ifstream 对象。

（8）下面是 open() 函数的标准语法，open() 函数是 fstream、ifstream 和 ofstream 对象的一个成员。

```
void open(const char *filename,  ios::openmode mode);
```

在这里，open() 成员函数的第一参数指定要打开的文件的名称和位置，第二个参数定义文件被打开的模式。模式标志描述：

- ios::app：追加模式。所有写入都追加到文件末尾。
- ios::ate：文件打开后定位到文件末尾。
- ios::in：打开文件用于读取。
- ios::out：打开文件用于写入。
- ios::trunc：如果该文件已经存在，其内容将在打开文件之前被截断，即把文件长度设为 0。

任务拓展

（1）C++中的输入与输出是如何实现的？

（2）C++中如何实现文件的读操作？

（3）C++中如何实现文件的写操作？

任务二 实现 VB.NET 语言中的文件读写操作

任务描述

上海御恒信息科技公司接到客户的一份订单，要求用 VB.NET 语言中的文件读写操作存储学生的成绩登记表。公司刚招聘了一名程序员小张，软件开发部经理要求他尽快熟悉 VB.NET 语言中的文件读写操作，并将学生成绩登记表用 VB.NET 语言中的文件读写操作的源代码编写出来。小张按照经理的要求开始做以下的任务分析。

任务分析

（1）使用系统命名空间导入常用的类，使用工程名作为命名空间，自定义类封装所有常用的自定义方法。

（2）新建字符串对象存放文件名，新建文件流对象，新建内存流对象，新建二进制阅读器对象，新建二进制写入器对象，新建文本流阅读器对象，新建文本流写入器对象，定义默认构造函数，定义带一个参数的构造函数传递一个文件名，定义带两个参数的构造函数传递两个文件名。

（3）用 FileStream 类将文件中的字节读出，并将结果返回到调用处，用 FileStream 类将一个字节数组写入文件，用 FileStream 类将 3 个字节写入文件，用 FileStream 类将文件中的字节读出，并在控制台显示。

(4) 用 MemoryStream 类将文件中的字节读出，并在控制台显示，用 MemoryStream 类将字节写入文件。

(5) 用 BinaryReader 类将二进制文件中的内容读出，并在控制台显示，用 BinaryWriter 类将内容写入二进制文件中。

(6) 用 StreamReader 类将文本文件中的内容读出，并以字符串形式返回到调用处，用 StreamWriter 类将一个字符串数组写入文本文件中，用 StreamReader 类将文本文件中的内容读出，并在控制台显示。

(7) 用 FileSystemInfo、FileInfo、DirectoryInfo 分别处理文件与目录。

(8) 用 StreamReader 类的 ReadToEnd()方法读取文本文件的所有内容，用 StreamReader 类和 StreamWriter 类将一个文本文件中的内容复制到另外一个文本文件中，并在控制台显示。

(9) 用 Student 类来实现表格的架构，设计主类 Program，并在其中的主函数中为类新建对象，并用对象调用输入函数输入、输出函数输出，利用 FileStream 对象的 ReadByte()和 WriteByte()对文件进行字节的读写，利用 StreamReader 对象的 ReadLine()和 StreamWriter 对象的 WriteLine()对文本文件进行读写。

(10) 学生信息登记表如项目一中任务一中的表 1-1 所示。

任务实施

第一步：打开 Visual Studio。

第二步：文件→新建→VB.NET 项目。

第三步：在源文件 MyFileStream.vb 中输入以下内容：

```
'MyFileStream.vb

Imports System
Imports System.IO

Public Class MyFileStream

    Private id As String
    Private name As String
    Private age As Integer
    Dim FileNo As Integer = FreeFile()    '获取可用的文件号
    Dim st As New Student()

    Public Sub MyFileWrite(ByVal fno As Integer, ByVal fname As String, ByVal c1 As String,
ByVal c2 As String, ByVal c3 As Integer)
        FileOpen(fno, fname, OpenMode.Output)    '以输出方式打开文件
        WriteLine(fno, c1, c2, c3)    '向文件中写
        FileClose(fno)    '关闭文件
    End Sub

    Public Sub MyFileRead(ByVal fname As String)
        FileOpen(FileNo, fname, OpenMode.Input)    '以输入方式打开文件
        Input(FileNo, id)    '从文件中读取数据到 id
        Input(FileNo, name) '从文件中读取数据到 name
        Input(FileNo, age)  '从文件中读取数据到 age
        st.putData1(id, name, age)
        FileClose(FileNo)
    End Sub

    Public Sub MyWriteByte(ByVal fname As String, ByVal c1 As Byte, ByVal c2 As Byte,
ByVal c3 As Byte)
        Dim MyFile As New FileStream(fname, FileMode.Create, FileAccess.Write)
        MyFile.WriteByte(c1)
        MyFile.WriteByte(c2)
```

```
            MyFile.WriteByte(c3)
            MyFile.Close()
        End Sub

        Public Sub MyReadByte(ByVal fname As String)
            Dim MyText As String = "", ch As Byte  'MyText存放要显示的文件内容，称之为结果字符串
            Dim a As Integer = 0

            '以打开、只读的方式创建文件流MyFile
            Dim MyFile As New FileStream(fname, FileMode.Open, FileAccess.Read)

            a = MyFile.ReadByte()         '从文件中读取一个字节
            Do While (a <> -1)            '如果不是文件的结尾
                ch = CByte(a)             '把读取的字节转换为字符串型
                MyText = MyText + CStr(ch) + Chr(9)
                a = MyFile.ReadByte()     '再读一个字节
            Loop
            Console.WriteLine(MyText)  '把结果字符串在文本框中显示出来
            Console.WriteLine("----------------------------") '把该字符串连接到结果字符串的末尾
            MyFile.Close()             '关闭文件

        End Sub

        Public Sub MyStreamWriter(ByVal fname As String, ByVal s1 As String, ByVal s2 As String,
ByVal s3 As Integer)
            '以打开和创建，只能写的方式创建文件流MyFile
            Dim MyFile As New StreamWriter(fname)
            MyFile.WriteLine(s1)
            MyFile.WriteLine(s2)
            MyFile.WriteLine(s3)
            MyFile.Flush() '刷新文件
            MyFile.Close() '关闭文件
        End Sub

        Public Sub MyStreamReader(ByVal fname As String)
            Dim MyText As String = ""
            Dim Line As String              'Line变量用来存放读出的一行数据
            '以打开、只读的方式创建文件流MyFile
            Dim MyFile As New StreamReader(fname)
            Do While (MyFile.Peek() <> -1)  '如果不是文件的结尾
                Line = MyFile.ReadLine()    '读取一行数据
                MyText += Line + Chr(9)     '把读取的一行数据连接到MyText中
            Loop
            Console.WriteLine(MyText)       '把结果字符串在文本框中显示出来
            Console.WriteLine("----------------------------")
            MyFile.Close() '关闭文件
        End Sub

        Public Sub MyBinaryWriter(ByVal fname As String, ByVal s1 As String, ByVal s2 As String,
ByVal s3 As Integer)
            Dim MyFile As New FileStream(fname, FileMode.OpenOrCreate, FileAccess.Write)
            '根据MyFile文件流创建BinaryWriter流MyBWriter
            Dim MyBWriter As New BinaryWriter(MyFile, System.Text.Encoding.Unicode)
            MyBWriter.Write(s1)  '写入文件中去
            MyBWriter.Write(s2)  '写入文件中去
            MyBWriter.Write(s3)  '写入文件中去
```

```
        MyBWriter.Close()      '关闭文件流
    End Sub
    Public Sub MyBinaryReader(ByVal fname As String)
        Dim MyText As String = ""
        '创建文件流
        Dim MyFile As New FileStream(fname, FileMode.Open, FileAccess.Read)
        '根据文件流创建 StreamReader 流 MyBF
        Dim MyBF As New BinaryReader(MyFile, System.Text.Encoding.Unicode)
        '定位到要读取的数据位置
        MyBF.BaseStream.Seek(0, SeekOrigin.Begin)
        MyText += MyBF.ReadString() + Chr(9)  '读取一个整型数据
        MyText += MyBF.ReadString() + Chr(9)
        MyText += CStr(MyBF.ReadTnt32())
        Console.WriteLine(MyText)              '把结果字符串在文本框中显示出来
        Console.WriteLine("------------------------------")
        MyFile.Close() '关闭文件
    End Sub
End Class
```

第四步：在源文件 Student.vb 中输入以下内容：

```
'Student.vb
'1. 导入系统命名空间
Imports System
Imports System.IO
'2. 用类来实现表格的架构
Public Class Student
    Private sid As String
    Private sname As String
    Private sage As Integer
    '3. 在类中定义输入/输出过程
    Public Sub GetData()
        Console.WriteLine()
        Console.Write("请输入学号:")
        sid = Console.ReadLine()
        Console.Write("请输入姓名:")
        sname = Console.ReadLine()
        Console.Write("请输入年龄:")
        sage = Console.ReadLine()
        Console.WriteLine()
    End Sub

    Public Function PutSid() As String
        Return sid
    End Function

    Public Function PutSname() As String
        Return sname
    End Function
    Public Function PutSage() As Integer
        Return sage
    End Function

    Public Sub PutHead()
        Console.WriteLine("------------------------------")
        Console.WriteLine("sid" + Chr(9) + "sname" + Chr(9) + "sage")
        Console.WriteLine("------------------------------")
```

```
    End Sub

    Public Sub PutData()
        Console.WriteLine(sid + Chr(9) + sname + Chr(9) + CStr(sage))
        Console.WriteLine("------------------------------")
    End Sub

    Public Sub putData1(ByVal v1 As String, ByVal v2 As String, ByVal v3 As Integer)
        Console.WriteLine(v1 + Chr(9) + v2 + Chr(9) + CStr(v3))
        Console.WriteLine("------------------------------")
    End Sub
End Class
```

第五步：在源文件 Module1.vb 中输入以下内容：

```
'Module1.vb
' 1. 使用系统命名空间,其中包括常用的类
Imports System
Imports System.IO
' 2. 新建一个主模块,包含整个程序的入口过程 Main
Module Module1
    ' 3. 在主过程中通过为类新建对象，并用对象调用输入函数输入、输出函数输出
    Sub Main()
        Dim mfs As New MyFileStream()
        Dim s(1) As Student '新建一个对象数组，用来存放两个对象 s[0]和 s[1]
        Dim i As Integer
        Try
            '3.1 利用 FileOpen 的 Input()和 WritleLine()对文件进行读写
            Console.WriteLine("1、利用 FileOpen 的 Input()和 WritleLine()对文件进行读写")
            For i = 0 To 1 Step 1
                s(i) = New Student()
                Console.WriteLine("请输入第" + CStr(i + 1) + "个学生的信息:")
                s(i).GetData()
            Next i
            Console.WriteLine("正在用 FileOpen 的 WriteLine()写入文件")
            s(0).PutHead()
            For i = 0 To 1 Step 1
                s(i).PutData()
                mfs.MyFileWrite(10 + I, "myfile_1" + CStr(i) + ".txt",  s(i).PutSid,
s(i).PutSname, s(i).PutSage())
            Next i
            Console.WriteLine()
            Console.WriteLine("正在用 FileOpen 的 Input()从文件中读出")
            s(0).PutHead()
            For i = 0 To 1 Step 1
                mfs.MyFileRead("myfile_1" + CStr(i) + ".txt")
            Next i
            Console.WriteLine()
            '3.2 利用 FileStream 对象的 ReadByte()和 WriteByte()对文件进行字节的读写
            Console.WriteLine("2、利用 FileStream 对象的 ReadByte()和 WriteByte()对文件进行字
节的读写")
            For i = 0 To 1 Step 1
                s(i) = New Student()
                Console.WriteLine("请输入第" + CStr(i + 1) + "个学生的信息:")
                s(i).GetData()
            Next i
            Console.WriteLine("正在用 FileStream 对象的 WriteByte()写入文件")
            s(0).PutHead()
```

```
        For i = 0 To 1 Step 1
            s(i).PutData()
            mfs.MyWriteByte("myfile_2"  +  CStr(i)  +  ".txt",  CByte(s(i).PutSid),
CByte(s(i).PutSname), Convert.ToByte(s(i).PutSage()))
        Next i
        Console.WriteLine()

        Console.WriteLine("正在用 FileStream 对象的 ReadByte()从文件中读出")
        s(0).PutHead()
        For i = 0 To 1 Step 1
            mfs.MyReadByte("myfile_2" + CStr(i) + ".txt")
        Next i
        Console.WriteLine()

        '3.3  利用 StreamReader 对象的 ReadLine()和 StreamWriter 对象的 WriteLine()对文本文
件进行的读写
        Console.WriteLine("3、利用 StreamReader 对象的 ReadLine()和 StreamWriter 对象的
WriteLine()对文本文件进行的读写")
        For i = 0 To 1 Step 1
            s(i) = New Student()
            Console.WriteLine("请输入第" + CStr(i + 1) + "个学生的信息:")
            s(i).GetData()
        Next i

        Console.WriteLine("正在用 StreamWriter 对象的 WriteLine()写入文件")
        s(0).PutHead()
        For i = 0 To 1 Step 1
            s(i).PutData()
            mfs.MyStreamWriter("myfile_3"  +  CStr(i)  +  ".txt",  s(i).PutSid,
s(i).PutSname,  s(i).PutSage())
        Next i
        Console.WriteLine()

        Console.WriteLine("正在用 StreamReader 对象的 ReadLine()从文件中读出")
        s(0).PutHead()
        For i = 0 To 1 Step 1
            mfs.MyStreamReader("myfile_3" + CStr(i) + ".txt")
        Next i
        Console.WriteLine()


        '3.4  利用 BinaryReader 对象的 ReadLine()和 BinaryWriter 对象的 WriteLine()对文本文
件进行的读写
        Console.WriteLine("4、利用 BinaryReader 对象的 eadString(), ReadInt32()R 等和
BinaryWriter 对象的 Write()对二进制文件进行的读写")
        For i = 0 To 1 Step 1
            s(i) = New Student()
            Console.WriteLine("请输入第" + CStr(i + 1) + "个学生的信息:")
            s(i).GetData()
        Next i

        Console.WriteLine("正在用 BinaryWriter 对象的 Write()写入文件")
        s(0).PutHead()
        For i = 0 To 1 Step 1
            s(i).PutData()
```

```
                mfs.MyBinaryWriter("myfile_4" + CStr(i) + ".txt", s(i).PutSid,
s(i).PutSname, s(i).PutSage())
            Next i
            Console.WriteLine()

            Console.WriteLine("正在用BinaryReader对象的ReadInt32(), ReadString()从文件中读出")
            s(0).PutHead()
            For i = 0 To 1 Step 1
                mfs.MyBinaryReader("myfile_4" + CStr(i) + ".txt")
            Next i
            Console.WriteLine()

        Catch fex As FileNotFoundException
            Console.WriteLine("FileNotFoundException is " + fex.ToString())
        Catch iex As IOException
            Console.WriteLine("IOException is " + iex.Message)
        Catch ex As Exception
            Console.WriteLine("Exception is " + ex.ToString())
        Finally
            Console.WriteLine()
        End Try

    End Sub
End Module
```

第六步：执行 VB.NET 项目，运行结果如任务一中的图 10-1 ~ 图 10-4 所示。

任务小结

（1）新建各种文件操作类的对象，并传递相应参数。

（2）用 FileStream 类将文件中的字节读出。

（3）用 MemoryStream 类将文件中的字节读出，用 MemoryStream 类将字节写入文件。

（4）用 BinaryReader 类将二进制内容读出，用 BinaryWriter 类将内容写入二进制文件中。

（5）用 StreamReader 类将文本文件中的内容读出，用 StreamWriter 类将一个字符串数组写入文本文件中。

（6）用 FileSystemInfo，FileInfo，DirectoryInfo 分别处理文件与目录。

（7）用 StreamReader 类和 StreamWriter 类将一个文本文件中的内容复制到另外一个文本文件中。

（8）用 Student 类来实现表格的架构，设计主类 Program，并在其中的主函数中通过为类新建对象，并用对象调用函数进行读写操作。

相关知识与技能

（1）文件读操作：类 System.IO.StreamReader，实现一个 TextReader 对象。

（2）文件写操作：类 System.IO.StreamWriter ，实现一个 TextWriter 对象，用法如下：

```
Dim WriteStreamAs StreamWriter = File.CreateText("D:\errInfo.txt" )
Dim currDateTimeAs String = DateTime.Now.ToString("yyyy-MM-dd HH:mm:ss")
WriteStream.WriteLine(currDateTime)
WriteStream.Close()
```

（3）文件的其他操作：类 System.IO.File 提供用于创建、复制、删除、移动和打开文件的静态方法，并协助创建 FileStream 对象。举例如下：

① File.CreateText("D:\errInfo.txt")，创建或打开一个文件用于写入 UTF-8 编码的文本。

② FileStream fs = File.Create(@"c:\temp\MyTest.txt")。

③ File.Copy(string sourceFileName，string destFileName，booloverwrite)。

④ File.Delete(pathAsstring)，用法如下：

```
File.Delete("F:\VBNETWorkSpace\TestFiles\AppDelegate.cpp")
```

⑤ File.Move(sourceFileName As String， destFileName As String)

（4）文件操作的步骤为：

- 为文件取得一个序号：fn=freefile()。
- 打开文件： fileopen(文件序号 fn，文件名称，打开方式 openmode.input/output/append/Binary/ random) 。
- 读写操作：Print/printline/Write/writeline/ input/lineinput/fileget/fileput。
- 关闭文件： fileclose(fn) 。

任务拓展

（1）VB.NET 中的输入/输出是如何实现的？

（2）VB.NET 中如何实现文件的读操作？

（3）VB.NET 中如何实现文件的写操作？

任务三 实现 Java 语言中的文件读写操作

任务描述

上海御恒信息科技公司接到客户的一份订单，要求用 Java 语言中的文件读写操作存储学生的成绩登记表。公司刚招聘了一名程序员小张，软件开发部经理要求他尽快熟悉 Java 语言中的文件读写操作，并将学生成绩登记表用 Java 语言中的文件读写操作的源代码编写出来。小张按照经理的要求开始做以下的任务分析。

任务分析

（1）使用系统命名空间导入常用的类，使用工程名作为命名空间，自定义文件操作类封装所有常用的自定义方法。

（2）新建字符串对象存放文件名，新建一些临时变量、文件输出流对象、文件输入流对象、文件写入器对象、文件读入器对象、缓冲输入流对象、缓冲输出流对象、数据输入流对象、数据输出流对象。

（3）新建构造方法初始化某些变量。用 FileOutputStream 类将 3 个字节写入文件。

（4）用 FileInputStream 类将文件中的字节读出，并返回到相应窗体的文本框中显示。用 FileReader 和 BufferedReader 类将文本文件中的内容读出，并在控制台显示。用 FileWriter 和 BufferedWriter 类将二个字符串和一个整数写入文本文件中。

（5）用 FileInputStream、BufferedInputStream、DataInputStream 类将二进制文件中的内容读出，并在控制台显示。用 FileOutputStream、BufferedOutputStream、DataOutputStream 类将内容写入二进制文件中。用 FileOutputStream 类将 3 个字节写入文件。

（6）用 FileInputStream 类将文件中的字节读出，并返回到相应窗体的文本框中显示。用 FileWriter 和 BufferedWriter 类将内容写入文本文件中。用 FileReader 和 BufferedReader 类将文本文件中的内容读出，并在控制台显示。

（7）用 FileInputStream、BufferedInputStream、DataInputStream 类将二进制文件中的内容读出，并在控制台显示。用 FileOutputStream、BufferedOutputStream、DataOutputStream 类将内容写入二进制文件中。用 FileOutputStream、ObjectOutputStream 类将对象内容写入文件中。用 FileInputStream、ObjectInputStream 类将文件中的对象内容读出，并返回到控制台显示。

（8）用 Student 类来实现表格的架构，设计主类 Program，并在其中的主函数中为类新建对象，并用对象调用输入函数输入、输出函数输出，利用 FileStream 对象的 ReadByte()和 WriteByte()对文件进行字节的读写，利用 StreamReader 对象的 ReadLine()和 StreamWriter 对象的 WriteLine()对文本文件进行的读写。

（9）学生信息登记表如项目一中任务一中的表 1-1 所示。

任务实施

第一步：打开 Eclipse。

第二步：文件→新建→Java 项目。

第三步：在源文件 MyFileStream.java 中输入以下内容：

```
//MyFileStream.java
//1. 用工程名 chap10_使用 oop 实现输入与输出_03_JSharp 作为包名
package chap10_使用 oop 实现输入与输出_03_JSharp;

//2. 导入基本输入/输出包
import java.io.*;

//3. 自定义文件操作类封装所有常用的自定义方法
public class MyFileStream
{
    //3.1 新建字符串对象存放文件名
    private String fname, ifname, ofname;

    //3.2 新建一些临时变量
    int remain;
    String result;
    boolean eof = false;

    //3.3 新建文件输出流对象
    private FileOutputStream fos;

    //3.4 新建文件输入流对象
    private FileInputStream fis;

    //3.5 新建文件写入器对象
    FileWriter fw;

    //3.6 新建文件读入器对象
    FileReader fr;

    //3.7 新建缓冲写入器对象
    BufferedWriter bw;

    //3.8 新建缓冲读入器对象
    BufferedReader br;

    //3.9 新建缓冲输入流对象
    BufferedInputStream bis;

    //3.10 新建缓冲输出流对象
    BufferedOutputStream bos;

    //3.11 新建数据输入流对象
    DataInputStream dis;

    //3.12 新建数据输出流对象
    DataOutputStream dos;
```

```
//3.13 新建对象输入流对象
ObjectInputStream ois;

//3.14 新建对象输出流对象
ObjectOutputStream oos;

//3.15 新建构造方法初始化某些变量
public MyFileStream(){
   remain=-1;
   result="";
}

//3.16 用 FileOutputStream 类将 3 个字节写入文件
public void myWriteByte(String fname, String c1, String c2, int c3) throws IOException
{
   fos = new FileOutputStream(fname);
   fos.write(Byte.parseByte(c1));
   fos.write(Byte.parseByte(c2));
   fos.write((byte)(c3));
   fos.close();
}

//3.17 用 FileInputStream 类将文件中的字节读出，并返回到相应窗体的文本框中显示
public void myReadByte(String fname) throws IOException
{
   String mytext = "";                 //mytext 存放要显示的文件内容，称之为结果字符串
   fis = new FileInputStream(fname);
   boolean eof = false;
   int input=0;
   while(!eof)
   {
      input = fis.read();
      if (input == -1)
      {
         eof = true;
         break;
      }
      else
      {
         mytext = mytext + (byte)input + "\t";
      }
   }
   System.out.println(mytext);                         //把结果字符串在文本框中显示出来
   System.out.println("--------------------");    //把该字符串连接到结果字符串的末尾
   fis.close();//关闭文件
}

//3.18 用 FileReader 和 BufferedReader 类将文本文件中的内容读出，并在控制台显示
public void myStreamReader(String fname) throws IOException
{
   String mytext = "";
   String line;//Line 变量用来存放读出的一行数据
   boolean eof = false;

   fr=new FileReader(fname);
```

```
        br=new BufferedReader(fr);

        while(!eof){

            line=br.readLine();
            if(line==null)
            {
                eof=true;
                break;
            }
            else
            {
                mytext=line;
            }
        }
        System.out.println(mytext);                              //把结果字符串在文本框中显示出来
        System.out.println("--------------------");   //把该字符串连接到结果字符串的末尾
        br.close();
        fr.close();                                              //关闭文件
    }

    //3.19 用 FileWriter 和 BufferedWriter 类将二个字符串和一个整数写入文本文件中
    public void myStreamWriter(String fname, String s1, String s2,  int s3) throws
IOException
    {
        fw=new FileWriter(fname);
        bw=new BufferedWriter(fw);
        bw.write(s1+"\t");
        bw.write(s2+"\t");
        bw.write(Integer.toString(s3));
        bw.close();
        fw.close();                           //关闭文件
    }

    //3.20 用 FileInputStream,BufferedInputStream,DataInputStream 类将二进制文件中的内容读
出，并在控制台显示

    public void myBinaryReader(String fname) throws IOException,EOFException
    {
        fis = new  FileInputStream(fname);
         bis = new  BufferedInputStream(fis);
         dis = new  DataInputStream(bis);

        String mytext = "";
        mytext += dis.readUTF() + "\t";
        mytext += dis.readUTF() + "\t";
        mytext += dis.readInt();
        System.out.println(mytext);     //把结果字符串在文本框中显示出来
        System.out.println("--------------------");

        dis.close();
        bis.close();
        fis.close();
    }

    //3.21 用 FileOutputStream, BufferedOutputStream, DataOutputStream 类将内容写入二进制文件中
```

```
    public void myBinaryWriter(String fname, String s1, String s2, int s3) throws IOException
    {
        fos = new FileOutputStream(fname);

        bos = new BufferedOutputStream(fos);
        dos= new DataOutputStream(bos);

        dos.writeUTF(s1);
        dos.writeUTF(s2);
        dos.writeInt(s3);

        dos.close();
        bos.close();
        fos.close();
    }

    //3.22 用 FileOutputStream 类将 3 个字节写入文件
    public void writeFile(String filename, String contents) throws IOException
    {
        FileOutputStream fos = new FileOutputStream(filename);

        char[] mychar = contents.toCharArray();

        for (int i = 0; i < mychar.length; i++)
        {
            fos.write((byte)mychar[i]);
        }
        fos.close();
    }

    //3.23 用 FileInputStream 类将文件中的字节读出，并返回到相应窗体的文本框中显示
    public String readFile(String fname1, String fname2) throws IOException
    {
        FileInputStream fis = new FileInputStream(fname1);
        FileOutputStream fos = new FileOutputStream(fname2);

        while ((remain = fis.read()) != -1)
        {
            fos.write(remain);
        }

        FileInputStream newfile = new FileInputStream(fname2);
        boolean eof = false;
        while (!eof)
        {
            int input = newfile.read();
            result = result + (char)input;
            if (input == -1)
                eof = true;
        }
        fis.close();
        fos.close();
        newfile.close();
        return result;
```

```
   }

   //3.24 用 FileWriter 和 BufferedWriter 类将内容写入文本文件中
   public void bufferFileWirte(String filename,String contents) throws IOException{
      FileWriter fw=new FileWriter(filename);
      BufferedWriter bw=new BufferedWriter(fw);

      char [] mychar=contents.toCharArray();
      for(int i=0;i<mychar.length;i++){
         bw.write(mychar[i]);
      }
      bw.close();
      fw.close();
   }
   //3.25 用 FileReader 和 BufferedReader 类将文本文件中的内容读出，并在控制台显示
   public String bufferFileRead(String filename) throws IOException{

      String line;
      FileReader fr=new FileReader(filename);
      BufferedReader br=new BufferedReader(fr);

      while(!eof){
         line=br.readLine();
         if(line==null){
            eof=true;
         }else{
            result=result+line+"\n";
         }
      }
      br.close();
      fr.close();
      return result;
   }

   //3.26 用 FileInputStream，BufferedInputStream,DataInputStream 类将二进制文件中的内容读
出，并在控制台显示
   public String binaryFileRead(String filename) throws IOException, EOFException{

       FileInputStream file = new  FileInputStream(filename);
       BufferedInputStream buff = new  BufferedInputStream(file);
       DataInputStream data = new  DataInputStream(buff);

       //while (!eof){
       //int in = data.readInt();
       //result=result+data.readUTF();
       result=data.readUTF();
       //}

       data.close();
       buff.close();
       file.close();
       return result;
   }

   //3.27 用 FileOutputStream，BufferedOutputStream，DataOutputStream 类将内容写入二进制文件中
```

```
    public void binaryFileWrite(String filename,String contents) throws IOException,
EOFException{

      FileOutputStream file = new FileOutputStream(filename);

       BufferedOutputStream buff = new BufferedOutputStream(file);
       DataOutputStream data = new DataOutputStream(buff);

       //char [] myarr=contents.toCharArray();
       //int [] myint=new int[myarr.length];

       //for(int i=0;i<myarr.length;i++){
        //myint[i]=(int)myarr[i];
        data.writeUTF(contents);
       //}

       data.close();
       buff.close();
       file.close();

    }

     //3.28 用 FileOutputStream, ObjectOutputStream 类将对象内容写入文件中
    public void objectFileWrite(String fname,Student st) throws IOException,
ClassNotFoundException{

        fos = new FileOutputStream(fname);
        oos= new ObjectOutputStream(fos);
        oos.writeObject(st);
        oos.close();
        fos.close();

    }

    //3.29 用 FileInputStream,ObjectInputStream 类将文件中的对象内容读出,并返回到控制台显示
    public String objectFileRead(String fname) throws IOException,ClassNotFoundException{

      fis = new FileInputStream(fname);
      ois = new ObjectInputStream(fis);

      Student mess = (Student) ois.readObject();
      result="学生学号:"+mess.putSid()+"\n"+"学生姓名:"+mess.putSname()+"\n"+"学生年龄
"+mess.putSage()+"\n";
      ois.close();
       fis.close();
       return result;
    }

   }
```

第四步：在源文件 Student.java 中输入以下内容：

```
//Student.java
//1. 用工程名作为包名,将生成的类文件放入此包中
package chap10_使用 oop 实现输入与输出_03_JSharp;

//2. 导入 JAVA 的基本语言包和输入/输出包
```

```
//import java.lang.*;
import java.io.*;

//3. 用 Student 类来实现表格的架构
public class Student
{
   //3.1 在类中封装属性
   private String sid;
   private String sname;
   private int sage;

   //3.2 将键盘输入放入输入流阅读器对象，再将输入流阅读器对象放入缓冲流阅读器对象
   BufferedReader br = new BufferedReader(new InputStreamReader(System.in));

   //3.3 类内定义输入函数输入每一行信息
   public void getData() throws IOException  //此方法可以抛出输入/输出异常
   {
      System.out.print("请输入学号:");
      sid = br.readLine();

      System.out.print("请输入姓名:");
      sname = br.readLine();

      System.out.print("请输入年龄:");
      sage = Integer.parseInt(br.readLine());

      System.out.println();
   }

   public String putSid()
   {
      return sid;
   }

   public String putSname()
   {
      return sname;
   }

   public int putSage()
   {
      return sage;
   }

   //3.4 类内定义输出函数输出表头及每一行信息

   public void putHead()
   {
      System.out.println("--------------------");
      System.out.println("sid" + "\t" + "sname" + "\t" + "sage");
      System.out.println("--------------------");
   }

   public void putData()
   {
      System.out.println(sid + "\t" + sname + "\t" + sage);
```

```
        System.out.println("--------------------");
    }

    public void putData1(String v1, String v2, int v3)
    {
        System.out.println(v1 + "\t" + v2 + "\t" + v3);
        System.out.println("--------------------");
    }
}
```

第五步：在源文件 Program.java 中输入以下内容：

```
//Program.java

//1. 用工程名作为包名,将生成的类文件放入此包中
package chap10_使用 oop 实现输入与输出_03_JSharp;

//2. 导入 Java 的基本语言包和输入/输出包
//import java.lang.*;
import java.io.*;

//3. 用 Program 类来作为主类,在主函数中为类新建对象,并用对象调用输入函数输入、输出函数输出

public class Program
{
  public static void main(String[] args) throws IOException
  {
     MyFileStream mfs=new MyFileStream();

            Student [] s=new Student[2]; //新建一个对象数组,用来存放两个对象 s[0]和 s[1]
        int  i;
        try
        {
           //3.1  利用 FileInputStream 对象的 read()和 FileOutputStream 的 write()对文件进行字
节的读写
           System.out.println("1、用 FileInputStream 对象的 read()和 FileOutputStream 的
write()对文件进行字节的读写\n");

          for(i = 0;i<s.length;i++)
           {
              s[i] = new Student();
              System.out.println("请输入第" + (i + 1) + "个学生的信息:");
              s[i].getData();
           }

           System.out.println("正在用 FileOutputStream 对象的 write()写入文件");

          s[0].putHead();

      for(i = 0;i<s.length;i++)
           {
              s[i].putData();
              mfs.myWriteByte("myfile_1" + i + ".txt", s[i].putSid(), s[i].putSname(),
s[i].putSage());
           }
           System.out.println();
```

```
                System.out.println("正在用 FileInputStream 对象的 read()从文件中读出");
                s[0].putHead();
                for(i = 0;i<s.length;i++)
                {
                   mfs.myReadByte("myfile_1" + i + ".txt");
                }
                System.out.println();
            //3.2  利用 FileReader、BufferedReader、FileWriter,BufferedWriter 类将对文本文件进行的读写
            System.out.println("2、用 FileReader, BufferedReader, FileWriter, BufferedWriter 将对文本文件进行读写\n");
            for(i = 0;i<s.length;i++)
            {
               s[i] = new Student();
               System.out.println("请输入第" + (i + 1) + "个学生的信息:");
               s[i].getData();
            }
              System.out.println("正在用 BufferedWriter 对象的 write()写入文件");
            s[0].putHead();
   for(i = 0;i<s.length;i++)
            {
               s[i].putData();
               mfs.myStreamWriter("myfile_2" + i + ".txt",  s[i].putSid(), s[i].putSname(), s[i].putSage());
            }
            System.out.println();
            System.out.println("正在用 BufferedReader 对象的 readLine()从文件中读出");
   s[0].putHead();
            for(i = 0;i<s.length;i++)
            {
               mfs.myStreamReader("myfile_2" + i + ".txt");
            }
            System.out.println();
            //3.3  利用 DataInputStream 对象的 readUTF()、readInt()和 DataOutputStream 对象的writeUTF()、writeInt()二进制文件进行的读写
            System.out.println("3 、 利 用  DataInputStream  对 象 的  readUTF() 、 readInt() 和 DataOutputStream 对象的 writeUTF()、writeInt()对二进制文件进行的读写\n");
            for(i = 0;i<s.length;i++)
            {
               s[i] = new Student();
               System.out.println("请输入第" + (i + 1) + "个学生的信息:");
               s[i].getData();
            }
            System.out.println("正在用 DataOutputStream 对象的 writeUTF(), writeInt()写入文件");
            s[0].putHead();
            for(i = 0;i<s.length;i++)
```

```
            {
               s[i].putData();
               mfs.myBinaryWriter("myfile_3" + i + ".txt", s[i].putSid(), s[i].putSname(),
s[i].putSage());
            }
            System.out.println();

            System.out.println("正在用 DataInputStream 对象的 readUTF(),readInt()从文件中读出");
            s[0].putHead();
            for(i = 0;i<s.length;i++)
            {
               mfs.myBinaryReader("myfile_3" + i + ".txt");
            }
            System.out.println();
         }
      catch(FileNotFoundException fex)
      {
         System.err.println("FileNotFoundException is " + fex.toString());
      }
      catch(IOException iex)
      {
         System.err.println("IOException is " + iex.getMessage());
      }
      catch(Exception ex)
      {
         System.err.println("Exception is " + ex.toString());
      }
      finally
      {
         System.out.println();
      }
   }
}
```

第六步：执行 Java 项目，运行结果如任务一中的图 10-1 ~ 图 10-4 所示。

任务小结

（1）自定义文件操作类封装所有常用的自定义方法。

（2）新建各种文件操作类的对象。

（3）新建构造方法初始化某些变量。用 FileOutputStream 类将三个字节写入文件。

（4）用 FileInputStream 类将文件中的字节读出。用 FileReader 和 BufferedReader 类将文本文件中的内容读出，用 FileWriter 和 BufferedWriter 类将二个字符串和一个整数写入文本文件中。

（5）用 FileInputStream，BufferedInputStream，DataInputStream 类将二进制文件中的内容读出，并在控制台显示。用 FileOutputStream，BufferedOutputStream，DataOutputStream 类将内容写入二进制文件中。用 FileOutputStream 类将三个字节写入文件。

（6）用 FileInputStream 类将文件中的字节读出，并返回到相应窗体的文本框中显示。用 FileWriter 和 BufferedWriter 类将内容写入文本文件中。用 FileReader 和 BufferedReader 类将文本文件中的内容读出。

（7）用 FileInputStream，BufferedInputStream，DataInputStream 类将二进制文件中的内容读出。用 FileOutputStream，BufferedOutputStream，DataOutputStream 类将内容写入二进制文件中。用 FileOutputStream，ObjectOutputStream 类将对象内容写入文件中。用 FileInputStream，ObjectInputStream 类将文件中的对象内容读出。

相关知识与技能

（1）文本流。Rreader/Writer 本身是处理 Unicode 字符的。但在使用场景上，因为有多种文本编码格式，所以需要借助流来打开文件，用流过滤器建立 Reader/Writer 来进行输入/输出。Java 流（Stream）、文件（File）和 IO、Java.io 包几乎包含了所有操作输入/输出需要的类。所有这些流类代表了输入源和输出目标。java.io 包中的流支持很多种格式，如基本类型、对象、本地化字符集等。一个流可以理解为一个数据的序列。输入流表示从一个源读取数据，输出流表示向一个目标写数据。Java 为 I/O 提供了强大的而灵活的支持。使其更广泛地应用到文件传输和网络编程中。

（2）Java 的控制台输入/输出。其由 System.in 完成。为了获得一个绑定到控制台的字符流，可以把 System.in 包装在一个 BufferedReader 对象中来创建一个字符流。

```
BufferedReader br = new BufferedReader(new InputStreamReader(System.in));
```

BufferedReader 对象创建后，我们便可以使用 read() 方法从控制台读取一个字符，或者用 readLine() 方法读取一个字符串。

从控制台读取多字符输入。从 BufferedReader 对象读取一个字符要使用 read() 方法，它的语法如下：

```
int read( ) throws IOException
```

每次调用 read() 方法，它从输入流读取一个字符并把该字符作为整数值返回。当流结束的时候返回 -1。该方法抛出 IOException。

从控制台读取字符串。从标准输入读取一个字符串需要使用 BufferedReader 的 readLine() 方法。它的一般格式是：

```
String readLine( ) throws IOException
```

控制台的输出由 print( ) 和 println() 完成。这些方法都由类 PrintStream 定义，System.out 是该类对象的一个引用。PrintStream 继承了 OutputStream 类，并且实现了方法 write()。这样，write() 也可以用来往控制台写操作。PrintStream 定义 write() 的最简单格式如下所示：

```
void write(int byteval)
```

该方法将 byteval 的低八位字节写到流中。

（3）FileInputStream。该流用于从文件读取数据，它的对象可以用关键字 new 来创建。有多种构造方法可用来创建对象。可以使用字符串类型的文件名创建一个输入流对象来读取文件：

```
InputStream f = new FileInputStream("C:/java/hello");
```

也可以使用一个文件对象来创建一个输入流对象来读取文件。我们首先得使用 File() 方法来创建一个文件对象：

```
File f = new File("C:/java/hello"); InputStream out = new FileInputStream(f);
```

就可以使用方法来读取流或者进行其他的流操作。

（4）输入/输出异常。

```
public void close() throws IOException{}
```

关闭此文件输入流并释放与此流有关的所有系统资源。抛出 IOException 异常。

```
protected void finalize()throws IOException {}
```

这个方法清除与该文件的连接。确保在不再引用文件输入流时调用其 close 方法。抛出 IOException 异常。

```
public int read(int r)throws IOException{}
```

这个方法从 InputStream 对象读取指定字节的数据。返回下一字节数据，返回为整数值，如果已经到结尾则返回-1。

```
public int read(byte[] r) throws IOException{}
```

这个方法从输入流读取 r.length 长度的字节。返回读取的字节数。如果是文件结尾则返回-1。

```
public int available() throws IOException{}
```

返回下一次对此输入流调用的方法可以不受阻塞地从此输入流读取的字节数。返回一个整数值。

（5）FileOutputStream，该类用来创建一个文件并向文件中写数据。如果该流在打开文件进行输出前目标文件不存在，那么该流会创建该文件。有两个构造方法可以用来创建 FileOutputStream 对象。使用字符串类型的文件名来创建一个输出流对象：

```
OutputStream f = new FileOutputStream("C:/java/hello")
```

也可以使用一个文件对象来创建一个输出流来写文件。我们首先得使用 File()方法来创建一个文件对象：

```
File f = new File("C:/java/hello"); OutputStream f = new FileOutputStream(f);
```

创建 OutputStream 对象完成后，就可以使用下面的方法来写入流或者进行其他的流操作。

```
public void close() throws IOException{}
```

关闭此文件输入流并释放与此流有关的所有系统资源，抛出 IOException 异常。

```
protected void finalize()throws IOException {}
```

这个方法清除与该文件的连接。确保在不再引用文件输入流时调用其 close 方法。抛出 IOException 异常。

```
public void write(int w)throws IOException{}
```

这个方法把指定的字节写到输出流中。

```
public void write(byte[] w)
```

把指定数组中 w.length 长度的字节写到 OutputStream 中。除了 OutputStream 外，还有一些其他的输出流，如 ByteArrayOutputStream、DataOutputStream。

任务拓展

（1）Java 中的输入与输出是如何实现的？

（2）Java 中如何实现文件的读操作？

（3）Java 中如何实现文件的写操作？

任务四 实现 C#语言中的文件读写操作

任务描述

上海御恒信息科技公司接到客户的一份订单，要求用 C#语言中的文件读写操作存储学生的成绩登记表。公司刚招聘了一名程序员小张，软件开发部经理要求他尽快熟悉 C#语言中的文件读写操作，并将学生成绩登记表用 C#语言中的文件读写操作的源代码编写出来。小张按照经理的要求开始做以下的任务分析。

任务分析

（1）使用系统命名空间，导入常用的类，使用工程名作为命名空间，自定义类封装所有常用的自定义方法。

（2）新建字符串对象存放文件名，新建文件流对象，新建内存流对象，新建二进制阅读器对象，新建二进制写入器对象，新建文本流阅读器对象，新建文本流写入器对象，定义默认构造函数，定义带一个参数的构造函数传递一个文件名，定义带两个参数的构造函数传递两个文件名。

（3）用 FileStream 类将文件中的字节读出，并将结果返回到调用处，用 FileStream 类将一个字节数组写入文件，用 FileStream 类将三个字节写入文件，用 FileStream 类将文件中的字节读出，并在控制台显示。

（4）用 MemoryStream 类将文件中的字节读出，并在控制台显示，用 MemoryStream 类将字节写入文件。

（5）用 BinaryReader 类将二进制文件中的内容读出，并在控制台显示，用 BinaryWriter 类将内容写入二进制文件中。

（6）用 StreamReader 类将文本文件中的内容读出，并以字符串形式返回到调用处，用 StreamWriter 类将一个字符串数组写入文本文件中，用 StreamReader 类将文本文件中的内容读出，并在控制台显示。

（7）用 FileSystemInfo，FileInfo，DirectoryInfo 分别处理文件与目录。

（8）用 StreamReader 类的 ReadToEnd()方法读取文本文件的所有内容，用 StreamReader 类和 StreamWriter 类将一个文本文件中的内容复制到另外一个文本文件中，并在控制台显示。

（9）用 Student 类来实现表格的架构，设计主类 Program，并在其中的主函数中通过为类新建对象，并用对象调用输入函数输入，输出函数输出，利用 FileStream 对象的 ReadByte()和 WriteByte()对文件进行字节的读写，利用 StreamReader 对象的 ReadLine()和 StreamWriter 对象的 WriteLine()对文本文件进行的读写。

（10）学生信息登记表如项目一中任务一里的表 1-1 所示。

任务实施

第一步：打开 Visual Studio。

第二步：文件→新建→C#项目。

第三步：在源文件 MyFileStream.cs 中输入以下内容：

```
//MyFileStream.cs

//1. 使用系统命名空间，导入常用的类
using System;
using System.Collections.Generic;
using System.Text;
using System.IO;

//2. 使用工程名 chap10_使用 oop 实现输入与输出_04_CSharp 作为命名空间
namespace chap10_使用 oop 实现输入与输出_04_CSharp
{

    //3. 自定义类封装所有常用的自定义方法
    public class MyFileStream
    {
        //3.1 新建字符串对象存放文件名
        private string fname, ifname, ofname;

        //3.2 新建文件流对象
        private FileStream fsw, fsr, ds, myfile;

        //3.3 新建内存流对象
        private MemoryStream msr, msw;

        //3.4 新建二进制阅读器对象
        private BinaryReader br;
        //3.5 新建二进制写入器对象
        private BinaryWriter bw;

        //3.6 新建文本流阅读器对象
        private StreamReader sr;
        //3.7 新建文本流写入器对象
        private StreamWriter sw;

        //3.8 定义默认构造函数
        public MyFileStream()
        {
```

```
}

//3.9 定义带一个参数的构造函数传递一个文件名
public MyFileStream(string fn)
{
    fname = fn;
}

//3.10 定义带两个参数的构造函数传递两个文件名
public MyFileStream(string f1, string f2)
{
    ifname = f1;
    ofname = f2;
}

//3.11 用 FileStream 类将文件中的字节读出，并将结果返回到调用处
public string ReadFileStream(Byte[] mycon)
{
    string str = "";
    fsr = new FileStream(fname, FileMode.Open, FileAccess.Read);
    for (int i = 0; i < mycon.Length; i++)
    {
        str += fsr.ReadByte().ToString() + '\u000D' + '\u000A';
    }
    fsr.Close();
    return str;
}

//3.12 用 FileStream 类将一个字节数组写入文件
public void WriteFileStream(Byte[] mycon)
{
    fsw = new FileStream(fname, FileMode.Create, FileAccess.Write);
    fsw.Write(mycon, 0, mycon.Length);
    fsw.Close();
}

//3.13 用 FileStream 类将三个字节写入文件
public void  MyWriteByte(string  fname,byte c1, byte  c2 ,byte c3)
{
    myfile=new FileStream(fname, FileMode.Create, FileAccess.Write);
    myfile.WriteByte(c1);
    myfile.WriteByte(c2);
    myfile.WriteByte(c3);
    myfile.Close();
}


//3.14 用 FileStream 类将文件中的字节读出，并在控制台显示
public void MyReadByte(string fname)
{
    string mytext="";              //mytext 存放要显示的文件内容，称之为结果字符串
    byte ch;
    int a=0;
```

```
    //以打开，只读的方式创建文件流MyFile
    myfile=new FileStream(fname, FileMode.Open, FileAccess.Read);

    a = myfile.ReadByte();          //从文件中读取一个字节
    while(a!=-1)                    //如果不是文件的结尾
    {
        ch = Convert.ToByte(a);     //把读取的字节转换为字符串型
        mytext = mytext + ch.ToString() + "\t";
        a = myfile.ReadByte();      //再读一个字节
    }
    Console.WriteLine(mytext);     //把结果字符串在文本框中显示出来
    Console.WriteLine("----------------------");///把该字符串连接到结果字符串的末尾
    myfile.Close();                 //关闭文件

}

//3.15 用MemoryStream类将文件中的字节读出，并在控制台显示
public string ReadMemoryStream(Byte[] mycon)
{
    string str = "";
    msr = new MemoryStream(mycon);
    for (int i = 0; i < mycon.Length; i++)
    {
        str += msr.ReadByte().ToString() + " ";
    }
    msr.Close();
    return str;
}

//3.16 用MemoryStream类将字节写入文件
public void WriteMemoryStream(Byte[] mycon)
{
    msw = new MemoryStream();
    msw.Write(mycon, 0, mycon.Length);
    msw.Close();
}

//3.17 用BinaryReader类将二进制文件中的内容读出，并在控制台显示
public string ReadBinaryInfo(string[] str)
{
    string mystr = "";
    ds = new FileStream(fname, FileMode.Open, FileAccess.Read);
    br = new BinaryReader(ds);
    br.BaseStream.Seek(0, SeekOrigin.Begin);
    for (int i = 0; i < str.Length; i++)
    {
        mystr += br.ReadString();
    }

    br.Close();
    ds.Close();

    return mystr;
}
```

```
//3.18 用 BinaryWriter 类将内容写入二进制文件中
public void WriteBinaryInfo(string[] str)
{
    ds = new FileStream(fname, FileMode.Create, FileAccess.Write);
    bw = new BinaryWriter(ds);
    for (int i = 0; i < str.Length; i++)
    {
        bw.Write(str[i] + "\t");
    }
    bw.Close();
    ds.Close();

}

 //3.19 用 BinaryReader 类将二进制文件中的内容读出，并在控制台显示

public void  MyBinaryReader(string fname)
{
    string mytext="";
    //创建文件流
    FileStream myfile=new FileStream(fname, FileMode.Open, FileAccess.Read);
    //根据文件流创建 StreamReader 流 br
    BinaryReader br=new BinaryReader(myfile, System.Text.Encoding.Unicode);
    //定位到要读取的数据位置
    br.BaseStream.Seek(0,  SeekOrigin.Begin);
    mytext += br.ReadString() + "\t";  //读取一个整型数据
    mytext += br.ReadString() + "\t";
    mytext += br.ReadInt32().ToString();
    Console.WriteLine(mytext);            //把结果字符串在文本框中显示出来
    Console.WriteLine("------------------------------");
    myfile.Close();                       //关闭文件
}

//3.20 用 BinaryWriter 类将内容写入二进制文件中

public void MyBinaryWriter(string fname,string s1,string s2,int s3)
{
    FileStream myfile = new FileStream(fname, FileMode.OpenOrCreate, FileAccess.Write);
    //根据 MyFile 文件流创建 BinaryWriter 流 bw
    BinaryWriter bw=new BinaryWriter(myfile, System.Text.Encoding.Unicode);
    bw.Write(s1);      //写入文件中去
    bw.Write(s2);      //写入文件中去
    bw.Write(s3);      //写入文件中去
    bw.Close();        //关闭文件流
}


//3.21 用 StreamReader 类将文本文件中的内容读出，并以字符串形式返回到调用处
public string ReadTextInfo(string[] str)
{
    string mystr = "";
    sr = new StreamReader(fname,  System.Text.Encoding.Default);
    for (int i = 0; i < str.Length; i++)
```

```
        {
            mystr += sr.ReadLine().ToString() + " ";
        }
        sr.Close();
        //myfile.Close();
        return mystr;
    }

    //3.22 用 StreamWriter 类将一个字符串数组写入文本文件中
    public void WriteTextInfo(string[] str)
    {
        myfile = new FileStream(fname, FileMode.Create, FileAccess.ReadWrite);
        sw = new StreamWriter(myfile, System.Text.Encoding.Default);
        for (int i = 0; i < str.Length; i++)
        {
            sw.WriteLine(str[i] + "\t");

        }
        sw.Close();
    }

    //3.23 用 StreamReader 类将文本文件中的内容读出，并在控制台显示
    public void  MyStreamReader(string fname)
    {
        string mytext="";
        string line;//Line 变量用来存放读出的一行数据
        string  Line;
        //以打开，只读的方式创建文件流 MyFile
        StreamReader myfile=new StreamReader(fname);
        while(myfile.Peek()!=-1)               //如果不是文件的结尾
        {
            line = myfile.ReadLine();          //读取一行数据
            mytext += line + "\t";             //把读取的一行数据连接到 MyText 中
        }
        Console.WriteLine(mytext);             //把结果字符串在文本框中显示出来
        Console.WriteLine("-----------------------------");
        myfile.Close();                        //关闭文件
    }


    //3.24 用 StreamWriter 类将二个字符串和一个整数写入文本文件中
    public void MyStreamWriter(string fname,string s1,string s2,int s3)
    {
        //以打开和创建、只能写的方式创建文件流 MyFile
        StreamWriter sw=new StreamWriter(fname);
        sw.WriteLine(s1);
        sw.WriteLine(s2);
        sw.WriteLine(s3);
        sw.Flush();     //刷新文件
        sw.Close();     //关闭文件
    }


    //3.25 用 FileSystemInfo,FileInfo,DirectoryInfo 分别处理文件与目录
    public void ListFiles(FileSystemInfo info)
    {
```

```
        if (!info.Exists)
        {
            return;
        }

        DirectoryInfo dir = info as DirectoryInfo;
        if (dir == null)
        {
            return;      //不是目录
        }

        FileSystemInfo[] files = dir.GetFileSystemInfos();
        for (int i = 0; i < files.Length; i++)
        {
            FileInfo file = files[i] as FileInfo;
            if (file != null) // 是文件
            {
                Console.WriteLine(file.FullName + "\t" + file.Length);
            }
            else        //是目录
            {
                ListFiles(files[i]);  //对于子目录，进行递归调用
            }
        }
    }

    //3.26 用 StreamReader 类的 ReadToEnd()方法读取文本文件的所有内容
    public string ReadTextFile()
    {
        string str = "";
        StreamReader sr = File.OpenText(fname);
        string contents = sr.ReadToEnd(); //读取所有内容
        sr.Close();
        string[] lines = contents.Split(new Char[] { '\n' });
        for (int i = 0; i < lines.Length; i++)
        {
            str += (i + ":\t" + lines[i] + "\n");
        }
        return str;
    }

    //3.27 用 StreamReader 类和 StreamWriter 类将一个文本文件中的内容复制到另外一个文本文件
中，并在控制台显示

    public void CopyFile(string infname, string outfname)
    {
        FileStream fin = new FileStream(infname, FileMode.Open, FileAccess.Read);
        FileStream fout = new FileStream(outfname, FileMode.Create, FileAccess.Write);

        StreamReader brin = new StreamReader(fin, System.Text.Encoding.Default);
        StreamWriter brout = new StreamWriter(fout, System.Text.Encoding.Default);

        int cnt = 0;// 行号
        string s = brin.ReadLine();
        while (s != null)
        {
```

```
                cnt++;
                brout.WriteLine(cnt + ": \t" + s);    //写出
                Console.WriteLine(cnt + ": \t" + s); //在控制上显示
                s = brin.ReadLine();                  //读入
            }
            brin.Close();                             // 关闭缓冲读入流及文件读入流的连接.
            brout.Close();
        }
    }
}
```

第四步：在源文件 Student.cs 中输入以下内容：

```
//Student.cs

//1. 导入系统命名空间
using System;
using System.Collections.Generic;
using System.Text;
using System.IO;

//2. 用项目名chap10_使用oop实现输入与输出_04_CSharp新建一个命名空间,并在其中新建一个类Student
namespace chap10_使用oop实现输入与输出_04_CSharp
{

    //3. 用 Student 类来实现表格的架构

    public class Student
    {
        //3.1 在类中封装属性
        private string sid;
        private string sname;
        private int sage;

        //3.2 类内定义输入函数输入每一行信息

        public void GetData()
        {
            Console.Write("请输入学号:");
            sid = Console.ReadLine();

            Console.Write("请输入姓名:");
            sname = Console.ReadLine();

            Console.Write("请输入年龄:");
            sage = Int32.Parse(Console.ReadLine());//将键盘输入的字符串转换为整型

            Console.WriteLine();
        }

        public string PutSid()
        {
            return sid;
        }

        public string PutSname()
        {
```

```
            return sname;
        }

        public int PutSage()
        {
            return sage;
        }


        //3.3 类内定义输出函数输出表头及每一行信息

        public void PutHead()
        {
            Console.WriteLine("--------------------");
            Console.WriteLine("sid" + "\t" + "sname" + "\t" + "sage");
            Console.WriteLine("--------------------");
        }

        public void PutData()
        {
            Console.WriteLine(sid + "\t" + sname + "\t" + sage);
            Console.WriteLine("--------------------");
        }

        public void PutData1(string v1,string v2,int v3)
        {
            Console.WriteLine(v1 + "\t" + v2 + "\t" + v3);
            Console.WriteLine("-----------------------------");
        }
    }
}
```

第五步：在源文件 Program.cs 中输入以下内容：

```
//Program.cs

//1. 导入系统命名空间
using System;
using System.Collections.Generic;
using System.Text;
using System.IO;

//2. 用项目名 chap10_使用 oop 实现输入与输出_04_CSharp 新建一个命名空间，在其中包含主类 Program
namespace chap10_使用 oop 实现输入与输出_04_CSharp
{
    //3. 设计主类 Program，并在其中的主函数中为类新建对象，并用对象调用输入函数输入、输出函数输出
    public class Program
    {
        public static void Main(string[] args)
        {
            MyFileStream mfs=new MyFileStream();
            Student [] s=new Student[2]; //新建一个对象数组，用来存放两个对象 s[0]和 s[1]
            int  i;

            try
            {
```

```
            //3.1  利用FileStream对象的ReadByte()和WriteByte()对文件进行字节的读写
            Console.WriteLine("1、利用FileStream对象的ReadByte()和WriteByte()对文件进
行字节的读写\n");
            for(i = 0;i<s.Length;i++)
            {
                s[i] = new Student();
                Console.WriteLine("请输入第" + (i + 1) + "个学生的信息:");
                s[i].GetData();
            }

            Console.WriteLine("正在用FileStream对象的WriteByte()写入文件");
            s[0].PutHead();
            for(i = 0;i<s.Length;i++)
            {
                s[i].PutData();
                mfs.MyWriteByte("myfile_1"  +  i  +  ".txt",  Convert.ToByte(s[i].
PutSid()), Convert.ToByte(s[i].PutSname()), Convert.ToByte(s[i].PutSage()));
            }
            Console.WriteLine();

            Console.WriteLine("正在用FileStream对象的ReadByte()从文件中读出");
            s[0].PutHead();
            for(i = 0;i<s.Length;i++)
            {
                mfs.MyReadByte("myfile_1" + i + ".txt");
            }
            Console.WriteLine();



            //3.2  利用StreamReader对象的ReadLine()和StreamWriter对象的WriteLine()对
文本文件进行的读写
            Console.WriteLine("2、利用StreamReader对象的ReadLine()和StreamWriter对象
的WriteLine()对文本文件进行的读写\n");
            for(i = 0;i<s.Length;i++)
            {
                s[i] = new Student();
                Console.WriteLine("请输入第" + (i + 1) + "个学生的信息:");
                s[i].GetData();
            }

            Console.WriteLine("正在用StreamWriter对象的WriteLine()写入文件");
            s[0].PutHead();
            for(i = 0;i<s.Length;i++)
            {
                s[i].PutData();
                mfs.MyStreamWriter("myfile_2"  +  i  +  ".txt",  s[i].PutSid(),
s[i].PutSname(), s[i].PutSage());
            }
            Console.WriteLine();

            Console.WriteLine("正在用StreamReader对象的ReadLine()从文件中读出");
            s[0].PutHead();
            for(i = 0;i<s.Length;i++)
            {
```

```
            mfs.MyStreamReader("myfile_2" +i + ".txt");
        }
        Console.WriteLine();

        //3.3  利用BinaryReader对象的ReadLine()和BinaryWriter对象的WriteLine()对
文本文件进行的读写
        Console.WriteLine("3、利用BinaryReader对象的ReadString(),ReadInt32()R等
和BinaryWriter对象的Write()对二进制文件进行的读写\n");
        for(i = 0;i<s.Length;i++)
        {
            s[i] = new Student();
            Console.WriteLine("请输入第" + (i + 1) + "个学生的信息:");
            s[i].GetData();
        }

        Console.WriteLine("正在用BinaryWriter对象的Write()写入文件");
        s[0].PutHead();
        for(i = 0;i<s.Length;i++)
        {
            s[i].PutData();
            mfs.MyBinaryWriter("myfile_3"   +   i   +   ".txt",   s[i].PutSid(),
s[i].PutSname(), s[i].PutSage());
        }
        Console.WriteLine();

        Console.WriteLine("正在用BinaryReader对象的ReadInt32(),ReadString()从文件
中读出");
        s[0].PutHead();
        for(i = 0;i<s.Length;i++)
        {
            mfs.MyBinaryReader("myfile_3" + i + ".txt");
        }
        Console.WriteLine();


    }
    catch(FileNotFoundException fex)
    {
        Console.WriteLine("FileNotFoundException is " + fex.ToString());
    }
    catch(IOException iex)
    {
        Console.WriteLine("IOException is " + iex.Message);
    }
    catch(Exception ex)
    {
        Console.WriteLine("Exception is " + ex.ToString());
    }
    finally
    {
        Console.WriteLine();
    }
```

```
            }
        }
    }
```

第六步：执行 C#项目，运行结果如任务一中的图 10-1 ~ 图 10-4 所示。

任务小结

（1）新建各种文件操作类的对象，并传递相应参数。

（2）用 FileStream 类将文件中的字节读出。

（3）用 MemoryStream 类将文件中的字节读出，用 MemoryStream 类将字节写入文件。

（4）用 BinaryReader 类将二进制内容读出，用 BinaryWriter 类将内容写入二进制文件中。

（5）用 StreamReader 类将文本文件中的内容读出，用 StreamWriter 类将一个字符串数组写入文本文件中。

（6）用 FileSystemInfo、FileInfo、DirectoryInfo 分别处理文件与目录。

（7）用 StreamReader 类和 StreamWriter 类将一个文本文件中的内容复制到另外一个文本文件中。

（8）用 Student 类来实现表格的架构，设计主类 Program，并在其中的主函数中通过为类新建对象，并用对象调用函数进行读写操作。

相关知识与技能

（1）C#中输入/输出些函数：

- 控制台输入输出：System.Console 类的 Read()和 ReadLine()方法可以用来实现控制台输入。
- Read()方法：是一个静态方法，可以直接通过类名 Console 调用它，调用的格式为 Console.Read，Read()的原型为 public static int read();。
- ReadLine()：方法用于从控制台中一次读取一行字符串，直至遇 Enter 键才返回读取的字符串。但此字符串不包含 Enter 键和换行符。如果没有收到任何输入，或接收了无效字符的输入，那么 ReadLine()方法将返回 null 值。
- Console.ReadKey()方法：监听键盘事件，可以理解为按任意键执行。
- Console.Write()方法：将制定的值写入控制台窗口。
- Console.WriteLine()方法：将制定的值写入控制台窗口，但在输出结果的最后添加一个换行符。

（2）C# 文件的输入/输出。一个文件是一个存储在磁盘中带有指定名称和目录路径的数据集合。当打开文件进行读写时，它变成一个流。从根本上说，流是通过通信路径传递的字节序列。有两个主要的流：输入流和输出流。输入流用于从文件读取数据（读操作），输出流用于向文件写入数据（写操作）。C# I/O 类。System.IO 命名空间有各种不同的类，用于执行各种文件操作，如创建和删除文件、读取或写入文件，关闭文件等。下面是一些 System.IO 命名空间中常用的非抽象类：BinaryReader，从二进制流读取原始数据；BinaryWriter，以二进制格式写入原始数据；BufferedStream，字节流的临时存储；Directory，有助于操作目录结构；DirectoryInfo，用于对目录执行操作；DriveInfo，提供驱动器的信息。File，有助于处理文件；FileInfo，用于对文件执行操作；FileStream，文件中任何位置的读写；MemoryStream，用于随机访问存储在内存中的数据流；Path，对路径信息执行操作;StreamReader，用于从字节流中读取字符；StreamWriter，用于向一个流中写入字符；StringReader，用于读取字符串缓冲区；StringWriter，用于写入字符串缓冲区。

（3）FileStream 类。System.IO 命名空间中的 FileStream 类有助于文件的读写与关闭。该类派生自抽象类 Stream。需要创建一个 FileStream 对象来创建一个新的文件，或打开一个已有的文件。创建 FileStream 对象的语法如下：

```
    FileStream  <object_name>  =  new  FileStream(  <file_name>,<FileMode  Enumerator>,
<FileAccess Enumerator>, <FileShare Enumerator>);
```

例如，创建一个 FileStream 对象 F 来读取名为 sample.txt 的文件：

```
    FileStream  F  =  new  FileStream("sample.txt",  FileMode.Open,  FileAccess.Read,
FileShare.Read);
```

（4）文本文件和二进制文件的读写。StreamReader 和 StreamWriter 类有助于完成文本文件的读写。BinaryReader 和 BinaryWriter 类有助于完成二进制文件的读写。

任务拓展

（1）C#中的输入与输出是如何实现的？

（2）C#中如何实现文件的读操作？

（3）C#中如何实现文件的写操作？

任务五　实现 Python 语言中的文件读写操作

任务描述

上海御恒信息科技公司接到客户的一份订单，要求用 Python 语言中的文件读写操作存储学生的成绩登记表。公司刚招聘了一名程序员小张，软件开发部经理要求他尽快熟悉 Python 语言中的文件读写操作，并将学生成绩登记表用 Python 语言中的文件读写操作的源代码编写出来。小张按照经理的要求开始做以下的任务分析。

任务分析

（1）设计 MyFileStream.py 文件，在其中封装常用的文本文件和二进制文件读写的属性及方法。

（2）设计 Student.py 文件，在其中封装学生的基本信息。

（3）设计主类 Program.py 文件，并在其主函数中为 MyFileStream 类新建对象，并用对象调用相应的方法来实现文件的读写。

（4）学生信息登记表如任务一中的表 10-1 所示。

任务实施

第一步：打开 Python。

第二步：文件→新建→文件。

第三步：在源文件 MyFileStream.py 中输入以下内容：

```
//MyFileStream.py
//参照以上 C#的代码自行编写（篇幅原因，此处省略）
```

第四步：在源文件 Student.py 中输入以下内容：

```
    //Student.py
    //参照以上 C#的代码自行修改以下代码（篇幅原因，此处省略部分代码）
    //用 Student 类来实现表格的架构
#coding=utf-8
class Person:
    #10.1 类内定义公共的一般函数
    def getData(self,i,n):
        self.id = i;
        self.name = n;

    #10.2 类内定义公共的默认构造函数
    def __init__(self):
        id = "00";
```

```
        name = "unknown";

    #10.3 类内定义公共的带多个参数的构造函数
    def __init__(self,i,n):
        self.id = i;
        self.name = n;

    #10.4 类内定义公共的一般函数(从键盘上输入 3 个实例变量)
    def get_var_one(self):
        self.id=input("请输入编号:");
        self.name=input("请输入姓名:");

    #10.5 类内定义公共的 3 个输入方法，分别为 3 个实例变量输入

    def getId(self,i):
        self.id = i;

    def getName(self,n):
        self.name = n;

    def getSuperfunc(self,p):
        self.superfunc = p;

    #10.6 类内定义输出函数输出表头

    def putHead():
        print("---------------------------");
        print("id" + "  " + "name" + "  " + "superfunc");
        print("---------------------------");

    #10.7 类内定义两个输出函数分别输出 3 个实例变量
    def putDatal1(self):
        print("id=" + id);
        print("name=" + name);

    def putDatal2(self):
        print("superfunc=" + superfunc);

    #10.8 类内定义一个输出函数分别输出 3 个实例变量
    def putAll1(self):
        print("" + putID() + "  " + putName() + "  " + putSUPERFUNC());
        print("---------------------------");

    #10.9 类内定义 3 个输出函数分别返回 3 个实例变量

    def putID(self):
        return id;

    def putName(self):
        return name;

    def putSUPERFUNC(self):
        return superfunc;

   #10.10 类内定义一个输出函数返回 3 个实例变量
```

```
    def putAll2(self):
        return ("" + putID() + "\t" + putName() + "\t" + putSUPERFUNC() +
                    "\n" + "----------------------------");

    #10.11 类内定义一个输出函数分别输出 3 个实例变量
    def putAll3(self):
        print("" + id + "\t" + name + "\t" + superfunc);
        print("----------------------------");

    #10.12 类内定义一个输出函数分别输出 3 个实例变量
    def putAll4(self):
        return "id=" + id + " " + "name=" + name + "  " + "superfunc=" + superfunc + "  ";
```

第五步：在源文件 Program.py 中输入以下内容：

```
//Program.py
//参照以上 C#的代码自行编写（篇幅原因，此处省略）
```

第六步：修改并补全上面三个文件的代码，调试 Python 程序，使其运行结果如图 10-1～图 10-4 所示。

任务小结

（1）设计文件操作类，封装常用的文本和二进制文件读写的属性及方法。

（2）设计学生类，在其中封装学生的基本信息。

（3）设计主类，并在其中的主函数中为自定义文件操作类新建对象，并用对象调用相应的方法来实现文件的读写。

相关知识与技能

（1）Python 输入函数。raw_input()函数：参数是提示信息，用来在获取数据之前给用户的一个简单提示，在从键盘获取了数据以后，会存放到等号右边的变量中，raw_input()会把用户输入的任何值都作为字符串来对待。input()函数与 raw_input()类似，但其接收的输入必须是表达式。Input()接收的值会转化为字符型，int()可将值转化为整型数据，float()将值转化为浮点型数据。

（2）Python 输出。Python 内置函数 print()是基本输出函数，可以使用 help()函数查看其详细用法和参数含义。无论什么类型，数值，布尔，列表，字典……都可以直接输出。

（3）文件的打开模式。了解字符编码都知道，文件都是以某一种标准编码成二进制存在硬盘里的，在文件的默认打开模式下

```
f = open('a.txt','rt',encoding='utf-8')
```

其中的 t 表示是以文本模式打开文件，在应用程序给操作系统发送数据请求后，操作系统在硬盘读取二进制编码，然后返还给应用程序，通过 open()方法，将编码解码成我们看到的字符；如果是以 b 模式打开文件，open()方法不会对操作系统返回的二进制数据作处理，而是直接打印。文件的三种打开方式：只读模式：'r'，只写方式：'w'，追加模式：'a'。以字节模式打开文件的话，需要注意：一定要写上'b'，只能以 rb、wb、ab 这种形式打开文件，不能省略'b'。如 f = open('a.txt','rb') 或 f = open('a.txt','wb') 或 f = open('a.txt','ab') 。错误写法：

```
f = open('a.txt','r') #未注明以 b 模式打开，这种写法是默认文本模式打开
f = open('a.txt','rb', encode = 'utf-8')  #b 模式打开，不能传入编码方式
```

字节模式下读写都是以 bytes 为单位的。如果想写入字符，需要编码后以字节类型写入。

```
f = open('a.txt','wb')
f.write('你哈'.encode('utf-8'))
```

注意：对于非文本文件，我们只能使用字节模式，"b"表示以字节的方式操作（而所有文件也都是以字节的形式存储的，使用这种模式无须考虑文本文件的字符编码、图片文件的 jgp 格式、视频文件的 avi 格式）。

（4）字节模式下的操作：字节模式打开非文本文件，代码如下：

```
with open('1.jpg', 'rb') as f: # 以只读模式打开文件
    data = f.read()            # 读取文件全部内容，并赋值给变量 data
print(data)                    # 打印变量，我们得到是 b'\xff\xd8\xff\xe0\x00 这种形式的结果
print(type(data))              # 变量的类型<class 'bytes'>

with open('1.jpg','rb') as f:
        data = f.read()
print(type(data))
print(data.decode('utf-8'))        #将读取的编码以 utf-8 标准解码
                                   #图片文件编码方式不是 utf-8，所以不能解码，程序报错
with open('db.txt', 'rb') as f:
    data = f.read()
print(data)                        # 打印出来的是一串二进制数
print(data.decode('utf-8'))        # 把二进制数用 utf-8 标准解码
print(type(data))                  # 可以在屏幕上显示人能看懂的字符了

with open('db.txt', 'wb') as f:
    f.write('你好啊\n'.encode('utf -8'))
```

（5）文件的修改。文件的修改并不是我们直观感受上的擦除重新写上，基于硬盘的特性，任何文件的修改操作都是新内容对原内容的覆盖。修改的概念存在于内存中，当应用程序启动，请求操作系统从硬盘中读取数据，读取的数据运行在内存上，这时，我们在应用程序上操作，修改类内存上的数据内容，但是并不影响硬盘的数据。当我们点击保存时，新的数据会将原数据覆盖。这时，才完成了文件的修改。

修改文件方式一：先把文件内容全部读取，在内存中修改，把修改好的内容覆盖写入到硬盘上。

```
with open("db.txt", "r", encoding="utf-8") as f:   # 打开文件
    data = f.read()                                # 读取文件全部内容
    data = data.replace("你好啊:", "======")       # 修改文件内容

with open("db.txt", "w", encoding="utf-8") as f:   # 以" 'w' "模式打开，清空文件
    f.write(data)                                  # 把修改后的数据写入
```

修改文件方式二：以读的方式打开源文件，以写的方式打开一个新文件。

```
import os  # 引入 os 模块
with open('a.txt', 'r', encoding='utf-8') as read_f, \
        open('new.txt', 'w', encoding='utf-8') as new_f:      # 同时打开文件
    for line in read_f:                                       # 循环原文件内容
        if '你好啊' in line:
            line = line.replace('你好啊', '哈哈哈哈哈哈')      # 替换源文件内容
        new_f.write(line)                              # 把原文件循环出来的内容写入到新文件中

os.remove('a.txt')                                     # 调用 OS 模块功能删除原文件
os.rename('new.txt', 'a.txt')                          # 重命名新文件
```

任务拓展

（1）Python 中的输入与输出是如何实现的？

（2）Python 中如何实现文件的读操作？

（3）Python 中如何实现文件的写操作？

项目十综合比较表

本项目所介绍的实现 OOP 中的文件读写操作的相应功能，5 种语言之间的区别如表 10-1 所示。

表 10-1　不同语言功能比较

比 较 项 目	C++	VB.NET	Java	C#	Python
包含的头文件	#include <iostream> #include <fstream>	Imports System.IO	import java.io.*;	using System.IO;	import os
将字符写入文件	ofstream ofs(fname, ios::out);	FileOpen(fno, fname, OpenMode. Output) WriteLine(fno, c1, c2, c3) FileClose(fno)	fos = new FileOutput Stream(fname); fos.write(Byte.parseB yte(c1));	fsw = new FileStream (fname, FileMode.Create, FileAccess.Write); fsw.Write(mycon, 0, mycon.Length);	f = open('a.txt','rt', encoding='utf-8')
将文件中的字符读出	ifstream ifs(fname, ios::inlios::_Nocreate);	FileOpen(FileNo, fname, OpenMode.Input) Input(FileNo, id)	fis = new FileInput Stream(fname); input = fis.read();	fsr = new FileStream (fname, FileMode. Open, FileAccess. Read); str += fsr.ReadByte(). ToString() + '\u000D' + '\u000A';	f = open('a.txt','rt', encoding='utf-8')

文本文件写入	参照 ofstream	Dim MyFile As New StreamWriter(fname)
		MyFile.WriteLine(s1)
			fr=new FileReader(fname);
			br=new BufferedReader(fr);
			line=br.readLine();
				myfile = new File Stream(fname, File Mode.Create, File Access.ReadWrite);
				sw = new StreamWriter (myfile, System.Text. Encoding.Default);
				sw.WriteLine(str[i] + "\t");
					f = open('a.txt','rt', encoding='utf-8')

文本文件读出	参照 ifstream	Dim MyFile As New StreamReader(fname)
		Line = MyFile.Read Line()
			fw=new FileWriter(fname);
			bw=new BufferedWriter(fw);
			bw.write(s1+"\t");
				StreamReader myfile=new StreamReader (fname);
				line = myfile.ReadLine();
					f = open('a.txt','rt', encoding='utf-8')

二进制文件写入	参照 ofstream	Dim MyBWriter As New BinaryWriter(MyFile, System.Text.Encodin g.Unicode) MyBWriter.Write(s1)	FileOutputStream file = new FileOutput Stream(filename); BufferedOutputStrea m buff = new Buffered OutputStream(file); DataOutputStream data = new DataOutput Stream(buff); data.writeUTF(contents);	FileStream myfile = new FileStream(fname , FileMode.OpenOrCre ate, FileAccess.Write); BinaryWriter bw=new BinaryWriter(myfile, System.Text.Encodin g.Unicode); bw.Write(s1);	f = open('a.txt','wb')
二进制文件读出	参照 ifstream	Dim MyBF As New BinaryReader(MyFile, System.Text.Encodin g.Unicode) MyText += MyBF .ReadString() + Chr(9)	FileInputStream file = new FileInputStream (filename); BufferedInputStream buff = new Buffered InputStream (file); DataInputStream data = new DataInput Stream(buff); result=data.readUTF();	FileStream myfile=new FileStream(fname, FileMode.Open, FileAccess.Read); BinaryReader br=new BinaryReader(myfile, System.Text.Encodin g.Unicode); br.BaseStream.Seek(0, SeekOrigin.Begin); mytext += br.ReadString () + "\t";	f = open('a.txt','rb')
Student 类	封装 sid,sname,sage 并设置输入输出函数	封装 sid,sname,sage 并设置输入输出过程	封装 sid,sname,sage 并设置输入输出方法	封装 sid,sname,sage 并设置输入输出函数	封装 sid,sname,sage 并设置输入输出函数
主文件	为自定义文件操作类新建对象，用对象调用相应函数实现文件读写操作	为自定义文件操作类新建对象，用对象调用相应过程实现文件读写操作	为自定义文件操作类新建对象，用对象调用相应方法实现文件读写操作	为自定义文件操作类新建对象，用对象调用相应函数实现文件读写操作	为自定义文件操作类新建对象，用对象调用相应函数实现文件读写操作

项目综合实训

实现家庭管理系统中的文件读写操作

项目描述

上海御恒信息科技公司接到一个订单，需要用 C++、VB.NET、Java、C#、Python 这 5 种不同的语言分别封装一个家庭管理系统中的用户登录表(FamilyUser)。程序员小张根据以上要求进行相关类和继承的设计后，按照项目经理的要求开始做以下的文件读写操作分析。

项目分析

(1)根据要求，分析存储的主要数据如表 10-2 所示。

(2)设计数据库中表的实体关系图(ERD)如图 10-5 所示。

(3)设计类的结构如表 10-3 所示。

表 10-2　用户信息表

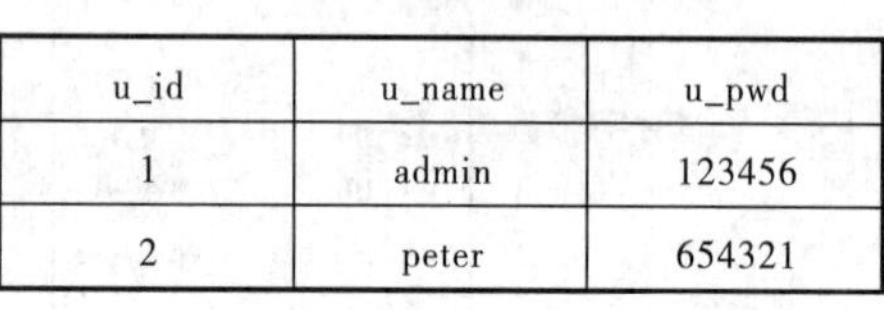

u_id	u_name	u_pwd
1	admin	123456
2	peter	654321

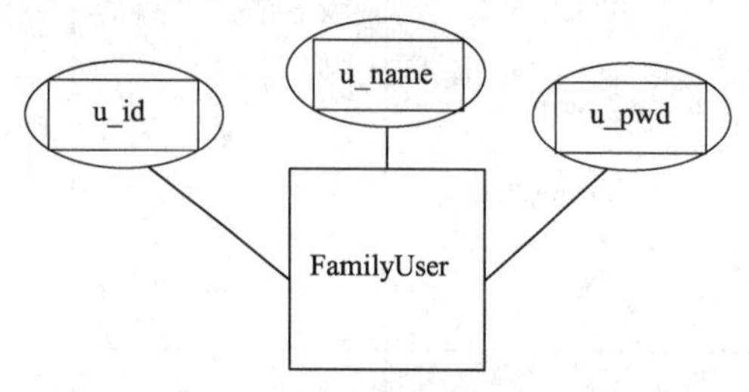

图 10-5　用户信息表 ERD

表 10-3　类的结构设计图

类名	属性名	方法名
FamilyUser	u_id u_name u_pwd	getData() putData()

(4)键盘输入后显示的结果如图 10-6～图 10-8 所示。

```
C:\WINNT\system32\cmd.exe
1、以下输出为继承使用默认构造函数的类FamilyIn
i_id   i_date      i_name  i_money i_kind
0      1900-01-01  unknown 0       null
以下输出为包含继承使用带5个参数的构造函数的类FamilyIn
i_id   i_date      i_name  i_money i_kind
1      2009-07-04  award   888.88  extend
以下输出为包含继承使用带5个参数的构造函数的类FamilyMember
f_id   f_name  f_kind  f_mobile     f_msn
101    张三丰  同学    13817325304  zsf@126.com
```

图 10-6　实现 OOP 中的文件读写操作 1

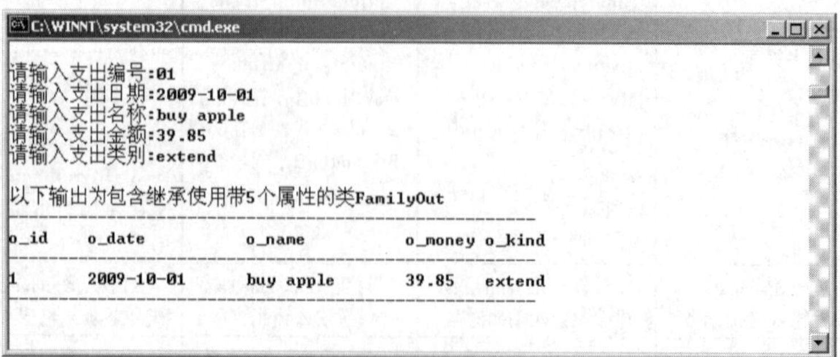

图 10-7　实现 OOP 中的文件读写操作 2

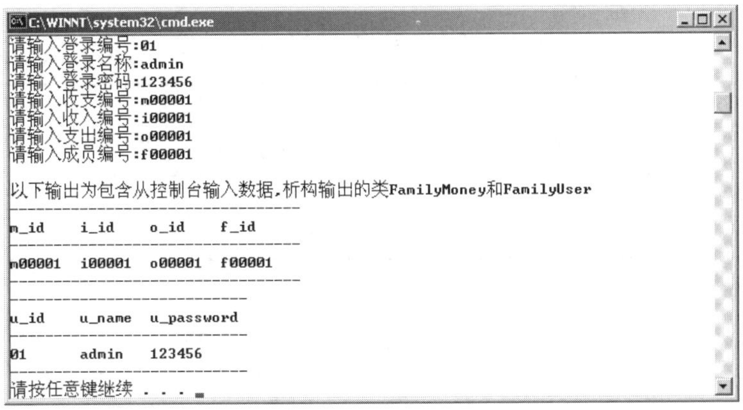

```
C:\WINNT\system32\cmd.exe
请输入登录编号:01
请输入登录名称:admin
请输入登录密码:123456
请输入收支编号:m00001
请输入收入编号:i00001
请输入支出编号:o00001
请输入成员编号:f00001

以下输出为包含从控制台输入数据,析构输出的类FamilyMoney和FamilyUser
----------------------------------------
m_id     i_id     o_id     f_id
----------------------------------------
m00001   i00001   o00001   f00001
----------------------------------------

------------------------------
u_id     u_name   u_password
------------------------------
01       admin    123456
------------------------------
请按任意键继续. . .
```

图 10-8　实现 OOP 中的文件读写操作 3

项目实施

（以下篇幅有限，此处代码略，可参考线上资源）

第一步：使用 C++语言实现项目的输入/输出功能（并补全 C++中的文件操作函数）。

第二步：使用 VB.NET 实现项目的输入/输出功能（并补全 VB.NET 中的文件操作过程）。

第三步：使用 Java 语言实现项目的输入/输出功能（并补全 Java 中的文件操作方法）。

第四步：使用 C#语言实现项目的输入/输出功能（并补全 C#中的文件操作函数）。

第五步：使用 Python 语言实现项目的输入/输出功能（并补全 Python 中的文件操作函数）。

```
#coding=utf-8
  class Student(object):
#可以模仿 JAVA 代码，修改 Python 代码
```

项目小结

（1）C++中用文件输入/输出流实现文件读写操作。

（2）VB.NET 中用流、二进制阅读器和流、二进制写入器实现文件读写操作。

（3）Java 中用文件阅读器和文件写入器实现文件读写操作。

（4）C#中用流、二进制阅读器和流、二进制写入器实现文件读写操作。

（5）Python 中用文件打开函数实现文件读写操作。

项目实训评价表

	项目十　实现 OOP 中的文件读写操作		评　价		
	学 习 目 标	评 价 项 目	3	2	1
职业能力	实现 OOP 中的文件读写操作	任务一　实现 C++语言中的文件读写操作			
		任务二　实现 VB.NET 语言中的文件读写操作			
		任务三　实现 Java 语言中的文件读写操作			
		任务四　实现 C#语言中的文件读写操作			
		任务五　实现 Python 语言中的文件读写操作			
通用能力	动手能力				
	解决问题能力				
综合评价					

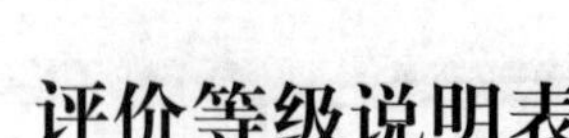

等　级	说　明
3	能高质、高效地完成此学习目标的全部内容，并能解决遇到的特殊问题
2	能高质、高效地完成此学习目标的全部内容
1	能圆满完成此学习目标的全部内容，不需任何帮助和指导

注：以上表格根据国家职业技能标准相关内容设定。

参 考 文 献

[1] 何元烈，汪玲．“Visual C++”在“人工智能”教学中的应用与探讨[J]．广东工业大学学报：社会科学版, 2008(B07): 220-222.

[2] 王玉山．C++语言的人工智能技术个性化教学研究[J]．当代教育实践与教学研究：电子版, 2016(12):140-141.

[3] 王卓．C++程序设计在人工智能领域的应用研究[J]．电脑迷, 2018(013):131-132.

[4] 刘丹，C++项目实战精编[M].北京：中国铁道出版社，2018.